"十三五"
国家重点出版物出版规划项目

高效毁伤系统丛书

Damage
Assessment of
Ordinary weapons

武器弹药
终点毁伤评估

王树山　马　峰　郭勋成　高　源　编著

北京理工大学出版社
BEIJING INSTITUTE OF TECHNOLOGY PRESS

图书在版编目（CIP）数据

武器弹药终点毁伤评估/王树山等编著. -- 北京：
北京理工大学出版社，2021.4（2022.5 重印）
ISBN 978 - 7 - 5682 - 9759 - 2

Ⅰ.①武… Ⅱ.①王… Ⅲ.①弹药—击毁概率—评估
Ⅳ.①TJ410.6

中国版本图书馆 CIP 数据核字（2021）第 068342 号

出版发行 / 北京理工大学出版社有限责任公司
社　　　址 / 北京市海淀区中关村南大街 5 号
邮　　　编 / 100081
电　　　话 / (010) 68914775（总编室）
　　　　　　(010) 82562903（教材售后服务热线）
　　　　　　(010) 68944723（其他图书服务热线）
网　　　址 / http：//www.bitpress.com.cn
经　　　销 / 全国各地新华书店
印　　　刷 / 北京虎彩文化传播有限公司
开　　　本 / 710 毫米 × 1000 毫米　1/16
印　　　张 / 19.25　　　　　　　　　　　责任编辑 / 孙　澍
字　　　数 / 304 千字　　　　　　　　　　文案编辑 / 孙　澍
版　　　次 / 2021 年 4 月第 1 版　2022 年 5 月第 2 次印刷　　责任校对 / 周瑞红
定　　　价 / 89.00 元　　　　　　　　　　责任印制 / 李志强

前言

　　进入 21 世纪，特别是近 10 年以来，国内兵器科学与技术等国防科技领域不经意间出现了一个备受瞩目的发展动态——毁伤评估技术与应用以前所未有的热度掀起了研究狂潮。它是如此的引人入胜和生机勃勃，以至于在如此短的时间内就呈现出遍地开花和星火燎原之势。

　　简单地说，毁伤评估就是对武器弹药系统毁伤能力或毁伤效果的预测与评定，对于这样一个并不深奥、简单透明的命题，何以如此的风生水起呢？这主要是由于它关联了太多的重要事项，尽管长期熟视无睹，然而终究会恍然大悟，归根结底还是时势使然。武器装备的创新与发展、研发与运用、生产与动员、作战与训练以及防御与对抗等方方面面的军事和社会活动，均或多或少地牵扯到毁伤评估，均不同程度地需要毁伤评估提供必要的依据。另外，由于历史上认识和重视不够等原因，使我国毁伤评估的研究基础和技术积累相当薄弱，迫切需要"补课"以满足武器装备发展的现实急需。例如，我国的武器弹药研发走过了漫长的仿制和引进（或以引进为主）"望其项背"的学习追赶阶段，这期间不得已采取"你行我也行"的简化处理，无力也无意特别关注毁伤评估问题。然而在渐渐达到"比肩而行"和行将进入"创新引领"的自主发展阶段，不仅不能回避而且必须直面毁伤评估问题，以从中获取创新思想和源泉。因此，某种意义上说，这种毁伤评估"现象"属于倒逼出来的"恍然大悟"，却也反映了某种水到渠成的必然性。

毁伤评估还远不是一门科学，更多的是一定试验基础上的半理论半经验公式、不太可靠的实战数据以及研究经验的综合，主体上呈现突出的工程实践特征并最终落实到方法和手段层面。追溯毁伤评估的研究与发展历史，大致可以归纳出四个重点时期或阶段：一是第一次世界大战前后，主要地点在欧洲，研究重点是典型目标易损性和新型毁伤机理；二是第二次世界大战前后，主要地点在美国，研究重点围绕热核武器的毁伤效应展开；三是冷战时期，主要地点在美国和苏联，双方分别以对方为假想敌重点研究目标易损性和武器弹药系统作战效能；四是 21 世纪的我国，主要特点是基础理论、方法与技术以及手段与能力的体系化研究。

鉴于我国兵器科学与技术等国防科技领域的这一发展动态，以及毁伤评估研究的历史、现状和发展需求，急需梳理和构建相关的基本理论和知识体系以改变几近空白的尴尬状态，然后使其进入课堂服务于专业人才培养、使其走向社会支撑和推动毁伤评估技术的发展与应用。毁伤评估的根本问题在于武器弹药系统的杀伤力（Lethality）和目标的易损性（Vulnerability），以及两者的对立统一（L/V）。武器弹药系统的杀伤力由战斗部承载并在终点时完成任务执行，因此终点毁伤评估是毁伤评估的核心和基础。武器弹药系统的终点毁伤能力或效果主要由目标易损性、战斗部及其相对于目标的炸点位置所决定，其中炸点位置是末段弹道、命中精度和引信三者共同控制的结果，因此本书将相关知识作为主体内容进行了有机整合和精心编排，并结合作者的科研实践，最终形成了武器弹药终点毁伤评估的原理与方法，希望它能成为毁伤评估理论与知识体系的重要组成部分甚至基石。另外，自 2015—2016 学年开始，作者在北京理工大学为武器类专业开设了毁伤与评估原理的本科生课程，在此之前一直没有固定教材，只能根据自己的知识积累和科研实践选编内容进行讲授。经过 5 届学生的教学实践，思想越来越成熟、认识越来越深刻、内容越来越固化，伴随着不断的充实、积累与完善，本书完成孕育并得以诞生。

全书共分6章。第1章阐述了毁伤评估及其关联概念，介绍了武器弹药终点毁伤评估的内涵和范畴；第2章介绍了目标易损性概念及其分析与评估方法，同时归纳给出了典型毁伤机理；第3章和第4章分别介绍了常规战斗部作用原理和引信工作原理；第5章和第6章分别介绍了战斗部威力评估与试验方法以及武器弹药终点效能评估方法与实例分析。其中，王树山负责第1章、第2章、第5章和第6章的编写，马峰负责第3章并参加了第2章的编写，郭勋成负责第4章并参加了第5章的编写，高源参加了第5章和第6章的编写，最后由王树山统校全稿。本书既可作为武器类专业的本科生教材，也可作为兵器学科研究生、教师以及相关科技工作者的参考书。

感谢北京理工大学出版社为本书出版所付出的心血和努力。另外，本书得益于与国防科技大学卢芳云教授、军事科学院国防工程研究院刘瑞朝研究员、兵器科学研究院范开军研究员等的交流与讨论，在此一并表示感谢。

需要特别声明，毁伤评估科学严谨性的先天不足、成长发育中的青涩，尤其是作者的能力和水平有限，使本书的不当、疏漏甚至错误之处在所难免，在此恳请读者批评指正。

作　者
2021 年 2 月

目　录
CONTENTS

第 1 章

基本概念和主要内容

1.1 武器弹药

"武器弹药终点毁伤评估"是关于武器弹药的一门工程特色突出和实用性很强的专业知识，属于兵器科学范畴。我们首先需要认识和了解武器弹药，并建立与武器弹药相关的概念图像，本着由小到大、由简到繁的次序，依次介绍弹药、武器和武器系统。

1.1.1 弹药

什么是弹药？弹药一般指含有炸药、火药或其他装填物，作用后能对目标起毁伤作用或完成其他战术任务的一次性使用军械物品[1]，包括枪弹、炮弹、航空炸弹、火箭弹、导弹、鱼雷、水雷、地雷、爆破筒和炸药包等，也包括用于非军事目的的礼炮弹、警用弹和狩猎、射击运动的用弹等。

弹药是种类最多、用量最大和适用范围最广的军械装备或器材，是武器装备体系中最积极、最活跃的因素，这主要源于军事需求的不断拓展、战场态势的日益复杂、作战目标的多样性以及"多弹共平台""一弹多用"等方面的需求牵引和技术推动。一些典型弹药的网络图片如图 1.1.1 所示。

弹药种类繁多，分类方式多种多样，下面给出典型的分类方式[2]。

1. 按作战用途分类

弹药按作战用途分类，一般分为主用弹、特种弹和辅助弹等。

主用弹：用于直接毁伤各类目标的弹药，如杀伤弹、爆破弹、穿甲弹和破甲弹等。

特种弹：用于完成某些特殊作战任务的弹药，如照明弹、燃烧弹、烟幕弹和信号弹等。

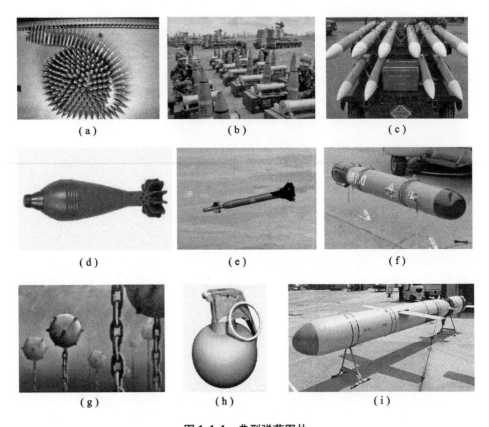

图1.1.1 典型弹药图片

(a) 枪弹；(b) 榴弹；(c) 火箭弹；(d) 迫弹；(e) 航空炸弹；

(f) 鱼雷；(g) 水雷；(h) 手榴弹（雷）；(i) 导弹

辅助弹：供靶场试验和部队训练等非作战使用的弹药，如训练弹、教练弹和试验弹等。

2. 按装填物和毁伤效应分类

弹药按装填物和毁伤效应进行分类，可分为常规弹药、核弹药、生化弹药和非致命（软毁伤）弹药等，这种弹药分类主要针对上面所说的主用弹。

常规弹药：主要以炸（火）药作为装填物和起始能源，由炸（火）药分子快速化学反应瞬时释放出的高密度化学能，转换成冲击波、破片以及聚能射流等毁伤元素的能量，对目标结构产生致命性破坏作用，其毁伤能量来源于分子间能量。常规弹药种类繁多，发射与投送方式多样，用途广泛，是现代战争中最基本和最常用的弹药类型。若不对弹药加以特殊说明，一般默认为常规弹药。

核弹药：以核材料为主要装填物和毁伤能源，利用原子核的裂变或聚变反应，瞬间释放出巨大能量，从而产生超大规模的杀伤和破坏作用，其毁伤能量来源于原子间能量。核弹药主要包括原子弹、氢弹和中子弹三种，由于毁伤威力和环境破坏性登峰造极，因此一般以战略威慑武器的形式存在，战争中轻易不会使用。

生化弹药：通常以生物战剂或化学毒剂为装填物和毁伤元素，通过在空中、地面上布撒，使作战人员致病或受到毒害，从而丧失战斗力及导致死亡，其作用目标主要是有生力量。生化弹药在一战和二战中均得到使用，目前受到国际公约的限制，同时也恰恰受到相对落后、欠发达国家的青睐，被称为"穷人的核武器"。

非致命（软毁伤）弹药：装填特殊的功能材料或采用特殊的结构形式，利用一定的物理和化学效应，造成目标功能失效或降低、使装备和人员等暂时丧失战斗能力，而附带的永久性破坏较小甚至没有。非致命（软毁伤）弹药既可用于军事冲突，也可用于反恐维稳行动，其中比较有代表性的有碳纤维弹、微波（电磁脉冲）弹、催泪弹、强光致盲弹以及爆震弹等。

3. 按配属的军兵种分类

从军队的组成上，依据作战空间、任务使命以及武器装备等所划分的基本种类称为军种，一般分为陆军、海军和空军三个军种，也有的国家和军队设立其他军种，如俄罗斯的战略导弹部队、我国的火箭军和战略支援部队等。兵种是在军种范围内更为细化的种类划分，如陆军包含步兵、装甲兵、陆军航空兵、炮兵、防空兵、防化兵和工程兵等兵种。弹药按配属的军种进行分类，可分为陆军弹药、海军弹药、空军弹药和火箭军弹药等，再往下可以继续按兵种细分，如炮兵弹药、装甲兵弹药等。各军兵种的弹药并不是绝对不同和有明确界限的，很多时候是相互交叉和通用的。

陆军弹药：配备于陆军的弹药统称，具体还可以分为炮兵弹药、装甲兵弹药、工程兵弹药（爆破器材）、单兵（轻武器）弹药、防空兵弹药、陆军航空兵弹药等，其中炮兵弹药主要包括榴弹、迫弹、火箭弹等，装甲兵弹药主要包括坦克炮弹药、车载机枪弹药等，防空兵弹药主要包括防空导弹、高炮弹药等。

海军弹药：配备于海军的弹药，主要包括岸防的炮弹和导弹等，舰载的舰炮弹药、导弹、鱼雷和深水炸弹等，潜载的鱼雷和水雷等，以及海军航空兵的各种机载弹药。

空军弹药：配备于空军的弹药，以各种机载弹药为主，包括航空炸弹、空空和空地导弹、航炮弹药、航空机枪弹药以及空投水雷、鱼雷和深水炸弹等。

火箭军弹药：配备于火箭军的弹药，主要包括战略（核）导弹和各种战术（常规）导弹等。

4. 按投送方式分类

弹药按投送方式分类，可分为射击式弹药、自推式弹药、投掷式弹药和布设式弹药四种。

1）射击式弹药

射击式弹药一般指枪炮等身管武器发射的弹药，主要指各类炮弹和枪弹等。炮弹、枪弹具有初速大、射击精度高、经济性好等特点，在战场上应用广泛，适用于各军兵种。

2）自推式弹药

自推式弹药指自身带有推进和动力系统的弹药，典型自推式弹药有火箭弹、导弹和鱼雷等。这类弹药依靠自身发动机推进，发射时过载低、发射装置对弹药的限制因素少，结构形式可选择余地大，易于实现制导，具有广泛的战略战术用途。

3）投掷式弹药

投掷式弹药包括航空炸弹、深水炸弹、手榴弹和枪榴弹等。

航空炸弹是从飞机和其他航空器上投放的弹药，主要用于空袭，轰炸机场、桥梁、交通枢纽、武器库、水面舰船及其他重要点目标，以及打击地面集群目标等。深水炸弹是由水面舰船发射或飞机投放，在水下一定深度爆炸，主要用于攻击潜艇目标，也可能用于对付其他水中目标。手榴弹是用手投掷的弹药，主要用于杀伤作战人员等有生力量。枪榴弹是借助枪射击普通榴弹弹或空包弹从枪口部投掷出的弹药，比手榴弹的投送距离更远。

4）布设式弹药

布设式弹药是指通过空投、炮射、火箭撒布或人工布设（掩埋）等方式预设于预定地域的弹药，如地雷、水雷及一些干扰、侦察、监视弹等。地雷是撒布或浅埋于地表待机作用的弹药，类型和作用方式多种，如反坦克地雷、防步兵地雷。水雷是布设于水中待机作用的弹药，包括自由漂浮于水面的漂雷、适用于浅水水域的沉底雷和适用于深水水域需要借助雷索在一定深度悬浮的锚雷等。

5. 按发射装填方式分类

这种分类方式主要是针对枪炮等身管发射的弹药，可分为前装式和后装式弹药。

前装式弹药：弹药从口部装入膛内然后发射的弹药，早期的枪炮以及迫击炮采用前装式弹药。

后装式弹药：弹药从尾部装入膛内然后发射，现在的枪和火炮普遍采用后装式弹药。

6. 按口径分类

按口径分类方式也主要是针对枪炮等身管发射的弹药，一般有两种分类方式：一种是按实际的身管口径或弹径大小进行区分，一般分为小口径弹药、中口径弹药和大口径弹药；另一种是按弹径与身管口径的相对大小进行区分，一般分为适口径弹药、次口径弹药和超口径弹药。按实际的身管口径或弹径大小分类因火炮类型的不同而有所不同，比如地炮和舰炮的大小比同类型高炮均大一些。适口径弹药指的是弹径与身管口径相同的弹药，次口径和超口径弹药分别指弹径比身管口径分别小和大的弹药。前面提到的枪榴弹是一种典型的超口径弹药。

7. 按稳定方式分类

按稳定方式分类同样主要是针对枪炮等身管发射的弹药，一般分为旋转稳定弹药和尾翼稳定弹药等。

旋转稳定弹药：依靠身管膛线或其他方式使弹丸高速旋转，依据陀螺原理在飞行中保持稳定。榴弹炮和加农炮弹药是典型的旋转稳定弹药。

尾翼稳定弹药：弹丸不旋转或低速旋转，依靠弹丸的尾翼使空气动力作用中心（压心）后移，并使之保持在质心之后的一定位置处，从而保证弹丸的飞行稳定。迫弹是典型的尾翼稳定弹药。

8. 按智能（信息）化特征分类

随着电子技术、计算机技术、传感器技术和人工智能技术等的快速发展，以及在弹药上的集成应用，使传统弹药焕发了新的生机和活力，呈现出诸多智能（信息）化的特征与功能。智能（信息）化弹药是相对于传统的普通弹药（这里不包括导弹和鱼雷等制导弹药）而言的，因此智能（信息）化弹药和普通弹药可以看作是一种分类方式。智能（信息）化弹药特征突出体现在：自主感知目标和环境信息、自行处理和决策以及自主修正和控制弹道等，从而实现对目标的精确打击和高效费比毁伤。对于火炮、火箭炮等传统的压制兵器，这类弹药尤其具有代表性，也称为灵巧弹药。依据其智能（信息）化特征，灵巧弹药主要类型有弹道修正弹、简易控制弹、敏感器弹药、末制导弹药以及制导弹药等。这里的末制导弹药和制导弹药有别于严格意义上的导弹，其中的根本差别是在普通弹药的基础上改造而成，采用原有发射台并满足同样的发射环境和条件。

1.1.2 武器

什么是武器？武器（Weapon）又称兵器，泛指用于军事作战与对抗，具有攻击、威慑或防御功能的各种工具[1]。通常情况下，武器指用于杀伤有生力量、毁坏装备和设施的各种器械和装置[3-5]，如枪、炮、弹药等。结合弹药的定义可知，弹药属于武器的范畴，是武器的子集之一。武器包含弹药但不只是弹药，如匕首、刀斧等冷兵器属于武器但不是弹药，另外木棒、石块甚至拳头都可能成为武器。弹药能够独立成为武器，如手榴弹、地雷、导弹等，也称为弹药类武器。弹药还可以是武器的核心组成部分，如枪弹、炮弹、火箭弹分别与其发射装置，即枪支、火炮和火箭炮一起共同构成武器。本书中，采用"武器弹药"作为含弹药的武器和独立作为武器的弹药（弹药类武器）的统称，这也是书名选择的主要考虑。

武器既可以独立存在和使用，也可以搭载于舰艇、飞机和装甲车辆等武器平台上使用，比如机枪可由单兵携行并操控射击，也可以安装在战斗机和装甲车上用于空空、空地和地面突击作战等。武器平台和武器弹药的逻辑关联如图1.1.2所示。武器也常与运载工具集成为一体，使其具有更为优越的机动性和综合作战性能，如自行火炮、导弹发射车等。显而易见，武器类别和类型非常繁杂，功能和用途多种多样，图1.1.3给出了一些典型武器的网络图片。

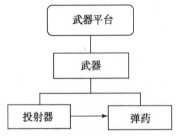

图1.1.2 武器平台和武器弹药

图 1.1.3　典型武器图片

（a）步枪；（b）单兵反坦克火箭；（c）自行火炮；（d）火箭炮；

（e）小口径舰炮；（f）机载武器；（g）反坦克导弹发射车；（i）巡飞武器

1.1.3 武器系统

第二次世界大战以后，武器装备发展与运用中出现了武器系统（Weapon System）的概念，标志着武器装备发展进入了新阶段。现代武器是建立在机械化和信息化基础上的复杂系统，早已不是由单一的武器或弹药所构成。广义的武器系统，是指武器、运载与发射平台、保障其正常使用和发挥功能的技术设备以及操作人员等所构成的整体[6]。狭义的武器系统，是指由若干功能上相互关联的武器、技术装备等有序组合，协同完成军事作战任务的有机整体[3]。通常情况下，武器弹药是武器系统的核心，武器系统提高了武器弹药的威力、精度和自动化程度等。武器系统一般由若干分系统组成，主要包括侦察系统、指挥控制系统、火力系统以及辅助配套系统等，其中火力系统承载武器系统的实际效用和作战功能，用于对目标进行打击和实施毁伤。火力系统一般由发射平台（火炮、枪械、发射架和发射井等）和弹药两部分组成，其主要功能为：适时对预定地域、空域和水域进行射击，由弹药（或战斗部）完成毁伤目标或其他作战任务。武器系统主要用于杀伤人员、毁伤各种固定或活动目标等，也用于执行发布信号、施放烟雾、侦察、干扰等其他多种作战任务。典型的武器系统的功能作用和工作流程如图1.1.4所示，主要包括侦察与探测、指挥与控制、发射（投送）与运载、制导与控制、命中与毁伤等主要流程或步骤，通过这样的流程完成一次（波）火力打击，可根据需要再次循环重复打击同一目标或打击下一目标[7]。下面以双35 mm高炮

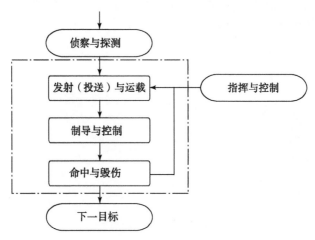

图 1.1.4　武器系统工作流程

与 AHEAD 弹系统、炮射末敏弹武器系统和 "爱国者" 防空导弹武器系统等典型实例，分别予以简要介绍。

1. 双 35 mm 高炮与 AHEAD 弹系统[8]

双 35 mm 高炮武器系统最早由瑞士厄利空（Oerlikon）公司和康特拉夫斯（Contraves）公司联合研制，在世界上一直最具代表性和标杆性、拥有突出的技术优势和优越的作战性能。我国于 1987 年以生产许可证方式从瑞士技术引进了双 35 mm 牵引高炮系统，目前已完全实现国产化并不断推陈出新，切实做到了 "引进、消化吸收、再创新"。目前的双 35 mm 高炮已由牵引式发展为自行式，如图 1.1.5（a）所示，另外，目标搜索与跟踪雷达、光电火控系统、弹药等多项技术均得到了长足进步和发展。在弹药技术方面，20 世纪 90 年代初期推出的 AHEAD 弹值得大书特书，在当时被描绘成高炮弹药领域的新概念，具有突出的原始创新性和技术先进性。AHEAD 是 Advanced Hit Efficiency and Destroy 的缩写，音译为 "阿海德"，直译为 "先进的命中效率与摧毁"。从 AHEAD 弹的结构和作用原理上看，如图 1.1.5（b）所示，其实是一种前向定向的集束预制破片弹，通过炮口测速和对弹底可编程时间引信的装定，实现弹药在目标前方一定距离处作用，利用弹丸的存速和转速抛出前倾锥形分布的大量预制破片拦截和毁伤空中目标，如巡航导弹、空地导弹、武装直升机和无人机等。

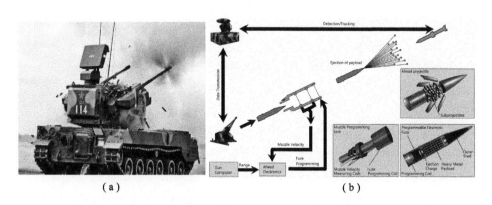

（a）　　　　　　　　　　　　　（b）

图 1.1.5　双 35 mm 自行高炮与 AHEAD 弹系统

（a）双 35 mm 自行高炮；（b）AHEAD 弹工作原理

35 mm AHEAD 弹丸内装填 152 枚、3.3 g 圆柱形钨合金预制破片，可编程时间引信位于弹底，弹丸的正常作用暨功能达成依赖于火炮、目标搜索与跟踪雷达以及火控计算机的密切配合和无缝衔接。火炮的炮口位置装有三个线圈分别与火控计算机相连，其中前两个用于测试弹丸初速，第三个用于引信时间装定。依据目标搜索与跟踪雷达探测到的目标信息，火控系统给出火炮发射指令，火炮发射弹丸并在炮口处测定初速，火控计算机依据所测得的弹丸初速结合雷达探测到的目标距离、速度等信息，瞬时解算出弹丸飞行时间并在弹丸经过第三个线圈时装定给可编程时间引信，从而使弹丸获得作用时间指令。AHEAD 弹通过其结构和原理上的巧妙构思，以及与火炮、雷达和火控计算机的紧密配合和系统总体设计，形成了有别于传统高炮弹药（杀爆弹、脱壳穿甲弹等）的突出优点：

（1）抛撒于目标前方的所有破片均可能起到拦截作用从而构成有效破片（普通的近炸引信杀爆弹只有侧向很少一部分破片作用于目标方向），同时破片对目标的毁伤充分利用了弹目相对速度，相当于增大了毁伤能量，这两方面原因均大幅提高了弹药的毁伤效能。

（2）利用弹丸的存速和转速使预制破片前倾锥形抛撒形成弹幕拦截目标，相对于脱壳穿甲弹实现了"由点到面"，从而提高了对目标的命中概率和毁伤概率。

（3）利用火炮的高射速，多发齐射可在目标前方形成大迎面和有纵深的立体化"破片悬幕"，使目标难以通过，从而使武器系统具有更高的作战效能。

2. 炮射末敏弹武器系统

火炮、火箭炮等传统压制兵器，实现视距之外以"点对点"方式精确打击集结的坦克、步兵战车和自行火炮等集群目标，这在末敏弹出现之前是不可想象的。末敏弹概念于 20 世纪 60 年代被提出，是一种具有标志性和代表性的智能灵巧弹药类型。末敏弹是末端敏感弹药的简称，"末端"是指弹道的末段，而"敏感"是指弹药可以自主感知和探测到目标。末敏弹在无控弹道（有别于制导弹药）的末段探测到目标并锁定和指向目标，在距目标一定距离上爆炸产生爆炸成型弹丸（EFP）攻击目标的顶装甲。末敏弹多采用子母弹结构，母弹内装填多个末敏子弹，母弹仅作为载体，由子弹体现为末敏弹。从某种意义上说，末敏弹是把先进敏感器技术和 EFP 战斗部技术等集成应用到传统弹药并实现信息化、智能化的一种重大创新，在弹药发展史上具有里程碑意义。

末敏弹可以用多种武器运载与投送，如炮弹、火箭弹、航空炸弹或布撒器等，也可以通过人工布设以无人值守弹药或智能地雷的形式出现。由于末敏弹的正常使用和作战功能的实现，往往依赖于情报、侦察和预警等，并需要和发射与投送平台紧密配合，因此也称为末敏弹武器系统。典型的炮射末敏弹武器系统及其工作原理如图 1.1.6 所示，通常的大口径炮弹（母弹）装填 2 枚末敏子弹，母弹发射到目标区域上空抛出子弹，子弹抛出后打开减速伞而减速减旋，然后抛掉减速伞、释放主旋转伞，接着子弹稳态下落并旋转扫描搜索、探测并锁定目标，子弹继续下落到距目标一定距离时 EFP 战斗部引爆摧毁目标。

图 1.1.6　典型炮射末敏弹武器系统及其工作原理

（a）系统组成；（b）末敏子弹空中下落；（c）工作流程；（d）毁伤作用

相较于传统的普通榴弹，末敏弹的突出特点和优势体现在如下几个方面：

（1）采用间瞄射击方式，使压制兵器的火炮具备了对装甲防护目标的超视距远程精确打击和高效毁伤能力；

（2）发射多发弹药形成空中攻击子弹群，使压制兵器弹药实现了对装甲集群目标的"多对多""点对点"精确打击；

（3）末敏子弹在目标区域上空自主探测、自行决策和自适应攻击，是一种真正意义的"打了不管"智能型弹药；

（4）采用 EFP 战斗部定向攻击装甲类目标相对薄弱的顶部，大大提高了弹药的毁伤威力。

3. "爱国者"防空导弹武器系统

"爱国者"防空导弹武器系统是美国雷声公司制造的一种中远程、中高空地空导弹武器系统，已发展到了第三代，是目前世界上最具代表性和最先进的防空导弹武器系统之一。该系统既可反飞机又可以反导，在 1991 年的海湾战争中首次通过实战证明了"以导反导"的可行性，从此声名鹊起、广为人知。海湾战争后，对第二代的"爱国者"-2（PAC-2）进行了改进，并发展出了第三代的"爱国者"-3（PAC-3），重点在反导能力上进行了增强和提升，因此 PAC-2 及其改进型和 PAC-3 统称为"爱国者"导弹防御系统（Patriot missile defense system）或"爱国者"反导系统（Patriot anti-missile system）。

"爱国者"防空导弹武器系统主要由控制站（ECS）、雷达和发射装置三个大的分系统组成，其中，控制站是系统火力单元的中枢神经系统，负责指挥、控制、通信以及火控，既可以采用人机交互模式也可以自主控制作战；雷达为 AN/MPQ253 G 波段相控阵雷达，是集预警、搜索和制导于一体的多功能雷达；发射装置负责导弹的储运、保护和发射任务，能够装填 16 枚"爱国者"导弹，可远离控制站和雷达布设，通过微波数据链自动接收指挥指令。图 1.1.7 为"爱国者"防空导弹武器系统的雷达、发射装置以及控制站与车辆，图 1.1.8 给出了该系统的工作原理与流程。

图 1.1.7 "爱国者"防空导弹武器系统

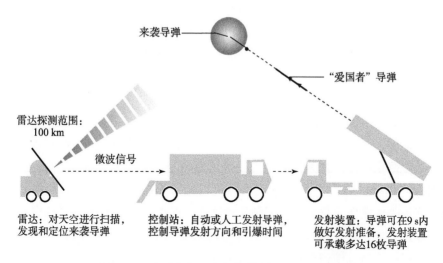

来袭导弹

"爱国者"导弹

雷达探测范围：
100 km

微波信号

雷达：对天空进行扫描，
发现和定位来袭导弹

控制站：自动或人工发射导弹，
控制导弹发射方向和引爆时间

发射装置：导弹可在9 s内
做好发射准备，发射装置
可承载多达16枚导弹

图 1.1.8　"爱国者"防空导弹武器系统工作原理

1.2　毁伤评估

1.2.1　概念和术语

在毁伤与弹药工程领域，许多概念、名词和术语尚未得到统一，对于不同的行业、研究机构和研究者来说，对同一概念常常存在不同的理解和认识并有着各自的内涵描述，而不同的名词和术语却往往用来表达同一件事或具有相同的内涵。造成这一现象和形成这种局面的原因是多方面和复杂的，如不同行业和研究背景的视角不同，概念本身科学性不够，技术科学严谨性不足，汉语的多义性和复杂性以及历史和传统惯性等。在这里，有必要尝试对有关概念和术语给出相对科学和合理的定义和描述，同时界定和区分可能存在的不同理解和认识。

1. 毁伤及其关联概念

1）毁伤

"毁伤"作为一个专业性的名词术语早已耳熟能详，但迄今为止，尚不存在学术上严谨、明确的概念定义。《中国大百科全书》《简明军事百科词典》《国防科技名词大典》和《兵器工业科学技术辞典》等权威手册中没有这一概念的释义，百度百科等也搜索不到针对性的词条。按字面含义，毁伤

（damage）系指损伤和毁坏，也包括破坏和加害的意思[9]。这里基于兵器学科和毁伤与弹药工程范畴，给出毁伤概念的具体表述[10,11]：武器弹药打击目标，通过造成目标结构损伤与毁坏或其他方式，使目标功能丧失、降低以及不发挥的过程及结果。

2）毁伤因素和毁伤对象

毁伤概念包含毁伤因素和毁伤对象（通常指目标）两个核心要素，一个是施者，另一个是受体。毁伤因素有三个层次：武器弹药、战斗部和毁伤元，其中战斗部是以火箭弹和导弹等弹药类武器的有效载荷进行定义的，业已推广到各种武器中的毁伤（任务）执行机构或分系统（组件），如炮弹弹丸、子弹弹头等；毁伤元是由战斗部自身和爆炸所产生的直接对毁伤对象/目标作用的毁伤要素，如冲击波、破片、弹头（芯）、射流、EFP等。毁伤对象/目标的状态一般通过结构损伤和功能变化两个层面进行描述，一般通过物理毁伤和功能毁伤进行区分，其中前者是毁伤的形式和表象，后者是毁伤的内容和实质。因此，毁伤这一概念既可以表示过程又可以表示结果，例如，毁伤目标构成动宾词组反映毁伤因素对目标作用过程，而目标毁伤构成主谓词组反映目标功能的变化及结果。

3）毁伤效应

所谓效应，一般指有限环境下，一些因素和一些结果构成的一种因果现象和因果联系，体现为因果现象和因果联系中"因"的功效和"果"的响应。效应的表现形式具有突出的特异性和排他性，一般通过"因"来命名，如物理学中的"光电效应"、社会学中的"马太效应"、生活中的"明星效应"以及武器弹药的"终点效应"等。

基于效应的语言学内涵，毁伤效应可定义为：一定环境和条件下毁伤因素与使毁伤对象所产生的毁伤结果之间的因果现象和因果联系，表现为毁伤因素的功效和毁伤对象的响应。因此，基于毁伤因素进行命名，毁伤效应包含三个层次或三个方面：毁伤元的毁伤效应、战斗部的毁伤效应以及武器弹药的毁伤效应。毁伤效应的核心在于毁伤因素与目标毁伤结果之间的关联关系或者映射关系，如破片毁伤效应包含了破片这一毁伤因素与目标的侵彻/贯穿、引燃、引爆等响应形式。

4）毁伤威力和毁伤效能

毁伤威力和毁伤效能都是针对毁伤因素而言的，其中毁伤威力指毁伤元、战斗部和武器弹药等各种毁伤因素的毁伤性能与能力。毁伤威力有多种表征与度量形式，主要包括：通过数据即威力参数或参数集合形式进行定量表征，如破片速度、质量，冲击波超压、比冲量等；与目标物理结构特性相结合，通过毁伤因素对等效靶、效应物和目标实体的毁伤结果进行定量表征，如对一定材质靶板的侵彻或贯穿厚度；与目标易损性相结合，通过综合性的毁伤性能和能力指标进行定量表征，如密集（有效）杀伤半径、杀伤面积等[11,12]。尽管毁伤因素有三类，但毁伤威力主要针对战斗部和毁伤元，至于武器弹药的毁伤威力如不加特殊说明，可等同于战斗部毁伤威力。

效能一般指系统达到目标的程度或希望达到一组任务要求的程度，有时也指实现效果的能力。毁伤效能是指战斗部、武器弹药和武器系统等毁伤目标并达到一定毁伤程度或效果的功效或能力。毁伤效能主要针对武器弹药或武器系统而言，是其总体性能、功能和能力的集中体现，也称为作战效能。战斗部作为一种特殊的分系统其毁伤效能有独特含义，战斗部毁伤效能也称为武器弹药终点效能，后续还要继续阐述。另外，单一的毁伤元不成为系统，因此不存在毁伤效能。"毁伤效能"和"毁伤效应"的含义有本质不同，前者的要点在于系统的功能和能力，后者的要点在于因果现象和因果联系，即功效和响应的关联特性。另外，"毁伤威力"和"毁伤效能"的含义也有所差别，除前面提到的所关联的毁伤因素有所不同外，前者更倾向于毁伤因素固有或本征的性能和能力，后者更倾向于综合了其他各方面因素所能实现或达到的功能和能力。

5）毁伤效果

效果的字面含义为：由某种动机或原因所产生的结果或后果。毁伤效果主要是针对目标而言的，是指在一定毁伤因素作用下，具体毁伤对象/目标所产生的实际毁伤结果。毁伤效果可以采用简单、粗略的方式，通过毁伤因素作用后的目标宏观状态和外在表象进行描述，然而较为合理和公认的表征方法为：采用一定的标准和规则对目标毁伤结果按程度进行分级和界定，通过毁伤程度等级或级别进行表征，如目标摧毁、重创和轻伤等，对于每一毁伤级别通过一定的数据进行定量区分。

当然，对于毁伤效果来说，"毁伤因素"和"毁伤对象/目标"两者必须同时存在、缺一不可。尽管毁伤效果是由毁伤因素造成的，但仍然不妨碍把毁伤效果与目标相关联。这主要是考虑，即使是由毁伤因素——毁伤元、战斗部或武器弹药——造成的毁伤结果，但毁伤的主体是目标且依然可以通过目标毁伤效果恰当地体现和表征，因此毁伤效果的实质是指目标毁伤效果。

6）概念之间的关联关系

为了增强对上述概念的理解，明晰其间的相互关联关系，绘制出毁伤及其关联概念的相互关系，如图 1.2.1 所示。

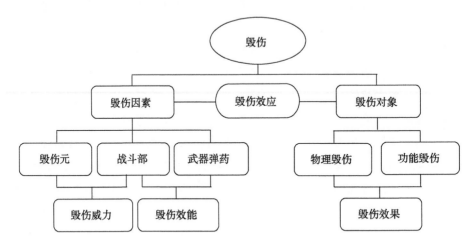

图 1.2.1　毁伤及其关联概念的相互关系

2. 毁伤评估及其关联概念

1）毁伤评估

评估的含义是指对事物的评价与估量[1]。对事物的评估实质上是评估事物的某种属性，而且这种属性通常是可量化的或可度量的，通俗一点讲应该是可以进行量化表征、能够比较大小的事物属性。显而易见，对于毁伤这一事物来说，可用来评估的属性大致归结为毁伤因素和毁伤对象/目标的性能、功能或能力。因此简单地说，毁伤评估就是对毁伤这一事物的评价与估量。依据兵器学科和毁伤与弹药工程关于毁伤的定义，毁伤评估主要包括两部分：武器弹药毁伤评估和目标毁伤评估。其中，武器弹药毁伤评估可细分为毁伤元、战斗部的威力评估和战斗部、武器弹药的毁伤（作战）效能评估；目标毁伤评估可细分为毁伤效果评估和易损性评估，对于目标易损性及其评估后续还要继续深入探讨。在此需要指出的是，毁伤评估是一个大概念，上述定义和内涵描述限于兵器科学范畴内，在军事学、作战指挥、武器运用以及工程防护等领域，毁伤评估有各自的表述。

2）毁伤威力评估和毁伤效能评估

毁伤威力评估和毁伤效能评估都属于武器弹药毁伤评估范畴，前者主要针对毁伤元和战斗部，后者主要针对武器弹药或武器系统，也包括分系统——战斗部。毁伤威力评估侧重于对战斗部、毁伤元的本征性能和固有能力的评估，可以不与武器弹药和目标相结合，大致可理解为对应某种"静态"作用条件。毁伤效能评估需要综合考虑武器弹药或武器系统的诸要素，也需要与目标相结合，评估的是武器弹药或武器系统能够实现或达到的毁伤功能和能力，相对来说属于"动态"作用条件。对于分系统——战斗部的毁伤效能评估具有独特含义，等价于武器弹药或武器系统的末端或终点效能评估，后续还要对此深入阐述。因此从评估的角度看，可通俗地理解：战斗部的威力相当于"静态"毁伤效能，战斗部的毁伤效能相当于"动态"毁伤威力。

3）目标易损性评估与毁伤效果评估

目标易损性评估和毁伤效果评估都属于目标毁伤评估范畴。目标易损性是目标对毁伤作用的响应特性，即毁伤敏感性，可以认为是目标的一种固有属性和本征性能。目标毁伤效果是目标在毁伤因素作用下，所产生的具体毁伤结果，通常采用特定的毁伤程度准则进行表达。目标易损性评估和毁伤效果评估是不同的，除上述性质不同外，度量指标也不同。目标易损性一般采用概率等统计量进行表征与度量，毁伤效果一般采用离散数据、数据组合等方式进行量化区分，也有可能采用简单的定性方式进行描述。

4）其他相关名词术语的区分

在毁伤评估领域，时常出现并用到"毁伤评价"一词，大致与"毁伤评估"表示同一含义，两者未见明显区分。"评价"一词的字面含义是指对特定对象的意义、价值和状态等的判断过程，评价一般遵循一定的标准[1]。二者相比较，至少从字面含义上看"毁伤评估"比"毁伤评价"更能诠释主题内涵，因此应该尽量选择用"毁伤评估"，少用或不用"毁伤评价"。

另外，在弹药战斗部工程领域，也常出现"毁伤效率评估"一词，大致与"毁伤效能评估"是同一含义，为避免含混和复杂化，倾向于只使用"毁伤效能评估"一词。

目前，业界一直对"毁伤效应评估"一词存在争议，至今莫衷一是。毁伤效应是指毁伤因素和目标毁伤结果之间的内在因果联系，没有量化表征指标、不能定量"比大小"，只可以定性描述、无法定量评估；另外，"毁伤效应评估"本身也存在一定的语言逻辑问题，因此不宜使用"毁伤效应评估"这一术语。

1.2.2　军事与工程应用

1. 武器弹药运用与火力规划

1999 年 5 月 8 日（北京时间）凌晨，我国驻南斯拉夫联盟共和国（南联盟）大使馆遭到美国 5 枚 JADM 激光制导炸弹（其中 1 枚未爆）的轰炸，造成严重的人员伤亡（3 人死亡、20 余人受伤）和使馆建筑的彻底毁坏（没有修复价值），如图 1.2.2 所示。据报道，执行轰炸任务的 B-2 隐身轰炸机从美国本土起飞，总共携带 5 枚 JADM 激光制导炸弹，在目标上空 12 000 m 高度上依次不间断投弹完毕后撤离。这里需要注意的问题是，执行如此重要的远程轰炸任务，为什么携弹 5 枚而不是 4 枚、6 枚或其他？为什么"一股脑"地连续完成投弹，而不是中间停一停、看一看（侦察）毁伤效果再决定后续是否投弹？毫无疑问，选择携弹和投弹 5 枚是有依据的，即已经考虑到：4 枚不能确保达到毁伤目的或毁伤不够充分，而 6 枚则属于"过毁伤"或某种程度的浪费。所以不间断连续完成投弹，应该是对选择 5 枚的依据充满信心。那么，这种依据以及对依据的信心来自哪里呢？几乎可以肯定来自毁伤评估，来自毁伤评估所提供的关于弹药毁伤效能的数据支持。

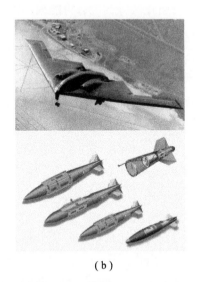

（a） （b）

图 1.2.2　中国驻南联盟大使馆被炸的相关图片

（a）被炸后使馆建筑；（b）B-2 隐身轰炸机和 JADM 制导炸弹

这种单一作战模式和单一武器弹药的运用，首先取决于军事作战目的，同时依赖于毁伤评估提供必要的毁伤效能数据依据和支持，有时还需要考虑作战对抗环境、自然条件等其他因素。然而在体系对抗和多平台、多武器、多弹药等联合火力打击条件下，毁伤评估的价值和作用更加突出，联合火力打击的规划和方案决定了武器弹药的效能发挥和实战效果，甚至影响到战略战术选择，并一定程度上决定了胜败。

2. 武器弹药指标论证与考核

武器弹药全寿命周期大致包括：综合论证（需求论证、战术技术指标论证）、工程研制、设计定型、生产定型、部队列装、实战和训练使用或过期销毁等阶段，其中综合论证中的战术技术指标论证以及设计定型的试验鉴定等都与毁伤评估紧密相关。

武器弹药全寿命周期一般从需求论证开始，需求论证是指从政治、军事以及武器装备体系建设需求出发，提出所需要的武器弹药及其功能和能力要求。需求论证所提出的功能和能力要求往往是笼统的和定性的，比如执行××作战任务、打击××目标和适用××武器平台等。对于这些功能和能力，需要通过战术技术指标论证转化、分解为细致、量化的战术技术指标和性能要求，并使之成为产品工程研制的依据、目标和约束。在武器弹药的战术技术指标论证中，提出科学合理的威力指标和性能要求是非常重要的，既要确保毁伤能力和实战有效性，又要避免资源浪费、影响其他功能性能和降低综合作战效能等负面作用。威力指标和性能要求论证的核心关键也是首先要解决的问题，就是对目标易损性的准确认识和评估，在此基础上还要综合考虑战斗部作用原理、试验检验与考核方法的合理性和可操作性等因素，最终提出威力指标和性能要求。由此可见，威力指标和性能要求论证乃至最终的试验考核（设计定型），都与毁伤评估关系紧密。另外，武器弹药基本上都要有一项代表作战效能或综合毁伤能力的指标，例如导弹武器或武器系统的单发杀伤概率，即发射一枚导弹使目标达到预定毁伤效果的概率。对于导弹单发毁伤概率这样的技术指标，实际上是无法通过试验进行检验和考核的，只能通过毁伤评估仿真进行评定。这主要是由于：若通过试验获得一定可靠性和置信度的导弹单发毁伤概率需要足够的样本量，试验费用往往难以承受；需要考虑来自对手的战场对抗环境和条件，难以准确设置和模拟；实际打击的敌方目标是无法获得的，即使采用模拟目标，那么实弹打击结果严格上只能作为参考。

3. 武器弹药威力设计与系统优化

武器弹药或战斗部威力根据其作用原理，一般采用多参数表达，由于战斗部质量和形状多被限定，所以各威力参数之间往往互相制约。比如破片杀伤战斗部，在战斗部总质量一定的条件下，破片速度和破片总质量就存在着矛盾，破片速度高则破片总质量小，反之亦然。

上一节提到的 35 mm AHEAD 弹，弹丸结构和终点作用原理如图 1.2.3 所示，弹丸内装填 152 枚圆柱形钨合金破片，每枚破片质量为 3.3 g，终点时利用弹丸的自旋和存速形成锥角 10°~15° 的前倾锥形飞散场。这里的问题是，35 mm AHEAD 弹为什么选择 "3.3 g×152" 的设计而不是其他？这其中一定是有依据的，而依据几乎肯定来自毁伤评估。20 世纪 90 年代中期，也就是 35 mm AHEAD 弹出现不久，国内研究工作者就对这一问题开展了研究[13,14]，进行了一定装填空间条件下不同破片质量和数量组合的条件毁伤概率计算与分析。研究结果表明，在条件毁伤概率基本相等条件下，3.3 g、152 枚的破片组合具有最小的总质量（约 500 g），这极有可能就是破片质量和数量组合的选择和设计依据。总质量最小的破片质量和数量组合方案，可增大弹丸炮口初速并提高系统的有效拦截距离，从而提高了弹药和武器系统综合作战效能。

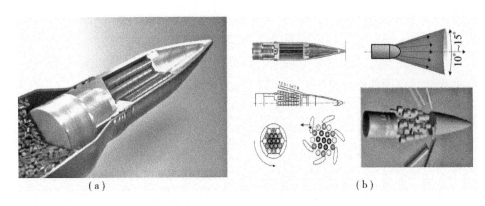

（a）   （b）

图 1.2.3　35 mm AHEAD 弹丸结构和终点作用原理

（a）弹丸结构；（b）终点作用原理

除了威力参数之间的相互制约，武器弹药或武器系统的各性能参数之间也是互相制约的。例如，武器弹药的三个基本性能，即射程、精度和威力之间就存在着矛盾。又如，同等条件下，战斗部的质量越大、威力也越大，但战斗部质量的增加必然对射程和精度造成不利影响；反之，因为追求射程和精度而使战斗部质量减小，则是以牺牲威力为代价。如何使射程、精度和威力得到合理匹配实现系统优化呢？毁伤评估能够为此给出答案和技术途径，即以武器弹药毁伤效能为目标函数、以威力和精度参数等为设计变量，采用参数优化设计原理实现这一目的。

4. 战场建设与防护工程

毁伤与防护是对立统一的两个方面，保护好自己才能更好地消灭敌人。无论烽火硝烟的战场还是和平时期的军事战略要地以及政治、经济设施等，都存在军事防护问题，小到野战工事的碉堡、沟壕的构筑，大到地下深处的重要工程设施建设。野战工事和防护工程设计都是以武器弹药威力为依据和输入条件的，并需要结合一定的防护目标和能力要求，再根据一定的规范完成设计方案，因此与毁伤威力评估是分不开的。

核武器和深钻地弹的出现，似乎使一切防护工程都是徒劳的，然而事实并不是这样。典型深钻地弹如图1.2.4所示，多采用激光制导以保证命中精度，可采用大型轰炸机投放，也可以采用弹道导弹等运载。受投送和运载条件的制约，钻地弹的重量是有极限的。另外，侵彻力学原理决定：为保持完整侵彻和装药安定性，侵彻速度是有极限的；侵彻弹道存在不可避免的偏转，最终使侵彻深度趋于一个极限值。因此，钻地弹的钻地深度是有上限的。即使是核弹头（战斗部），由于重量受限其毁伤威力也是有极限的。这样，通过研究确定可能的钻地深度极限和可能的战斗部威力半径极限，二者相加之和再乘以适当的保险系数，就可以获得万无一失的地下防护工程的建设深度。研究表明，对于山体结构，这样的深度很容易达到和实现。

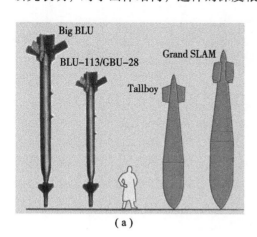
（a）

（b）

图1.2.4　钻地弹图片

（a）典型钻地弹对比；（b）钻地弹试验

5. 武器弹药配备与保障

坦克及坦克炮弹药如图 1.2.5 所示。主战坦克的携弹量是有限的,通常为 40 发左右,而为了适应不同的打击目标和作战对象,坦克炮弹药有多种类型,如穿甲弹、破甲弹、杀爆弹、攻坚弹和炮射导弹等。那么据此提出问题:战时各弹种如何配备?分别携带哪种、数量取多少?当然,可机械地按"弹药基数"进行配备,弹药基数是指一次补给配发或分发给作战单位的弹药数量,那么弹药基数又是如何确定的?紧接着的问题就是,战场上的弹药输送车如何配置?野战条件下如何进行弹药储备和保障?等等。可以想象,弹药基数首先依据典型作战样式的想定,然后充分考虑弹药的毁伤效能,再综合平衡其他方面因素后最终确定。由此可见,根据实战需要进行灵活机动的弹药配备以及战场补给和保障,更需要弹药毁伤效能评估的数据支撑。所以弹药基数确定和实战条件下的合理机动配备,与毁伤效能评估关联紧密。再扩展一下,弹药的补给、保障、储备和库存等,都不同程度上与毁伤评估有联系。

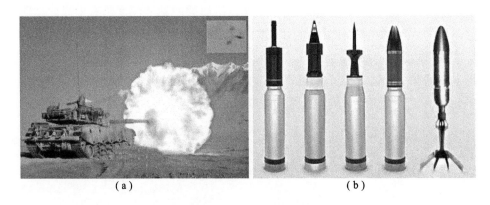

(a)   (b)

图 1.2.5　坦克与坦克炮弹药

(a) 坦克炮射击;(b) 典型坦克炮弹药

与坦克相同,作战飞机、军舰(艇)也存在类似情况,尤其作战飞机,有的时候不允许载弹降落。因此各种武器平台根据实际交战情况的变化,在毁伤效能评估的支持下,进行合理机动的武器弹药配备、基数调整及保障等意义非常重大。

6. 作战指挥与控制

毁伤评估和作战指挥与控制之间的联系,已在前面武器弹药运用与火力规划、武器弹药配备与保障的讨论中有所体现。把图 1.1.4 武器系统工作流程进行扩展，嵌入指挥与控制、毁伤效能评估和毁伤效果评估而形成图 1.2.6，由此可以清晰看出指挥与控制分别与毁伤效能评估和毁伤效果评估的关联关系。

由图 1.2.6 可以做如下想定：首先，作战指挥与控制系统及相应的武器系统（弹药）已经根据作战任务指令或接收到的预警信息做好战斗准备；随后，通过武器系统自身的侦察与探测系统或之外的信息支援系统获得目标信息，指挥与控制系统将目标信息和武器弹药毁伤效能评估相结合形成火力规划和打击方案（选定弹药及数量），并据此下达射击指令；接着，武器弹药发射、自主飞（航）行并通过制导控制精确命中目标；最后，引信起爆战斗部，完成最终的毁伤目标任务。这样，武器系统（弹药）就完成了对目标的一波（轮）次打击。如果有必要，可以启动战场侦察和适时目标毁伤效果评估系统，并将评估结果反馈给指挥与控制系统，由指挥与控制系统决定对该目标是否进行二次打击或转向下一目标。因此，武器弹药毁伤效能评估和目标毁伤效果评估可从两方面为作战指挥与控制提供数据与决策信息支持，对武器弹药合理化高效运用、获得最佳战果乃至取得最终胜利等都发挥重要作用。

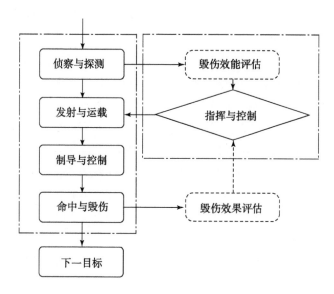

图 1.2.6　作战指挥与控制和毁伤评估

1.3　武器弹药效能

1.3.1　系统效能

从毁伤评估及其应用的角度看，关注最多的是武器弹药的毁伤效能，因此有必要对毁伤效能及其关联概念进行深入阐述和讨论，在此首先从武器系统及系统效能开始。武器系统的概念如 1.1 节所述，而系统效能的最基本含义是指：达到系统目标的程度，或系统期望达到一组具体任务要求的程度[15]。那么武器系统效能是什么呢？事实上国内外目前并未对此形成统一的定义，但概念的内涵基本上是一致的。美国在军用标准 MIL – STD – 721B《可靠性与维修性定义》中，将武器系统效能定义为：武器系统预期能够达到一组规定任务所要求的程度的量度[16]；前苏联定义为[17]：武器系统完成特定任务的能力程度的数量描述；按国军标 GJB 1364—1992《装备费用效能分析》的有关定义[18]，可表述为：武器系统在规定的条件下完成规定任务的能力。

在目前情况下，"效能"一般理解为"系统效能"，而不是单一或某一方面的性能，然而一开始并不是这样。可能是由于美国关于效能的概念比系统效能的概念出现更早的缘故，导致二者在定义和内涵上略有差异。美国曾经用武器装备输出的某项性能或某项品质指标来表征和度量其效能，例如，摧毁目标数量、运输总吨位数、功率、速度、作用距离、信息传输量、可靠性、可用性等，都曾单独用来度量武器装备的效能[19,20]。因此，在国军标 GJB 1364—1992 中，把"效能"定义为装备在规定条件下达到规定使用目标的能力。该定义的"目标"可以是装备的单项性能、单项品质指标，也可以是装备的总任务。也就是说，可以用装备的某个单项性能或单项品质指标表征其效能，称为"指标效能"；也可以用装备完成总任务的综合性品质指标表征和度量其效能，称为"系统效能"。由于人们现在普遍关心和研究的是武器系统完成其规定任务的综合性品质性指标，即系统效能，因此如不加特殊说明，"效能"均指"系统效能"。

武器系统效能是武器系统研制和使用所追求的总目标，是规划、研制、装备和使用的基本依据，是由战术技术指标等所表征的武器系统性能的综合性体现。武器系统效能通过三个方面的性能，即可用性、可信性和固有能力综合体现，用数学形式可以描述为

$$E = f(A, D, C) \tag{1.3.1}$$

其中，E 表示效能；A, D, C 分别表示可用性、可信性和固有能力。可用性 A 指随时投入作战的能力，反映投入作战前武器系统处于正常工作状态的程度，包含保障性、维修性和可靠性等方面的内容。可信性 D 指执行任务过程中武器系统处于正常工作状态的程度，主要指可靠性，特定条件下也可以包括维修性方面的内容。固有能力 C 指武器系统正常工作条件下完成给定作战任务的能力，包括发现目标能力、突防能力、生存能力、抗干扰能力以及完成毁伤等最终作战任务的能力。由于可用性、可信性和固有能力通常分别用概率表示，所以武器系统效能可以表示成

$$E = A \cdot D \cdot C \tag{1.3.2}$$

1.3.2　作战效能

关于作战效能的概念表述有很多，国军标 GJB 1364—1992 定义为[18]：在预定或规定的作战使用环境以及所考虑的组织、战略、战术、生存能力和威胁等条件下，由代表性的人员使用该装备完成规定任务的能力。关于作战效能的概念，其他比较有代表性定义如：在规定条件下，运用武器系统的作战兵力执行作战任务所能达到预期目标的程度。其中，执行作战任务应覆盖武器系统在实际作战中所能承担的各种主要作战任务，且涉及整个作战过程，因而也称为兵力效能。另外，对于一定战场条件下的火力突击，从作战角度，各种类别武器如导弹、炮兵部队等，计及各种作战行动效率时，也称为突击效能。由此可见，作战效能的概念内涵比较宽泛，且涉及因素十分复杂。首先，它与武器系统所要担负的作战任务密切相关，并受到作战条件、时间的制约；其次，它主要体现武器系统完成预定作战任务的能力，与其系统组成、结构有直接关系；最后，它与系统组成的各个子系统的可靠性、可用性的状态有关，关系到系统能否完成预定的作战任务。

武器系统效能与作战效能有相通的地方，都是表征武器装备完成总任务的能力，二者分别从不同的角度反映武器系统的效能，但两者在概念内涵和分析方法上存在一定差别。从宏观总体上看，系统效能强调的是武器装备在设计规定条件下，不考虑火力威胁和生存等战场因素情况下，完成规定任务的能力。而作战效能则是指在规定的作战战场环境（基本上仍限于设计所限定的作战使用条件），考虑火力威胁和生存等战场因素，武器装备完成规定任务的能力。因此，有关武器系统效能分析与评定的研究方法、研究程序以及

基本模型等也基本适用于作战效能的分析与评定，只是进行作战效能的分析与评定时，固有能力 C 的分析与评定需要考虑的因素更多、更复杂，往往需要采用仿真与模拟方法解决。对于武器系统效能和武器系统作战效能的区别，下面分别从概念内涵和分析步骤与方法两方面进行细致的对比分析。

1. 概念内涵的对比

武器系统效能（偏重自有功能属性）：

（1）与武器系统的组成、结构有关，反映整个武器系统在规定的任务范围内达到预期目标的能力；

（2）与执行任务过程中系统各组成部分的状态有关，包括系统在给定条件下能否及时投入运行，各组成部分在运行过程中正常工作的概率，能否达到预期的任务目标等；

（3）与执行任务的时间、范围等有关。

武器系统作战效能（强调动态变化）：

（1）与武器系统的组成、结构有关，指整个武器系统参与作战任务的能力；

（2）与作战过程中系统各组成环节的状态有关，指武器系统能否满足作战要求，能否完成既定的作战任务，各环节在作战过程中的状态是否发生变化；

（3）与作战的时间与任务、火力威胁和生存环境以及目标对抗、干扰与隐身等有关。

2. 分析步骤与方法的对比

武器系统效能：

（1）确定系统效能的度量指标和参数；

（2）分析系统的可用性、可信性和固有能力；

（3）综合分析与效能评估。

武器系统作战效能：

（1）确定作战效能的构成；

（2）拟制作战想定或作战方案；

（3）确立作战效能度量指标；

（4）进行作战效能仿真分析与评估。

综上所述，武器系统作战效能因考虑了作战环境和条件，多以模拟仿真研究为主，而武器系统效能多通过单项效能的综合分析获得。

以上从广义角度对武器系统的作战效能概念进行了阐述，并与武器系统效能进行了笼统的对比分析。从狭义上看，武器系统是用于军事作战与对抗的，其中绝大多数武器系统的作战任务是打击和摧毁目标，其作战效能即毁伤效能。对于以武器弹药为任务和使命执行实体的武器系统，武器弹药的毁伤效能实质上就是武器系统的作战效能。

1.3.3　射击效能

射击效能针对枪、炮、导弹和鱼雷等射击类武器而言[21]，是该类武器系统作战效能的集中体现和核心组成部分。所谓射击，就是指通过身管武器发射弹丸以及制导武器运载战斗部对目标实施火力打击，以达到一定作战目的和完成作战任务的过程。因此，射击效能是指武器系统射击时所达成的毁伤目标的程度，或完成预定战斗任务的程度。射击效能集中反映了武器系统射击时完成作战任务和造成目标毁伤的能力，这里的目标毁伤可以是目标被彻底摧毁，也可以是目标的战术功能丧失或降低。

射击一般分为直接瞄准和间接瞄准射击。直接瞄准射击时，从发射阵地能够通视目标，用瞄准装置直接瞄准目标；间接瞄准射击时，不能直接通视目标，由指挥员位于观察所指挥，完成射击。

不同的武器其射击的方式会有很大的不同，而且射击任务的要求和描述也是不同的。例如，对于炮兵，其射击任务通常可分为如下几种。

（1）压制射击：给有生力量、火器、坦克、装甲车辆、炮兵分队等目标以部分损伤，使其暂时丧失战斗力，停止射击后，目标将在较短时间恢复战斗力。

（2）歼灭射击：严重损伤目标，使其大部分或全部丧失战斗力，停止射击后，目标不能在短时间内恢复战斗力，或不经补充（修理）就不能恢复战斗力。

（3）破坏射击：摧毁工事、工程设施或建筑物，使其不能使用。

（4）妨碍射击：目的仅在于干扰（阻碍、迟滞）敌人行动，削弱敌人战斗力或封锁交通要道。

武器系统射击造成目标的毁伤是指压制、歼灭、破坏和妨碍等的总称，因此射击效能也可以理解为武器系统的命中性能和毁伤性能的综合。

1.3.4 终点效能/战斗部毁伤效能

武器弹药的终点效能也称为终端效能、末端效能，可以更直观地表达武器弹药在弹道末段的作战效能或毁伤效能，相当于目标无对抗、系统无故障，武器弹药正常作用条件下的毁伤效能或作战效能。在毁伤与弹药工程领域，并在本书中，武器弹药终点效能还称为战斗部毁伤效能，这主要是因为：武器弹药到达终点时已不再变换姿态和实施弹道机动，武器弹药的作战任务使命已经完全交由战斗部来完成，这时战斗部按一定的随机炸点分布规律（由武器弹药的命中精度、引信启动规律和末段弹道特性所决定）在相对于目标的某一位置上作用，于是通过对所有炸点进行统计平均所得到的战斗部毁伤效能实质上就是武器弹药的终点效能。再从这个角度对比一下战斗部的毁伤效能和毁伤威力：战斗部毁伤效能相当于一定炸点分布规律条件下对战斗部毁伤能力的统计平均，是战斗部毁伤性能、命中精度、引信启动规律和末段弹道特性等的综合反映；战斗部威力相当于弹－目在相对静止和位置固定条件下的毁伤能力，是战斗部的一种本征性能和固有能力。因此，武器弹药终点效能/战斗部毁伤效能反映的是战斗部固有能力（威力）与武器弹药总体相结合的实际发挥效果，并直接体现武器/弹药系统执行摧毁目标这一核心使命和任务的能力。

武器弹药终点效能/战斗部毁伤效能评估作为武器弹药作战效能评估的重要组成部分和核心内容之一，目的在于给出武器弹药作战能力在一定约束条件下的量化描述与评定，并获得弹道特性、命中精度、引信启动规律以及战斗部威力性能等的影响规律。在航空航天、兵器、船舶等多个国防科技领域，武器弹药终点效能/战斗部毁伤效能评估已成为备受关注的重要研究和发展方向，并以非常便捷的方式在武器装备规划与论证、研发与设计、维护与保障、对抗与运用等全寿命周期的各个环节得到了广泛应用。

1.4　内容组成与知识架构

通过上一节对毁伤与评估及关联概念的阐述和讨论，可以建立起基于兵器学科和毁伤与弹药工程范畴的毁伤评估内容组成与架构，如图1.4.1所示。由图1.4.1可以看出，毁伤评估包括基于毁伤因素的威力评估和效能评估以及基于毁伤对象/目标的目标易损性评估和毁伤效果评估，其中威力评估包括毁伤元威力评估和战斗部威力评估两个方面或层次，效能评估包括武器弹药终点效能评估和武器弹药作战效能评估两个方面或层次。

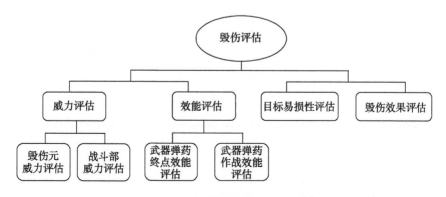

图 1.4.1 毁伤评估内容组成与架构

对于上述"六个评估"，本书内容主要包含目标易损性评估、战斗部威力评估和武器弹药终点效能评估方面的基本原理和基础知识。之所以这样安排，主要基于以下考虑：

（1）毁伤元威力内容简单，形式单一，可用威力参数，比如冲击波超压、破片质量和速度等表征其性能和能力，量化对比也比较容易；另外，其对具体目标的毁伤能力还可以通过目标易损性评估得到体现，因此毁伤元威力评估不独立列为内容之一。

（2）毁伤效果主要是指实际作战条件下的目标毁伤效果，属于实战适时评估的范畴，不确定性因素多，难以实现定量预测和对比分析，同时基础理论和方法的缺口也很大，因此毁伤效果评估内容暂不列入。

（3）武器弹药终点效能集中体现了毁伤评估这一核心主题和弹－目结合这一关键点，既可以直接反映武器弹药的作战效能，又可以体现战斗部与武器弹药相结合的实际作战能力。从本书的内容编排来看，武器弹药终点效能评估是特色突出的重点内容之一。

（4）武器弹药作战效能涉及武器弹药的各方面性能，比如射程、作战响应速度、突防能力、可靠性等方方面面，并需要考虑目标对抗、隐身和机动规避等因素，是一种体系庞大复杂的综合性系统效能评估，而分解出的武器弹药终点效能是作战效能的核心，能够反映作战效能的本质，甚至可直接作为评估作战效能的数据依据，因此武器弹药作战效能评估内容不在此另行展开。

1.5 毁伤评估发展简史

1. 原始毁伤评估

应该说，伴随着人类进化、社会形成和生产力发展，毁伤评估的核心思想早已存在。如出自《论语·卫灵公》的"工欲善其事，必先利其器"、俗语"磨刀不误砍柴工"等，都包含着朴素的毁伤评估思想。从人类开始创造和使用各种工具、武器起，就一直希望和想办法使其更加锋利、更为好用和用得高效等，这实际上就自觉不自觉地产生了原始的毁伤评估思想并用于实践。

2. 近代毁伤评估

近代毁伤评估的"近代"，指的是 19 世纪初到第一次世界大战前后大约100 年间。有文献记载的最早与毁伤评估直接相关的研究出现在 19 世纪上半叶的欧洲，主要是利用身管火炮发射实心动能弹丸对地面上的防护装甲板、土木工事以及水上舰船模拟结构等进行高速冲击试验，以检验毁伤与防护效果。1829 年法国人 Poncelet[22]（1788—1867 年）发表了关于弹体侵彻土石方面的研究结果，其中包含著名的 Poncelet 公式并被认为是最早的穿甲力学模型。这期间，由于理论基础薄弱，测试技术和手段落后，因此基本的研究方法是实弹射击试验[23-27]，然后在牛顿力学的理论基础上获得预测冲击侵彻结果的经验公式，供弹丸设计或解决防护问题参考。19 世纪下半叶，由于高能炸药尚未发明和军事应用，因此实心动能弹丸仍是弹药主要形式，毁伤效应研究的方法和手段也没有实质性的变化。1873 年英国人 Bahsforth[28]出版的 *Motion of Projectiles* 和 1883 年德国人 Krupp[29]出版的 *Uber das Durchschlagen von Panzerplatten*，汇集了这期间的相关研究成果。

毁伤评估发展史上最具标志性的事件是目标易损性和毁伤机理受到关注并针对性地开展研究，其中的起因是第一次世界大战。在第一次世界大战中，军用飞机首次出现在战场上，战争初期主要承担侦察、运输和校正火炮等辅助任务。1915 年，法国人在飞机上安装了一挺机枪并在螺旋桨上安装一种叫作偏转片的装置，这是第一架真正意义上的战斗机并用于实战[30]。空对空作战的实践，促使人们对飞机目标的易损性和战场生存能力产生极大兴趣并着意加以研究。同是 1915 年，化学武器开始出现并用于实战[31,32]，德国人首次在战场上使用了氯气。这激起了人们对化学物质和其他手段作为人体失能剂的研究兴趣，也推动了相关毁伤机理和人员战场防护问题的研究。另外，大口径重型火炮的出现，以及空中轰炸能力的具备，使人们认识到把一切军事目标都构筑到坚不可摧是难以办到的，于是，关于爆破效应对建筑物等目标的毁伤机理研究也紧接着开展了起来。限于当时的历史条件，关于毁伤效应和毁伤威力的认识主要来源于试验，包括实验室的机理和效应试验、战斗部的外场静爆试验以及实弹靶试等。

第一次世界大战以后，关于弹药终点效能/战斗部毁伤效能的研究开始萌芽，大致属于目标易损性研究的一种自然的扩展与应用，其实质属于固定弹 – 目作用条件的坐标杀伤规律范畴。代表性的工作出现在 20 世纪 20 年代，通过实弹对飞机射击试验的方法研究此类问题，并用于反飞机弹药最佳口径选择与优化设计等[33]。

3. 现代毁伤评估

现代毁伤评估的"现代"是指第二次世界大战至今，80 多年来，毁伤评估理论与技术发展迅猛并方兴未艾。第二次世界大战末期及其以后的一段时间，目标易损性和毁伤机理研究掀起了新的高潮，主要是围绕原子武器和热核武器的研发与应用展开的[34-36]，其中爆炸冲击波、热辐射和核辐射的毁伤机理成为新的热点。除此之外，战争的需求以及技术的进步，使得大量高技术新型装备研制成功并投入使用，正是由于军事作战和武器对抗的迫切需要，进一步推动了飞机、建筑物、地面战斗车辆以及有生力量等目标针对破片、动能弹丸、爆炸冲击波、聚能射流以及火焰等作用的易损性和毁伤机理研究。20 世纪五六十年代以后，目标易损性与毁伤机理研究对武器装备的研制、发展以及原始创新和技术进步等的重大意义得到广泛认同，为此，以美国、前苏联（俄国）为代表的军事强国制定了系统的研究计划，投入了大量的人力、物力，积累了大量的实验和理论研究成果[37-39]。限于这一方面的研究结果属于国家安全层面的重要机密，公开报道的文献并不丰富。

近几十年来，总体上看目标易损性和毁伤机理研究向基础性、系统性、纵深性以及通用性和针对性相结合的方向发展。同时，新的作战需求和装备技术发展也使研究对象不断增多，如新型战机、战术导弹、航空母舰、雷达、深层地下工事以及电力设施等，研究领域也在不断扩展、研究深度不断增加。近年来，新军事革命思潮对战争理念的影响日益增强，战场目标的范围不断扩大，以及武器装备技术发展的日新月异和新型装备的层出不穷，使目标易损性与毁伤机理研究难以停歇，永无止境。

对于终点（战斗部）效能研究，初期由于对目标易损性和坐标杀伤规律的认识有限，通常进行简化处理，因此人们习惯上将其归结到命中与射击效率问题。第二次世界大战新出现的毁伤需求，加速了毁伤评估的发展。飞机成为第二次世界大战时的重要毁伤目标。1939 年，Kent[40] 提出了用破片数及破片平均有效半径来衡量战斗部威力，以飞机目标在破片飞散方向的展现面积作为易损面积来计算杀伤概率的方法得到普遍应用。1942 年，英美研究人员联合对海面舰炮发射的带两种不同引信的炮弹防御高空轰炸机的效率进行了比较[41]，英国人 Kendall[42] 对带时间引信和近炸引信的战斗部反飞机目标的效率做了类似的比较。1945 年，Колмогоров[43] 首次提出采用目标毁伤概率评定射击效率的方法，一定程度上确立了终点（战斗部）毁伤效能评估的基本原理和方法。在此之后十几年间，与终点（战斗部）效能评估相关的战斗部坐标杀伤规律研究及毁伤概率解析算法研究等在前苏联得到了快速发展[44]。

第二次世界大战以后，由于有了大量的飞机可供试验，美英等国用了数以百计的飞机进行毁伤效应研究。在分析方法中，对试验得到的毁伤程度进行评价时，通常以构件易损面积的形式给出[45-50]。其中，对飞机燃油箱和载弹的易损性进行了专门的研究[51,52]。1949 年，由于类似研究非常广泛，还专门召开了有关飞机易损性的国际会议[53]。然而，防空问题的复杂性在于对大多数飞机构件而言，从试验获得的基本易损性数据最多只有 10%~20%，而且也只是相对大小，要想得到分析结果非常困难。基于需求与实战及模拟试验，仿真理论及方法得到迅速发展。1950 年，King[54] 提出用 Monte - Carlo 法计算弹药对空中目标杀伤概率的方法，即是一种对防空武器的作战效果进行数学试验的方法。1953 年，Juncosa 和 Young[55] 用 King 的方法进行了编程计算，计算时将飞机及其爆炸杀伤包络线用与机身、机翼、尾翼、发动机相似的椭球来代替。1960 年，Stiegler[56] 改进了 Juncosa 和 Young 的方法，选择了所谓的目标"闪光点"（flash point）即雷达反射点为瞄准点。

进入 20 世纪中后期，美国继续与目标易损性研究相结合，进行了大量实尺度的实弹射击毁伤试验，并开发出了针对装甲车辆的 Compartment Code 易损性模型编码[57,58] 等。20 世纪 70 年代，高机动性作战飞机的出现推动了武器/弹药终点毁伤概率计算方法的研究，高性能计算机为防空反导武器系统终端作用虚拟现实仿真提供了关键的技术手段。在此期间，美国空军装备实验室（Air Force Armament Laboratory，AFAL）开发了若干基于不同硬件平台的数字仿真程序，如 FASTGEN、SHAZAM、IVAVIEW、ENCOUNT 和 OPEC 等[59,60]。20 世纪 70 年代末至 80 年代初，统计实验法（Monte – Carlo 法）得到大力发展并应用于武器/弹药终点毁伤概率计算[61,62]，如 Webster[63] 采用 Monte – Carlo 法编写了计算反辐射导弹杀伤概率的程序 ARPSIM 等。

随着目标易损性研究成果的不断积累、毁伤概率解算原理和方法的不断进步以及计算机技术的持续发展，终点（战斗部）效能的量化分析与评估更具有科学性和有效性，并逐渐在工程上得到应用[64-68]。例如，20 世纪 80 年代以来，借助于计算机仿真技术及数据库技术的发展，以荷兰应用科学组织（TNO）为典型代表开发出了较系统的仿真评估方法[69,70]：TNO（Prins Maurits Laboratory），采用射线跟踪的方法描述破片弹道和战斗部破片场，建立了包括空中目标、水面目标的易损性评估模型及程序，成果成功应用于军备研制；TNO 还开展了提高舰船生命力（Advanced Concepts for Damage Control）的研究，建立了灾害控制评估模型（DCAM）用于评估舰船的火灾等主要灾害控制能力，并采用了网络组织和"人在回路"等思路，验证灾害控制中实际的控制效果。进入 21 世纪以来，终点效能评估研究得到了前所未有的重视，专业化的终点毁伤效能评估软件开始出现并处在不断发展和完善过程中，在工程实际中得到了日益广泛的应用[71,72]。

思　考　题

1. 简述武器和弹药的概念，分析二者的联系和区别。

2. 简述武器和武器系统的概念，分析二者的联系和区别。

3. 自选一实例，分析武器系统的组成、功能和工作原理。

4. 简述毁伤效应、毁伤威力、毁伤效能和毁伤效果的概念，分析讨论四个概念之间的区别。

5. 目标易损性评估和毁伤效果评估的差别是什么？

6. 毁伤威力评估和毁伤效能评估的差别是什么？

7. 武器弹药终点毁伤评估的本质是什么？与武器弹药作战效能评估的主要差别是什么？

8. 从武器弹药全寿命周期的角度，综合论证不少于一种毁伤评估的应用价值和应用方法。

参 考 文 献

[1]《中国大百科全书》编委会．中国大百科全书．军事［M］．2 版．北京：中国大百科全书出版社，2005.

[2] 尹建平，王志军．弹药学［M］．2 版．北京：北京理工大学出版社，2012.

[3] 汪亚卫．国防科技名词大典——综合［M］．北京：航空工业出版社，兵器工业出版社，原子能出版社，2002.

[4] 军事科学院外国军事研究部．简明军事百科词典［M］．北京：解放军出版社，1985.

[5]《兵器工业科学技术辞典》编委会．兵器工业科学技术辞典［M］．北京：国防工业出版社，1991.

[6] 甄涛，王平均，张新民．地地导弹武器作战效能评估方法［M］．北京：国防工业出版社，2005.

[7] 田棣华，马宝华，范宁军．兵器科学技术总论［M］．北京：北京理工大学出版社，2003.

[8] 陈熙，张冠杰，刘腾谊．35mm 高炮技术基础［M］．北京：国防工业出版社，2002.

[9] 阮智富，郭忠新．现代汉语大词典（下册）［M］．上海：上海辞书出版社，2009.

[10] 王树山，王新颖．毁伤评估概念体系探讨［J］．防护工程，2016，38（5）：1-6.

[11] 王树山．终点效应学［M］．2 版．北京：科学出版社，2019.

[12] 王凤英，刘天生．毁伤理论与技术［M］．北京：北京理工大学出版社，2009.

[13] 张月琴．AHEAD 弹技术研究［D］．北京：北京理工大学，1998.

[14] 张月琴，王树山，隋树元．AHEAD 弹对典型目标的条件毁伤概率计算［C］//中国宇航学会无人飞行器学分会战斗部与毁伤效率专业委员会第五届学术年会（无锡），1997.

[15] 李廷杰．导弹武器系统的效能及其分析［M］．北京：国防工业出版社，2005.

［16］ MIL – STD – 721B. Definition of Terms for Reliability and Maintainability ［S］, 1966.

［17］ ［苏］普罗尼科夫 A C. 机器可靠性 ［M］. 四川省机械工程学会设备维修专业委员会, 译. 成都：四川人民出版社, 1983.

［18］ GJB 1364—1992. 装备费用效能分析 ［S］, 1992.

［19］ ［美］洛克希德导弹与空间公司. 系统工程管理指南 ［M］. 王若松, 等译. 北京：航空工业出版社, 1987.

［20］ ［美］本杰明·斯·布兰哈德. 后勤工程与管理 ［M］. 王宏济, 译. 北京：中国展望出版社, 1987.

［21］ 程云门. 评定射击效率原理 ［M］. 北京：解放军出版社, 1986.

［22］ Poncelet J V. Cours de mécanique industrielle, professé de 1828 à 1829, par M ［J］. Poncelet, 2e partie. Leçons rédigées par M. le capitaine du génie Gosselin. Lithographie de Clouet, Paris, (sd), 1827, 14.

［23］ Poncelet J V, et al. Rapport sur unmémoire de MM Piobert at Morin ［J］. Mém Acad d Sciences 15, Njp, 1835：55 – 91.

［24］ Norin. Nouvelles expéeiences sur le frottement ［J］. Recueil d Sav Etrang Aced d Sciences 6, . Njp, 1835：641 – 783.

［25］ Norin, et al. Résistance des milieu; rocherehes de MM Didion, Morin et Pilbert ［J］. CR3. Njp, 1836：795 – 796.

［26］ Piobert G, Morin A, Didion Is. Note sur les effets et les lois du choc, de la penetration et du movement dos projectiles dan les divors milieux résistans ［J］. Congrès Sci d France 5. DLC, 1837：526 – 539.

［27］ Idem. Mémoire sur las résistance des corps solides ou mous a la penetration des projectile ［J］. Mémorial d l' Artill 4. DLC, 1837：299 – 383.

［28］ Bahsforth F. Motion of projectiles ［M］. Asher, London, 1873.

［29］ Krupp F. Über das Durchschlagen von Panzerplatten ［M］. Essen, 1883 and 1890.

［30］ 李雯. 第一次世界大战简史 ［M］. 北京：三联书店, 1953：105.

［31］ 温丝顿·丘吉尔. 第一次世界大战回忆录 ［M］. 刘立, 译. 海口：南方出版社, 2008.

［32］ Engineering Design Handbook. Elements of Terminal Ballistics. Part One, Introduction, Kill Mechanisms and Vulnerability ［R］. AD – 389 219/

7SL, 1962.

[33] National Research Council. Vulnerability assessment of aircraft: a review of the department of defense live fire test and evaluation program [R] . ADA323970. US: 1993.

[34] Engineering design handbook. Elements of terminal ballistics part two, collection and analysis of data concerning targets [R] . AD – 389 318/ 7SL, 1962.

[35] Savchenko F. Weapons of tremendous power [R]. Army foreign science and technology center, Washington, D. C. , AD – 834321, 1967.

[36] Gyllenspetz I M, Zabel P H. Comparison of US and Swedish aerial target vulnerability assessment methodologies [R] . Southwest Research Inst San Antonio Tex, 1980.

[37] National Research Council. Vulnerability assessment of aircraft: a review of the department of defense live fire test and evaluation program [R]. PB93 – 149946/GAR, 1993.

[38] Goland M. Armored combat vehicle vulnerability to anti – armor weapons: a review of the army's assessment methodology [M] . National Academies, 1989.

[39] Office of Scientific Research and Development, National Defense Research Committee. Summary of technical reports of division 2 [R]. NDRC, Vol. 1, Columbia Press, New York, 1946.

[40] Kent R H. The probability of hitting various parts of an airplane as dependent on the fragmentation characteristics of the projectile [R]. AD491787, 1939.

[41] Brikhoff G, Daridson F, Inglis Dr R, et al. The probability of damage to aircraft fire. A comparison of faces when used against high level lomlers attacking a concentrated target [R]. OSRD 738, 1942.

[42] Kendall D G. The chances of damage to aircraft from A. A, rockets filled with time or proximity faces [R]. A. C. 2435, 1942.

[43] Колмогоров А Н. Число попаданий при нескольких выстрелах и общие принципы оценки эффективности стрельбы [J] . 1945, Тр. МИАН СССР. – Том 12.

[44] вентцель Е С, лихтров Я М, мильграм ЮГ, et al. Основы теории

бовой эффективности и исследования операций ［M］. москва: ввиА, 1960.

［45］ Weiss H K, Stein A. Airplane vulnerability and overall armament effectiveness ［R］. AD9093, 1947.

［46］ Garmousakis J M. The effect of blast on aircraft ［R］. AD376940, 1947.

［47］ Weiss H K, Stein A. Vulnerability of aircraft to 75mm airburst shell ［R］. AD41431, 1948.

［48］ Stein A, Kostiak H. Damage by controlled fragments to aircraft and aircraft components ［R］. AD53127, 1949.

［49］ Weiss H K, Christian J, Peters L M. Vulnerability of aircraft to 105 mm and 75 mm HE shell ［R］. AD54768, 1949.

［50］ Stein A, Kostiak H. Methods for obtaining the terminal ballistic vulnerability of aircraft to impacting projectiles with application to generic jet fighter, generic jet bomber, F – 47 piston fighter and B – 50 piston bomber ［R］. AD130730, 1951.

［51］ Stein A, Torsch M G. Effectiveness of incendiary ammunition against aircraft fuel tanks ［R］. AD42383, 1948.

［52］ Jones K S. A comparative study of the vulnerability of warheads loaded with TNT and with composition B ［R］. AD802306, 1949.

［53］ Report on first working conference on aircraft vulnerability ［R］. AD377164, 1949.

［54］ King F G. Lotto method of computing kill probability of large warhead ［R］. AD802148, 1950.

［55］ Juncosa M C, Yourg D M. A mathematical formulation for ORDVAC computation of the probability of kill of an airplane by a missile ［R］. AD17267, 1953.

［56］ Sticgler A D. A mathematical formulation for ORDVAC computation of the single – shot kill probilities of a general missile versus a general aircraft ［R］. AD249957, 1960.

［57］ Goland M. Armored combat vehicle vulnerability to anti – armor weapons: a review of the army's assessment methodology ［M］. National Academies, 1989.

[58] Deitz P H, Starks M W, Smith J H, et al. Current simulation methods in military systems vulnerability assessment [R]. Army Ballistic Research Lab Aberdeen Proving Ground Md, 1990.

[59] Bush J T. Visualization and animation of a missile/target encounter [R]. Air Force Inst of Tech Wright – Patterson afb Oh, 1997.

[60] Richard M, Lioyd. Conventional warhead systems physics and engineering design [R]. American Institute of Aeronautics and Astronautics, AD – A095906, US: 1980.

[61] Beverly W. A tutorial for using the Monte Carlo method in vehicle ballistic vulnerability calculations [R]. Army Ballistic Research Lab Aberdeen Proving Ground Md, 1981.

[62] Beverly W. The forward and adjoint Monte Carlo estimation of the kill probability of a critical component inside an armored vehicle by a burst of fragments [R]. Army Ballistic Research Lab Aberdeen Proving Ground Md, 1980.

[63] Webster R D. An anti – radiation projectile terminal effects simulation computer program (ARPSIM) [R]. AD – A101357, US: 1981.

[64] Starks M W, Abell J M, Roach L K. Overview of the degraded states vulnerability methodology [C]//Proceedings of 13th International Symposium on Ballistics, Stockholm, June, 1992.

[65] Chao, Lih – Ming, Ying – Tsern, et al. A hypothetical vulnerability model of aircraft sortie on runway of airbase [C]//Proceedings of 16th International Symposium on Ballistics, San Francisco, California, USA, September, 1996.

[66] Cunniff P M. The probability of penetration of textile – based personnel armor [C]//Proceedings of 18th International Symposium on Ballistics, San Antonio, TX, November, 1999.

[67] Extending J A. The capability of a vulnerability assessment code [C]// Proceedings of 18th International Symposium on Ballistics, San Antonio, TX, November, 1999.

[68] Wijk G, Sten G. Vulnerability assessment: target kill probability evaluation when component's kill (or degradation) can not be considered independent

events ［C］//Proceedings of 18th International Symposium on Ballistics, San Antonio, TX, 1999.

［69］ Verolme J L, Meerten E Van. Implement of a fragment shattering model in TNO's vulnerability assessment code TARVAC ［C］//Proceedings of 18th International Symposium on Ballistics, San Antonio, TX, November, 1999.

［70］ Williams F W, Carhart H W. Consolidated Damage Control System ［R］. Naval Research Lab. , Washington, DC. ADA126635, 1983.

［71］ 柏席峰，郭美芳，廖海华，等. 国外毁伤评估软件工具综述 ［C]//2015 全国毁伤评估技术学术研讨会论文集，北京，2015.

［72］ 余春祥，卢永刚，李会敏，等. 常规弹药打击下战场人员损伤评估系统设计及应用 ［C]//2015 全国毁伤评估技术学术研讨会论文集，北京，2015.

第 2 章
目标易损性与毁伤机理

2.1 目标及其分类

在兵器科学和毁伤与弹药工程领域，对战争进程以及达成战略、战术目的有影响并作为武器弹药等打击对象的人和物均构成目标，包括有生力量、作战平台（装甲车辆、飞机、舰艇）、武器与技术装备、各种军事、工业、交通和通信设施以及其他政治、经济目标等。作战条件下，目标与武器弹药常常以相互对抗的形式存在，武器弹药以毁伤目标为目的，而目标也不仅仅是被动防御，也包括主动对抗、机动规避以及欺骗、干扰等。

目标的类型纷繁多样，分类方式也有很多种。如根据地位和作用的不同，可分为战略目标和战术目标等；按所在域分类，可分为空间（大气层外）目标、空中（大气层内）目标、地面目标、地下目标、水面目标和水下目标等；按目标运动形式分类，可分为固定目标、机动目标以及低速目标和高速目标等；按存在及分布状态，可分为点目标、线目标和面目标等；按结构强度和防护程度，可分为坚固目标、硬目标和软目标等。

2.2 目标易损性表征

2.2.1 定义

目标受到武器弹药打击的毁伤响应特征，体现为目标的易损性。目标易损性并不存在学术上的严格定义，更多地体现为工程概念和术语，因此表述方法有多种。美国的提法是[1,2]：目标易损性具有广义和狭义双重含义，广义的目标易损性系指某种装备对于破坏的敏感性，其中包括关于如何避免被击中等方面的考虑；狭义的目标易损性系指某种装备假定被一种或多种毁伤元素击中后对于破坏的敏感性。我国关于目标易损性的定义还有多种，例如：

（1）目标在敌各种兵器的袭击下可能的受损程度，它与目标的位置、大小、作用方块图、结构强度、防护能力以及所使用的杀伤兵器有关[3]。

（2）兵器系统被击中后受损伤的敏感程度，主要取决于兵器系统结构和关键部件固有的安全性和防护装置的效能，也与攻击武器的威力和攻击方位有关[4]。

（3）目标易损性亦称"目标易毁性"，指在一定的射弹效力和数量表征的条件下，目标被毁伤的难易程度的描述[5]。

本书主要从兵器科学和毁伤与弹药工程角度出发，借鉴美国的定义原则并按更恰当的汉语表达方式，给出目标易损性的定义[1]：广义的目标易损性是指目标受到攻击时，其被毁伤的难易程度，需要把目标避免被命中（主动对抗、机动规避、被动干扰等）和命中后被毁伤相结合来体现；狭义的目标易损性是指目标被命中的情况下，目标毁伤对毁伤因素的敏感性。对于毁伤评估来说，主要是针对狭义的目标易损性。狭义的目标易损性主要通过毁伤等级和毁伤律（毁伤准则与判据）相结合进行表征，这也构成目标易损性评估的主要内容，其中毁伤等级表示毁伤程度或形式，毁伤律是关于毁伤敏感性的统计模型。另外，为了研究得到毁伤律模型以及为武器弹药威力和终点效能评估研究提供必要的目标特性基础数据，还需要建立目标毁伤等效模型，这是目标易损性研究的另外一项重要内容。由此可见，目标易损性是武器弹药终点毁伤评估的核心和基础。

2.2.2　毁伤等级

在目标易损性的概念体系中，目标毁伤的本质内涵并不针对表观上的损伤与破坏状况，而是指目标受到毁伤因素作用后，其完成战术使命能力或执行作战任务能力的丧失或降低，表现为不同的毁伤程度或毁伤形式，通过毁伤等级来表示。毁伤等级的描述一般是定性的，毁伤等级的划分具有一定的主观性。毁伤等级划分通常从两方面进行考虑：首先是目标的功能及其在战场上的作战任务，其次是目标易损性研究的针对性背景，如攻击武器的作战目的和毁伤方式等。因此，在不同的目标作战使命和研究背景条件下，同一目标的毁伤等级划分可以有所不同。

目标的功能与目标的构成及性能紧密相关，目标因功能的不同而具有不同的作战用途。毁伤因素对目标的作用导致目标结构损伤和性能降低，从而影响到目标的功能和作战能力。在实际的战场环境和作战条件下，武器与目标之间体现为体系和体系对抗、装备与装备的对抗，对抗的时效性以及损伤修复及功能恢复能力等往往对最终结果具有决定性影响，因此目标的毁伤等级大多需要结合毁伤响应时间或毁伤持续时间进行划分。

2.2.3 毁伤律、毁伤准则和毁伤判据

1. 毁伤律

目标毁伤对毁伤因素的响应具有一定的随机性，因此目标毁伤的"敏感性"通过毁伤概率来度量。毁伤律定义为：针对特定毁伤等级的目标毁伤概率关于毁伤因素威力标志量（或导出量）的函数关系，表示为概率密度函数或概率分布函数形式。毁伤律是对目标易损性的"毁伤敏感性"一般性表征和量化数学描述，并反映目标毁伤响应规律及与毁伤因素（毁伤元、战斗部和弹药整体）的关联性[6]。

2. 毁伤准则和毁伤判据

毁伤准则和毁伤判据是目标易损性、终点效应学以及毁伤工程技术领域中非常重要的基本概念，同时也是其他相关行业和技术领域常用的专业术语。不同的行业和领域之间，甚至在同一行业和领域内，对毁伤准则和毁伤判据存在着一定程度的不同理解和认识。简单归纳起来，大致有以下三种观点。

（1）毁伤准则和毁伤判据表达同一含义，准则即判据、判据即准则，有时也称为毁伤标准，并用毁伤因素威力参量的阈值表示，达到或超过阈值则毁伤，达不到则不毁伤，多用于毁伤元作用下目标是否毁伤的判定。这种观点在武器弹药与毁伤技术领域较为普遍。

（2）毁伤准则指毁伤判据的具体形式或选取的毁伤因素威力参量类别，可以理解为一种度量准则，例如冲击波的超压准则、比冲量准则和破片的动能准则、比动能准则等；毁伤判据则是判定是否造成毁伤的一定毁伤准则或威力参量的阈值。这种观点在武器弹药与毁伤技术领域也很常见。

（3）毁伤准则表示毁伤等级或程度，用于目标毁伤结果的评定，例如火炮射击的歼灭准则、压制准则和导弹攻击的摧毁准则、重创准则等；毁伤判据是指达到一定毁伤准则的判定阈值，例如毁伤目标的20%~30%为压制、大于60%为歼灭以及1发命中为重创、2发命中为摧毁等；另外，将这样的毁伤准则与毁伤判据合起来称为毁伤标准或杀伤标准，这也是军事作战、火

力指挥和武器运用领域的主流观点。

由此可见，毁伤与弹药工程领域的毁伤准则有时是一种判定准则，有时是一种度量准则，军事作战、火力指挥和武器运用领域的毁伤准则主要是评定准则或区分准则，各种准则的出发点和基本内涵是不一样的。本书从兵器科学和目标易损性定义相结合的角度出发，采用上面第二种基本含义，把毁伤准则定义为：毁伤律函数所选取的毁伤因素威力标志参量（或导出量）的具体形式，相当于函数的自变量类型，如威力参量选取冲击波超压则为冲击波超压准则，类似地，如冲量准则和超压 – 比冲量联合准则等[6-8]。基于毁伤律和毁伤准则定义，将毁伤判据定义为：针对毁伤律具体函数值即一定目标毁伤概率的自变量取值或取值范围[6-8]。

按上述定义，毁伤律、毁伤准则和毁伤判据概念就可以统一起来。毁伤律既可以是连续函数，也可以是分段函数，其中"0 – 1"概率分布函数是一种最常用的分段函数特例，即当毁伤判据（自变量值）大于等于某一数值，毁伤概率（函数值）为 1；当毁伤判据（自变量值）小于某一数值，毁伤概率（函数值）为 0。在工程技术领域，由于通常把毁伤律函数默认为这一特例，这也许正是造成"准则即判据、判据即准则"的原因之一。

2.2.4　目标毁伤等效模型

对于具体的目标实体，简单直接地通过毁伤效应试验研究其易损性，除费用昂贵外，有时难以进行甚至根本无法实施。例如，对人员目标就不太可能进行真实人体的毁伤试验；所要研究的目标多来自敌方，通常难以获取；另外，对太空和深海目标难以模拟真实存在环境等。因此，需要建立目标毁伤等效模型，这也是解决相关问题的有效途径之一。

目标毁伤等效模型的实质是，在几何和物理构型与真实目标相似、功能毁伤特性与真实目标等效的前提下，基于目标对具体毁伤因素的物理或力学响应规律，所建立的结构简化、几何形状相对规则和材料标准的目标模型。建立目标毁伤等效模型难度极大，其核心在于毁伤的相似性和等效性。建立目标毁伤等效模型的意义和实用价值主要在于：为毁伤律和毁伤判据研究提供载体和对象，为毁伤威力的试验设计及其考核与评定提供依据，以及为战斗部和武器效能评估提供基础数据等。

目标毁伤等效模型主要有两种形式，分别为目标构型等效模型和目标功能等效模型。目标构型等效模型主要针对简单结构目标，或只针对物理毁伤、或无须考虑功能毁伤与物理毁伤之间联系的情况，如桥梁、机场跑道、野战工事、简单建筑物等目标以及标准人形靶、混凝土靶标等。对于不考虑目标功能毁伤甚至目标整体的物理毁伤，只是出于考核毁伤元的威力和有效性或检验目标抗毁伤能力的目的，为判定有效毁伤的临界性，基于目标结构以及材料的力学响应和物理毁伤特点所建立的特定几何尺寸和标准材料的等效结构，通常称为目标等效靶，以及一定厚度（结合一定长度和宽度）的钢板、铝板以及混凝土（带钢筋或不带钢筋）靶等。目标等效靶主要用于战斗部的静爆威力试验和指标考核，也可以看作目标构型等效模型的一种。

目标功能等效模型主要针对复杂系统目标，并以目标功能毁伤为基本着眼点，需要考虑毁伤等级与目标功能毁伤的关联性以及目标功能毁伤与部件（易损件）损伤的关联性。对于舰艇、战斗机、装甲车辆、雷达以及导弹等复杂系统目标，一般具有如下特点：目标零部件（易损件）数量和种类繁多，且相互关联和嵌套，某一零部件或若干零部件组合构成目标的功能分系统，易损件或功能分系统在目标空间按一定规则排布。目标功能等效模型的建立，需要在划定毁伤等级并对组成结构与功能实现相关联的结构树、易损件损伤与功能毁伤相关联的毁伤树进行系统分析的基础上，针对易损件或功能分系统建立构型等效模型，再根据目标功能与易损件或功能分系统的逻辑关系，最终建立起功能等效模型。不同的毁伤等级对应不同的毁伤树，因此目标功能等效模型依毁伤等级的不同而不同。

目标易损性研究的根本任务是揭示目标对毁伤因素的响应特征，主要目的之一是获得针对目标整体的毁伤规律，最终得到针对不同毁伤等级的毁伤律数学表达式。对于复杂系统目标，由于包含许多不同类型、各自独立的功能部件或分系统，而功能部件或分系统的损伤或毁坏最终导致目标整体的功能毁伤。功能部件或分系统的几何和物理构型、在目标空间内的分布特性以及各自的损伤与目标整体毁伤的关联特性等，都影响到目标整体的功能毁伤特性，因此目标功能等效模型是目标整体毁伤规律研究的重要基础，并为此提供了研究载体和对象。因此，构建正确反映目标整体毁伤规律且结构简化、形状相对规则、材料标准的目标构型模型并在此基础上形成目标功能等效模型，是非常必要和重要的。

目标毁伤等效模型非常具有实用价值，目标构型等效模型可用于物理毁伤机理和毁伤效应研究、战斗部威力试验考核与评定以及目标效应物设计等，为战斗部和武器弹药毁伤效能评估提供基础数据；目标功能等效模型主要用于功能毁伤机理研究，是目标整体基于功能毁伤的毁伤律和毁伤判据研究的核心支撑。

2.3　目标易损性评估

2.3.1　毁伤等级划分

毁伤等级划分具有主观性，划分结果不唯一。本节通过对目前国内外研究的总体情况分析，给出具有代表性的典型军事目标毁伤等级划分方法。

1. 作战人员

作战人员的毁伤等级划分是较难处理的，在受伤而非致死的情况下，作战人员继续执行作战任务的能力与其战斗精神和意志品质有关。另外，作战人员依据所执行具体任务的不同，同样毁伤情形下，其作战能力是否丧失也可能得出不同的结论，如同样是腿部受伤，对于阻击作战来说仍然可能继续执行任务，而对于攻坚冲锋作战来说可能就无法继续作战。因此，国内外本领域专业文献中极少见对作战人员的毁伤等级进行划分。为了使本书知识体系相对系统完整，提出作战人员的毁伤等级按以下三级进行划分：

K 级——作战人员死亡，彻底丧失所有作战功能；

A 级——作战人员受重伤，无法继续执行预定的作战任务，需要战场紧急救护；

C 级——作战人员受轻伤，可以继续作战但作战能力显著下降，无法圆满完成作战任务。

2. 作战飞机

对于作战飞机的毁伤等级划分，涉及的历史最久，分析讨论最多，见诸文献的频率最高，也最具代表性。目前的作战飞机毁伤等级划分方法主要是针对实际空战条件，与停放情况下有所不同，通常按 6 级进行划分，具体如下：

KK 级——飞机立即解体，飞机的存在和攻击能力完全丧失；

K 级——飞机在 30 s 内失去控制；

A 级——飞机在 5 min 内失去控制；

B 级——飞机不能飞回原基地；

C 级——飞机不能完成其使命；

E 级——能完成其使命，但不能完成下一次作战任务，需要长时间维修。

从实际研究需要和操作性更强的角度看，上述 6 级划分方法显得过细和复杂，推荐采用以下 3 级划分方法：

K 级——重度毁伤，飞机立即解体或 5 s 内失去控制（大致对应上面的 KK 级和 K 级）；

A 级——中度毁伤，飞机在 5 min 内失去控制（对应上面的 A 级）；

C 级——轻度毁伤，飞机不能自主返回或不能完成其使命（大致对应上面的 B 级和 C 级）。

3. 地面车辆

地面车辆一般分为两类：装甲车辆和非装甲车辆，其中承担主战任务并具有装甲防护的坦克、步兵战车、自行火炮等一般归类于装甲车辆；而向战斗部队提供后勤支援以及承载技术装备的不具有装甲防护的非战斗车辆，如卡车、牵引车、雷达车、指挥车等，一般归类于非装甲车辆。

对于装甲战斗车辆，主要划分为 3 个毁伤等级：

K 级——车辆彻底毁坏，丧失所有功能；

F 级——车辆主炮、机枪等发射器完全或部分丧失射击能力（还可以细分为 F_i，$i = 1, 2, \cdots$）；

M 级——车辆完全或部分丧失行动或机动能力（还可以细分为 M_i，$i = 1, 2, \cdots$）。

对于非装甲车辆，通常划分为 4 个毁伤等级：

K 级——车辆彻底毁坏，无法继续使用且不可修复；

A 级——发动机在 2 min 内停车或无法继续行驶，战场条件下难以修复；

B 级——发动机在 2～20 min 内停车或无法继续行驶，战场条件下短时间内难以修复。

C 级——不堪使用，战场条件下难以正常行驶或使用。

4. 舰艇

舰艇属综合性作战平台，主要分为水面舰艇和潜艇两大类；水面舰艇又可分为三类：以航空母舰、两栖攻击舰等大型水面舰艇为代表的兵力投送型战斗舰艇，以巡洋舰、驱逐舰、护卫舰等为代表的火力投送型战斗舰艇，以支援保障舰、维修舰、运输舰等为代表的后勤保障型舰艇。作为典型的系统功能型目标，毁伤等级划分需要更突出地考虑其系统功能抑制特性。总体来讲，舰艇目标毁伤等级一般划分为 4 级：

K 级——船体结构彻底毁坏，舰艇沉没或必须弃舰；

A 级——指挥控制系统瘫痪，或关键功能分系统毁坏，作战功能完全丧失，必须撤出战斗、回港大修；

B 级——指挥控制系统受损，或关键功能分系统部分缺失，无法完成主要作战功能或作战能力大幅下降，需舰上损管系统长时间修复；

C 级——指挥控制系统、部分功能分系统受损，部分功能丧失或综合作战能力下降，无须撤出战斗，可在短时间（数十分钟）内修复。

A 级和 B 级毁伤主要体现为目标系统功能的严重毁伤，其对应的具体毁伤模式根据舰艇目标类别不同而不同。对于兵力投送型水面舰艇来说，可表现为兵力投送/接收设施的直接毁坏，也可表现为舰体结构毁伤造成的舰艇姿态变化对于兵力投送与接收的抑制；对于火力投送型舰艇，则表现为探测/导引能力的毁伤或火力单元的毁伤；对于后勤保障型舰艇，可表现为货物的损失或后勤保障设备的毁伤。C 级毁伤对应于一般性的毁伤，如船体结构和舰载设备的轻微损伤、局部的火灾以及少数人员的伤亡等。

5. 战术导弹

战术导弹的毁伤等级一般划分为以下两级：

K 级——导弹空中解体、破碎或战斗部非正常提前爆炸，导弹作战功能彻底丧失，不再对攻击目标造成威胁或附带损伤可以被忽略；

C 级——导弹偏航，不能命中目标或偏离到即使作用也不能对目标造成威胁。

C 级毁伤还可以进行细分，鉴于导弹目标的高速性和防护对抗的瞬时性，因此需要考虑毁伤响应时间，通常以秒计，如 C_1 级毁伤表示 1 s 内目标即发生 C 级毁伤。另外，随着制导兵器的蓬勃发展以及常规弹药灵巧化的日益普遍，其他制导兵器，如鱼雷、制导火箭、灵巧弹药以及巡飞弹等，毁伤等级划分也可以此为参考。

6. 雷达

基于雷达系统的工作原理、作战使命，雷达目标一般划分为 3 种毁伤等级：

K 级——雷达被击毁，完全丧失功能，没有修复的价值；

A 级——雷达基本丧失功能，但修复后还能使用，修复时间需要 3~5 天；

B 级——雷达基本丧失功能，短时间修复（数小时）可恢复工作。

7. 建筑物

建筑物覆盖范围很广，并不是主要因为军事目的而存在。直接出于军事目的和作战需要而构筑的建筑物，如地面碉堡、地下工事、军事指挥所、军用情报中心甚至万里长城等都构成军事目标；另外，出于作战的需要，一些重要政治、经济和交通等的建筑设施，如电视台、政府办公楼、工厂厂房以及桥梁等，也可能成为武器的打击对象。建筑物结构本身一般不具有直接的作战功能，而是为作战提供必要的场所和环境条件，因此建筑物的毁伤等级划分需要分析其结构毁坏对其所支撑的具体作战功能的影响。对建筑物制定统一的毁伤等级划分方法是不现实的，下面给出可参考或参照的划分方法：

K级——建筑结构彻底毁坏，无法修复或没有修复的价值，所支撑的作战功能完全丧失；

A级——建筑结构严重毁坏，人员必须撤离、内部设施无法正常使用，短时间或作战时限内难以修复和恢复功能；

C级——建筑物一定程度受损，战时仍可以继续使用，但所支撑的作战功能明显下降，战后可修复并正常使用。

8. 机场跑道

机场跑道主要用于作战飞机的起降，机场跑道的毁伤意味着作战飞机无法正常起降。战时条件下，使作战飞机无法正常起降的时间长短，是反机场跑道作战效果的直接体现，有时直接关系到具体战斗的胜败。因此，从作战的角度给出机场跑道毁伤等级的划分方法：

A级——重度毁伤，跑道长时间不能使用，修复时间 24 h 以上；

B级——严重毁伤，跑道较长时间不能使用，修复时间不少于 1 h；

C级——一般毁伤，跑道短时间内不能使用，修复时间需要数分钟到数十分钟。

9. 电力系统

电力系统主要考虑使用导电纤维弹和导电液体弹等软毁伤方式，并从作战效果和目标失能相结合的角度出发，给出电力系统毁伤等级划分方法：

A级——严重毁伤，目标长时间不能正常工作，恢复功能需要数小时；

C级——一般毁伤，目标短时间不能恢复正常工作，恢复功能需要在数分钟到数十分钟。

从实际研究的经验看，毁伤等级不宜划分得过多、过细，一般以不超过3级为宜，按摧毁或重度毁伤、严重或中度毁伤以及一般和轻度毁伤进行界定和区分，对于有些目标来说按二级划分也是合适的。

2.3.2　典型毁伤元威力表征

本节基于常规毁伤和软毁伤范畴探讨不同类型的毁伤元及其威力表征方法，以解决目标易损性分析关于毁伤律建模的自变量设定和毁伤准则选择等问题，从而实现弹药/战斗部威力参数与目标毁伤之间的联系和衔接。

1. 破片

破片主要由炸药驱动金属壳体加速和破碎而形成，这种毁伤元的特点是：速度高、尺寸小、数量多，与目标往往多点接触、利用动能对目标进行侵彻与洞穿，造成目标结构局部损伤并最终导致目标整体的毁伤。另外，具有线性结构特征的"杆"式毁伤元，如动能杆、离散杆和连续杆等，主要以动能侵彻和切割为主要作用形式，也归入破片类毁伤元的范畴。对于这样一类的毁伤元，一般以破片的质量和速度作为基本的标志量和威力参数，进一步可导出动能和着靶比动能。除此之外，由于破片作用下目标是否毁伤是典型的随机事件，所以目标命中数量或命中数量的数学期望直接关系到目标毁伤的概率，因此破片类毁伤元的威力参数通常包括破片分布密度。对于连续杆这一特殊形式，一般需要特殊处理以实现相对科学合理的威力表征，这一问题在本书第 4 章还要继续阐述。

2. 爆炸波

战斗部装药爆炸，瞬时形成高温高压的爆轰产物，爆轰产物急剧膨胀使与之直接接触的环境介质（空气、水和岩土）中产生爆炸冲击波，简称爆炸波，对于流体介质（空气和水等）习惯称为冲击波或激波，对于固体介质来说习惯称为应力波。对于常规战斗部来说，爆炸波普遍存在，是一种最基本的毁伤元素。表征爆炸波威力的参量首先是峰值超压，即爆炸波的峰值压力与环境压力的差值，对于密实介质（水、岩土等）来说，环境压力相对于爆炸波峰值压力是小量，一般直接用峰值压力表示。另外，爆炸波正压持续时间以及由正压对时间的积分所得到的比冲量对目标毁伤产生直接影响，是爆炸波除峰值超压以外的两个重要威力参量。深入的研究表明，爆炸波对目标的毁伤机理十分复杂，长期以来主要考虑峰值超压参量而忽视另外两个参量是非常错误的，正压持续时间以及比冲量由爆炸波的波形结构所决定，因此爆炸波的波形结构及其变化规律研究是一个值得关注的重要基础理论问题。

3. 枪弹和穿甲弹（芯）

枪弹和穿甲弹（芯）都是由身管武器发射、利用火药快速燃烧所形成高压气体进行加速，最终形成高速动能侵彻体。这类毁伤元作用于目标时一般具有高着速和大断面比动能特点，对目标的毁伤机理与破片类似，表征其威力的参量主要有速度、质量和几何构型；另外，弹体材料的密度和强度等力学性能也对穿甲威力产生影响。基于穿甲力学理论对上述因素综合考虑，可通过针对特定材质和厚度标准靶板的极限穿透速度 v_{50} 或 v_{90} 表征其穿甲威力，关于极限穿透速度 v_{50} 或 v_{90} 的概念将在本书第 3 章详细阐述。

4. 聚能射流和爆炸成型弹丸（EFP）

聚能射流是一种基于成型装药原理产生的毁伤元，其本质是一种高速（头部速度可达每秒万米以上）、高塑性金属流体，也是一种对付装甲目标的典型毁伤元，聚能射流对装甲的侵彻破坏作用通常称为破甲。成型装药战斗部所形成的聚能射流，可以通过一组具体参数表征射流性能。由于射流破甲过程中存在速度梯度而使其状态不断发生变化，炸高对破甲深度产生直接影响，以及简单解析方法难以通过射流参数计算破甲等，所以射流参数不能直观、直接地反映其威力性能。聚能射流一般不针对具体射流性能讨论其威力性能，而是从成型装药战斗部整体上考虑，一般通过对特定材质和性能标准靶标的破甲深度描述其威力。爆炸成型弹丸（EFP）也是基于成型装药原理产生的另外一种类型毁伤元，EFP 也是一种高速侵彻体，其特点与穿甲弹相类似，可以参照穿甲弹（芯）威力表征方法。

5. 脉动气泡

炸药在水中爆炸所形成的高压气泡是一种重要的有效毁伤能量形式，气泡以"膨胀–压缩–再膨胀–再压缩"的脉动方式持续不断地把爆炸产物的动能和内能传递给水，在水中形成水射流或二次压力波以及后续压力波和水流场振荡等，这些均能够对目标产生毁伤作用。

目前的基础理论研究尚不能实现对这种多毁伤因素叠加、耦合作用下毁伤效应的全面定量分析，但显而易见，气泡能量和气泡脉动参数决定了最终的毁伤结果，因此通过脉动气泡参数，即气泡最大半径、气泡到达最大半径的时间以及脉动周期可以描述其威力性能。至于由气泡脉动所形成的二次压力波，目前难以从气泡参数通过解析方法求出，主要依靠试验测定，其威力性能可参照爆炸波表征方法。

6. 火与热辐射

火或火焰引起的破坏作用是十分广泛的，如可以破坏建筑、装备的结构完整性和实际效用，可以引发二次燃烧和爆炸，可以从精神到肉体上摧毁人员的战斗力，以及使一切可燃物化为灰烬等。燃烧弹、纵火弹等既可以直接形成火场，也可以作为火源引发二次火灾。火的威力性能一般通过火焰温度和作用范围表征。

常规炸药在空气中爆炸，高温爆轰产物以火球的形式向外辐射能量，热辐射可烧烤材料、引发点火和燃烧，另外还能直接引起人员皮肤烧伤和眼睛灼伤等。热辐射的威力性能主要通过单位面积的辐射能量即能量密度表征，也可以用辐射能量强度表征。辐射能量强度是指黑体表面在单位时间、单位面积上通过的辐射能量。

7. 电磁脉冲和微波

作为一种典型的非致命毁伤元，电磁脉冲或微波依靠辐射的能量烧毁电子器件和电子装备，或形成电子干扰，其威力主要通过辐射能量或单位面积上的辐射能量即能量密度表征，可由功率或功率密度对作用时间的积分得到。

8. 导电纤维和导电液体

导电纤维通过搭接于高压架空线路所产生的引弧效应造成相相间、相地间短路，使继电保护装置跳闸导致停电事故，最终达到对电力系统的软杀伤目的。导电纤维作为直接的毁伤元，其导电性能、材质、长度、抗拉强度等决定是否能够可靠引弧和造成短路，而导电纤维作用数量或分布密度将影响到清除或系统功能恢复时间。因此，导电纤维毁伤元的威力性能主要通过单位长度的电阻、展开长度和空间分布密度相结合来表征。

导电液体通过附着于绝缘子表面产生的沿面放电和闪络效应造成线 – 设备间短路，最终造成停电事故并达到软毁伤电力系统的目的。导电液体的导电性能、黏附和抗清除性能对毁伤能力和修复时间具有直接影响；另外，其爆炸抛撒的空间分布状态决定了对一定结构和尺寸的绝缘子的覆盖范围和连续性，最终决定发生闪络和短路的概率。因此，导电液体的威力性能主要通过导电率、黏性以及分布场和浓度综合表征。

2.3.3　毁伤律模型

1. 毁伤律模型基本性质

按 2.2.3 节的毁伤律定义，其通用数学表达式为

$$p(k) = A(M, f(k)) \cdot f(k) \qquad (2.3.1)$$

式中,$p(k)$ 为毁伤概率;k 为毁伤元威力参量;$A(M, f)$ 为目标功能毁伤对结构损伤的响应规律,其中 M 体现为目标功能与毁伤响应传递规律;$f(k)$ 为目标结构损伤对毁伤元素响应规律,与目标结构特征、材料特征以及毁伤元威力参量直接相关。毁伤元威力参量 k 可以是单一参量,也可以是多参量所组成的向量。在本书中,k 作为一个标志威力的物理量,称为毁伤准则。依据 k 的不同形式,形成不同毁伤准则的毁伤律函数。

毁伤律具有以下主要性质:

(1) 当 $k \to 0$ 时,$p(k) = 0$,即没有毁伤元作用或其毁伤元表征参量趋近于 0 时,无法造成目标毁伤;

(2) $p(k) \geqslant p(k_-)$,即对任意一种毁伤元表征参量 k,随着其量值的增大,毁伤概率 $p(k)$ 单调增加;

(3) 当 $k \to C$ 时,$p(k) \to 1$,即命中目标毁伤元参量达到一定值时,毁伤概率趋近于 1。

2. 毁伤律的主要数学形式

具体的毁伤律通常表示为关于毁伤元威力参量的概率分布函数或概率密度函数,常用的概率分布函数主要有如下三种:0 – 1 分布函数、线性分布函数和泊松分布函数。

0 – 1 分布的概率分布函数是一种较为简单也是比较常用的分布函数形式,可适用于多种毁伤元,例如,冲击波、射流、穿甲弹/EFP 等,其数学形式为

$$p(k) = \begin{cases} 0, k < k^* \\ 1, k \geqslant k^* \end{cases} \qquad (2.3.2)$$

式中,k^* 为毁伤元威力参量的某一阈值,一般为试验常数,即通常所说的毁伤判据、毁伤标准和杀伤标准等。

线性分布函数相当于 0 – 1 分布函数的扩展,也相当于其他各种连续分布函数的近似,具体数学形式为

$$p(k) = \begin{cases} 0, & 0 < k \leqslant k_1 \\ \dfrac{k - k_1}{k_2 - k_1}, & k_1 < k < k_2 \\ 1, & k \geqslant k_2 \end{cases} \qquad (2.3.3)$$

线性分布函数较能体现毁伤律的本质,即当毁伤元威力参量 k_1 不大于某一值 k_1 时,目标不能被毁伤;当毁伤元表征参量 k 大于或等于某一值 k_2 时,

目标被 100% 毁伤；当毁伤元威力参量 k 在 $k_1 \sim k_2$ 之间时，毁伤概率与毁伤元威力参量呈线性关系。

泊松分布函数是一种广泛使用的概率分布函数，主要适用于破片类毁伤元的多个同类毁伤元的共同作用。在此假设破片命中概率符合泊松分布，破片命中目标的事件是相互独立，且破片在命中区域均匀分布，在一枚破片命中毁伤概率为 1 即 "命中即毁伤" 的条件下，毁伤概率就转换为至少有一枚命中（或至少有一个毁伤元作用）的概率为

$$p(k) = 1 - \exp(-\bar{N}) \qquad (2.3.4)$$

式中，$\bar{N}$ 为命中破片数（作用毁伤元数）的数学期望。

将上式进一步推广，若单枚破片命中条件下的毁伤概率为 p_1，可得

$$p(k) = 1 - \exp(\bar{N}\ln(1 - p_1)) \approx 1 - (1 - p_1)^{\bar{N}} \qquad (2.3.5)$$

2.3.4　目标毁伤等效模型构建

1. 基本原理和方法

迄今为止，建立目标毁伤等效模型特别是功能等效模型的整体思想尚未真正确立，建模方法也尚处于研究过程中，真正可以写入教科书的研究成果十分鲜见，本书仅限于探索和提出思路。

对于目标构型等效模型的构建，思路相对清楚，原理和方法也比较明确。具体步骤如下：首先对实体目标进行一定程度的简化，然后把目标几何构型处理成相似的规则几何体（如圆柱、立方体和球等），再基于目标对毁伤因素的力学响应机理和强度等效原则等，把相似几何体核定为特定强度和结构参数的标准材料，最终得到目标构型等效模型。

目标功能等效模型的构建，首先需要在目标特性和结构分析基础上建立目标结构树和构型等效模型，然后在易损件或功能分系统损伤与目标功能毁伤关联性分析基础上建立目标毁伤树，最后两者结合，得到目标功能等效模型。毁伤树是在给定的毁伤等级条件下，通过对目标整体、分系统或部件（易损件）建立底层结构性损伤与顶层功能性毁伤内在联系分析的基础上建立的。在建立毁伤树过程中，易损件之间的连接包括 "串联" 和 "并联" 两种方式，串联连接方式属逻辑 "与" 运算，只要其中有任意一个易损件遭到毁伤，就可导致毁伤树路径发生中断；而并联连接方式则属逻辑 "或" 运算，必须毁伤所有易损件才能导致毁伤树路径发生中断。此外，需要指出，毁伤树中的连接单元既可以是单个易损件，也可以是包含若干个易损件的组件或

子系统。因此，在毁伤树构建过程中，必须先对目标各子系统的功能、结构特点进行详尽分析，并根据专家意见和实际作战情况进行修改或补充，以科学合理地确定关键的易损件或分系统，并依据毁伤模式分析，找出毁伤事件发生的所有可能，建立易损件与目标功能丧失之间的逻辑关系，以合理确定相互间的逻辑连接方式，从而构造出对应于每一个毁伤等级的毁伤树。

针对目标的毁伤等级并在毁伤树分析的基础上，综合考虑毁伤准则形式和毁伤因素的威力特征，依据目标内部各部件的复杂结构特征、材料特征、位置关系以及毁伤树结构，分别建立易损件和功能分系统的目标构型等效模型，再考虑易损件和功能分系统的结构分解、层次排序、耦合叠加以及统计平均等，最终建立起复杂系统目标、针对一定毁伤因素与毁伤机制的构型相对简单、材料较为标准以及逻辑功能与真实目标相符的目标功能等效模型。

2. 典型目标毁伤等效模型实例

不同类型的目标，其战斗功能、战场环境、不同毁伤因素的机理、机动性及外形特征各不相同，形成通用统一的毁伤等效模型难以做到。下面以坦克、导弹和飞机三类典型目标为例，结合动能类毁伤元对目标的毁伤机理及目标结构特征，构建目标毁伤等效模型。

1）坦克

坦克是陆上作战的主要武器平台，是具有直射火力、越野能力和装甲防护力的履带式装甲战斗车辆，主要执行与敌方坦克或其他装甲车辆作战，也可以压制、消灭反坦克武器、摧毁工事、歼灭敌方陆上力量，是凭借火力进行作战的经典体现。坦克主要由火控系统、火力系统、通信系统、推进系统、电气系统、防护系统和乘员系统等组成[9,10]，以下分别进行阐述和分析。

（1）火控系统。

火控系统是控制武器自动或半自动地实施瞄准与发射的装备的总称，配备火控系统，可提高瞄准与发射的快速性和准确性，增强对恶劣战场环境的适应性，以充分发挥武器的毁伤能力。现代坦克普遍装备了以电子计算机为中心的火控系统，包括数字式火控计算机及各种传感器、炮长和车长瞄准镜、激光测距仪、微光夜视仪或热像仪、火炮双向稳定器和瞄准线稳定装置、车长和炮长控制装置等。火控计算机用微处理机作中心处理装置；传感器可自动输入多种信息，供计算火炮瞄准角和方位提前角，可达到随时获取战场态势和目标的相关信息、计算射击参数、提供射击辅助决策和控制火力兵器射击的目的。

（2）火力系统。

火力系统主要由主战武器、弹药架和辅助武器等组成，是坦克核心的战术技术功能分系统，也是坦克作战能力的主要体现。

主战武器多采用 120 mm 或 125 mm 口径的高压滑膛炮，炮弹基数一般为 40～50 发，主要弹种有尾翼稳定的长杆式脱壳穿甲弹、破甲弹、杀伤爆破弹，有些配有炮射导弹和多用途弹。辅助武器多采用 7.62 mm 并列机枪、12.7 mm 或 7.62 mm 高射机枪，有的装有榴弹发射器。

（3）通信系统。

通信系统是装设在坦克内的通信工具的总称，包括无线电台、车内通话器以及信号枪、信号旗等。车辆通信包括车际通信和车内通信。车际通信是指车与车之间的通信以及车与指挥所之间的通信；车内通信是指车内乘员之间、车内乘员与车外搭载兵之间的通信联络。车辆通信系统由车载式无线电台和车内通话器组成。车载电台由收发信机、天线及调协器等组成；车内通话器主要由各种控制盒、音频终端和连接电缆等组成。

（4）电气系统。

电气系统是坦克供电用电装置、器件和仪表的总称，由电源装置、耗电装置、辅助器件、检测仪表及全车电路等组成。电源装置用以供给全车耗电装置用电，由带调节断电器的发电机和蓄电池组组成。发电机由坦克发动机带动工作，是坦克的主要电源。电源采用低压直流供电体制，坦克各系统引入了大量电气、电子部件，有的用电装置采用了自动程序控制，并开始形成一个信息传输、功率控制、数据处理和故障自检的多路传输的统一控制体系。

以上各种子系统组成了坦克整体，实现坦克的作战功能。在坦克总体布置上，不同的系统处于坦克不同的位置，按主要部件的安装部位，通常划分为操纵、战斗、动力传动和行动四个部分。

操纵部分（驾驶室）通常位于坦克前部，内有操纵机构、检测仪表、驾驶椅等；战斗部分（战斗室）位于坦克中部，一般包括炮塔、炮塔座圈及其下方的车内空间，内有坦克武器、火控系统、通信设备、"三防"装置、灭火抑爆装置和成员座椅，炮塔上装有高射机枪、抛射式烟幕装置等；动力传动部分（动力室）通常位于坦克后部，内有发动机及其辅助系统、传动装置及其控制机构、进排气百叶窗等；行动部分位于车体两侧翼板下方，有履带推进装置和悬挂装置等。

（5）推进系统。

推进系统的功能是产生动力，实现车辆的行驶及机动性，主要由动力、传动、行动、燃油和操纵等装置组成。动力装置由发动机及冷却、润滑、燃料供给、进气、排气、起动、加温等辅助系统构成，是坦克的动力源。传动装置用以将发动机产生的机械能传给主动轮，并改变坦克的速度、牵引力和行驶方向，由主离合器或动液变矩器，以及前传动、变速、转向、停车制动和侧传动等机构组成。行动装置用以支撑车辆，保障坦克平稳行驶和克服障碍，包括由弹性元件、减震器等组成的悬挂装置以及由履带、主动轮、负重轮、托带轮等组成的履带推进装置。操纵装置用以控制坦克推进系统各机构动作，并保障发挥技术性能，通常由泵及压气机等能源件和控制、传导、执行件等构成。

（6）防护系统。

防护系统是坦克装甲壳体和其他防护装置、器材的总称。包括车体和炮塔、"三防"（防核、防化学、防生物武器）、灭火装置及伪装器材等，用以保护乘员和车内机件。

车体和炮塔前部多采用金属与非金属复合装甲，车体两侧挂装屏蔽装甲，有的坦克在钢装甲表面挂装了反应装甲，有效提高了抗弹能力，特别是防破甲穿透能力。为扑灭车内火灾和防止破甲弹穿透装甲后引起车内油气混合气爆炸，车内多装有自动灭火抑爆装置。为减轻核、化学、生物武器的杀伤破坏，车内安装有"三防"装置，有的在乘员室的装甲内表面附设有削减中子流贯穿的防护衬层。在此，还配有烟幕装置以及其他伪装器材和光电对抗设备，并采取进一步降低车高、合理布置油料和弹药、设置隔舱等措施，使坦克的综合防护能力显著提高。

（7）乘员系统。

坦克乘员多为4人，分别担负指挥、射击、装弹、驾驶等任务；有些坦克采用了坦克炮自动装弹机，这样就不需要装填手，乘员为3人。

车长也叫指挥官，负责坦克的战场指挥，包括下达行驶路线命令、目标攻击命令、搜索战场目标、战术动作命令和与上下级传达战术指令等。车长必要时也使用指挥塔高射机枪和烟幕弹发射器，同时还负责使用车长周视镜搜索目标后通过数据链系统把目标参数传给射手。射手的主要职责是使用主炮和同轴机枪消灭自己搜索到的目标或车长指示的目标，在车长阵亡或丧失指挥能力时接替车长指挥全车继续战斗。驾驶员的职责是操纵车辆机动，施放热烟幕，并承担一定的车辆检修任务，在闭窗驾驶时通常按照车长指示的路线和指令前进。装填手是为坦克主炮装填炮弹的成员，主要负责在炮手的指令下正确地选择弹种并以最快速度装填炮弹，同时还负责使用一挺舱门上的高射机枪进行防空和对地面目标射击的任务。

　　根据坦克的结构组成和几何构型，依据相关手册和公开文献数据，建立的一种典型坦克结构树和三维数字化结构模型分别如图 2.3.1 和图 2.3.2 所示。

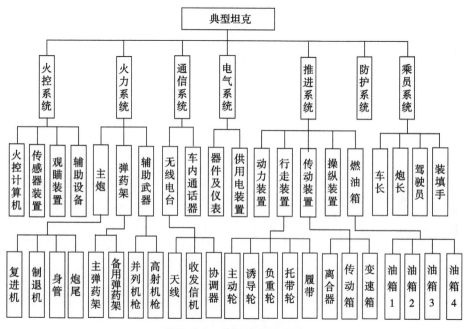

图 2.3.1　典型坦克结构树

图 2.3.2　典型坦克的三维数字化结构模型

坦克毁伤等级划分采用 K、F 和 M 级三种方法，其中 F 级毁伤的毁伤模式主要针对坦克火力打击功能的丧失，主要指坦克主炮完全或大部分丧失射击能力。因此，坦克 F 级毁伤易损件或功能分系统部件主要包括主炮毁伤、人员伤亡和火控系统毁伤等，据此建立的 F 级毁伤的毁伤树及易损件三维结构模型分别如图 2.3.3 和图 2.3.4 所示。

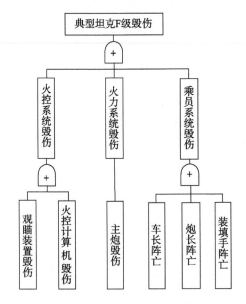

图 2.3.3　典型坦克 F 级毁伤树

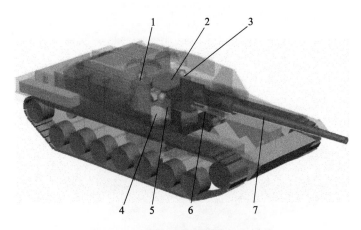

图 2.3.4　典型坦克 F 级毁伤易损件

1—车长；2—主观瞄；3—装填手；4—火控计算机；5—炮长；6—辅助观瞄；7—主炮

　　图 2.3.2 和图 2.3.4 所示的坦克三维结构模型以及对应一定毁伤等级的易损件三维结构模型，实质上是一种经过简化的几何模型，在此基础上构建毁伤等效模型需要考虑毁伤元或毁伤因素类型和毁伤机理。对于破片、穿甲弹、EFP 以及聚能射流等动能类毁伤元的侵彻毁伤，对目标的作用具有方向性或指向性，因此毁伤等效模型可以针对毁伤元典型打击方向建立二维模型，采用前文的基本原理和方法，所构建的典型坦克 F 级毁伤前、后、左、右和俯五个视图的二维等效模型如图 2.3.5 所示。

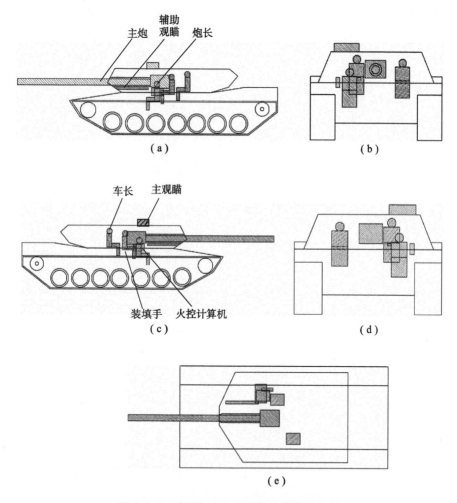

图 2.3.5　典型坦克 F 级毁伤功能等效模型

（a）左视方向；（b）前视方向；（c）右视方向；（d）后视方向；（e）俯视方向

　　图 2.3.5 只是给出了坦克 F 级毁伤功能等效模型的图形示意，完整的等效模型还需给出模型的材料性质和构型参数。即结合毁伤元对目标侵彻毁伤机理，根据易损件材料和结构参数，采用一定的等效方法确定各易损件的等效靶[11]。等效靶的一种确定方法如图 2.3.6 所示，针对动能侵彻通过材料强度等效和组合等效两个步骤完成，主要得到等效靶的厚度。除此之外，还要根据易损件的几何构型参数以及空间排布和相互重叠、遮挡关系，确定等效靶的呈现面积和等效靶等参数。按上述步骤处理得到的典型坦克主炮身管毁伤的等效模型数据如表 2.3.1 所示。

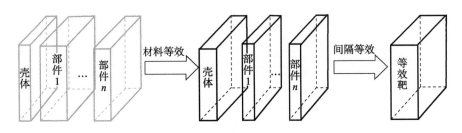

图 2.3.6　等效靶厚度确定方法

表 2.3.1　主炮身管毁伤等效数据

视图方向	等效材料	等效厚度 /mm	呈现面积 /cm²	易损面积比	易损面积 /cm²
前	RHA	20	2 867	1	2 867
后	RHA	20	2 867	1	2 867
左	RHA	25	17 123	0.87	14 917
右	RHA	25	17 123	0.87	14 917
俯	RHA	25	17 488	0.89	15 518

2）反舰导弹

　　反舰导弹，又名攻船导弹、反舰飞弹，是指专门用来攻击水面船只（不包含潜艇）的导弹。按照一定的总体布局，主要由弹体、导引系统、控制系统、战斗部（含引信）和动力系统（发动机）等系统组成，各个系统分别被赋予不同的功能，通常设计成独立舱段形式[12,13]，以下分别对各个系统进行阐述和分析。

（1）弹体。

弹体由各舱段及空气动力面连接而成，通常采用轻合金或复合材料制成，并具有良好的气动力外形，用于安装战斗部、导引系统、控制系统、动力系统等；除此之外，还包括弹翼等装置，主要是用来操纵和稳定导弹的飞行。

（2）导引系统。

导引系统是测量导弹实际运动情况与所要求的运动情况之间的偏差，或者测量导弹与目标的相对位置与偏差，并形成控制导弹飞行的导引指令的部分，包括导引单元、雷达导引头、GPS 接收处理器和雷达高度表等装置。

导引头实际上是一种探测装置，完成发现、跟踪目标并测量目标位置的任务。由于探测装置都装在导弹的头部，故常称之为导引头。导引单元根据探测装置测得的导弹与目标的相对位置和相对运动状态，按照导引规律对导引头和惯性基准平台测得的各种参数进行变换和运算，形成导引指令，送给控制系统去控制导弹的运动轨道，使之最终命中目标。

（3）控制系统。

控制系统是根据导引系统发出的制导指令，直接操纵导弹的装置。控制系统主要由舵机、数字计算机及惯导装置等组成。舵机是实现导弹飞行控制的传动装置，以调整飞行器尾部两个升降副翼控制面位置，用以控制导弹俯仰、滚动和偏航飞行。

控制系统的任务是迅速而准确地执行制导系统发出的导引指令，控制导弹飞向目标，改变导弹的飞行弹道直至命中目标；它的另一项重要任务是保证导弹在每一飞行段稳定地飞行。发射前，计算机引入发射平台与目标关系数据、姿态数据和导引头工作方式数据；发射后，计算机利用姿态参照设备给出的弹体速度和加速度与雷达高度表相连，维持高度和航向。

（4）战斗部（含引信）。

战斗部是导弹毁伤目标的最终毁伤单元，一般都位于制导和控制系统之后，战斗部为圆柱形。为了达到最大内部爆破效应，在穿透舰艇甲板后，战斗部仍保持不损坏，并由触发引信延时引爆，因此反舰导弹战斗部除包含炸药外，还应有穿甲盒、保险/解除保险装置和延时触发引信等。

引信是战斗部的重要组成部分，用于控制战斗部装药的起爆时机，使战斗部对目标充分发挥作用。引信包括具有瞄准控制作用的激光主动近炸引信，作用范围为数十米，抗干扰能力很强，利用战斗部爆炸形成的冲击波和碎片杀伤目标；还有一种反舰导弹常用的辅助触发引信，作用是提高杀伤概率。

（5）动力系统。

动力系统包括一个铝制发动机进气口和一个燃料密装贮箱，加上一个涡轮发动机，为导弹提供飞行动力，也常称为推进装置。它利用反作用原理产生推力，保证导弹获得需要的射程和速度。舰载型加装 1 台助推器，为固体燃料火箭发动机，可使导弹加速度达到 $10g$，发射后自动分离。发动机后是助推器，它有 4 个稳定尾翼，连接环用 4 个爆炸螺栓连接，以便分离助推器。毁伤反舰导弹大都在其飞行过程或终段，所以对助推器不予考虑。

结合功能与结构分析，建立某反舰导弹的三维数字化结构模型及其结构树，如图 2.3.7、图 2.3.8 所示。

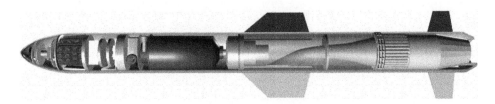

图 2.3.7　典型反舰导弹三维数字化结构模型

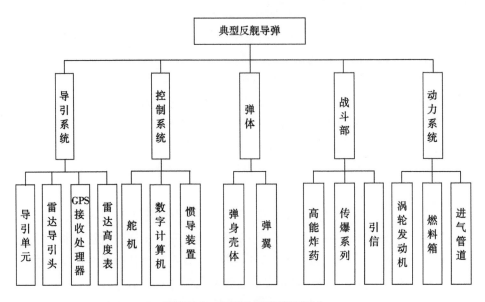

图 2.3.8　典型反舰导弹结构树

反舰导弹可能被拦截毁伤的模式有：①战斗部爆炸、燃油箱爆炸或导弹解体；②不能准确地飞向攻击目标（偏航）。导致这些毁伤模式的机理非常复杂，例如，导弹在破片或冲击波作用下，弹体的局部压垮、变形、折弯，翼片的折断、变形等都可能引起气动力的不对称而使导弹偏航，控制系统和动力系统毁伤等也能引起导弹不能准确飞向攻击的目标。如果导弹战斗部、燃油箱受到高速破片的撞击或强冲击波作用下，可能出现爆炸现象，不能完成预期作战任务。

通过对反舰导弹功能和结构分析，依据反舰导弹结构树，建立毁伤等级对应的反舰导弹毁伤树。典型反舰导弹 C 级毁伤对应的功能系统包括弹体结构、导引系统、控制系统和动力系统，C 级毁伤树如图 2.3.9 所示。结合反舰导弹三维实体模型及毁伤树，建立 C 级毁伤等级对应的毁伤部件模型如图 2.3.10 所示。

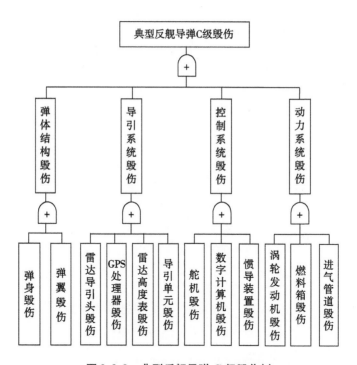

图 2.3.9　典型反舰导弹 C 级毁伤树

结合反舰导弹功能与结构分析和反舰导弹毁伤部件三维实体模型，通过投影的方法建立反舰导弹二维等效模型。由于反舰导弹是一个回转体，因此对于动能类毁伤元，建立前视和侧视两个方向的等效模型。图 2.3.11 为典型反舰导弹 C 级毁伤的等效模型。结合二维等效模型，计算反舰导弹毁伤部件呈现面积及等效厚度，C 级毁伤各系统毁伤等效数据如表 2.3.2 所示。

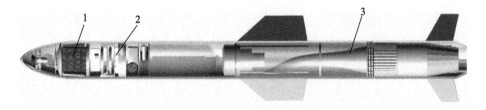

图 2.3.10　典型反舰导弹的 C 级毁伤易损件

1—导引系统；2—控制系统；3—动力系统

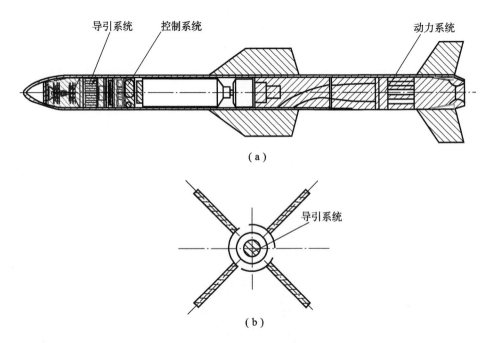

（a）

（b）

图 2.3.11　典型反舰导弹 C 级毁伤等效模型

（a）侧视方向；（b）前视方向

表 2.3.2　典型反舰导弹 C 级毁伤各系统毁伤等效数据

分系统	视图	总呈现面积 /cm²	易损面积 /cm²	易损面积比	等效 Q235A 厚度/mm
导引系统	侧	4 411.4	2 693.8	0.611	3.6
	前	378.6	378.6	1	2.1

续表

分系统	视图	总呈现面积 /cm²	易损面积 /cm²	易损面积比	等效 Q235A 厚度/mm
控制系统	侧	563.9	402.8	0.714	4.4
	前[注]	0	0	0	0
动力系统	侧	3 601.0	2 778.0	0.772	3.7
	前[注]	0	0	0	0
弹体系统	侧	3 220.0	3 220.0	1	2.8
	前	636.2	636.2	1	23.1

注：在前视方向中，导引系统毁伤认为已经构成 C 级毁伤，因此控制系统和动力系统毁伤等效数据用 0 表示。

2.4　毁伤机理

2.4.1　破片

破片是最基本的毁伤元之一，几乎所有以炸药为毁伤能源的常规弹药/战斗部都能产生破片。破片产生于由炸药装药和金属壳体等包裹结构共同组成的系统，炸药爆轰瞬时形成高温高压的爆轰产物，壳体强度相对于爆炸载荷是小量，于是产物与壳体急剧膨胀，壳体迅速产生剪切和拉伸破坏、猝然解体形成破片，所获得初始速度称为破片初速，破片初速一般在 1～3 km/s。破片在自由飞散过程中其速度因受空气阻力近似呈指数规律衰减，在一定距离内利用其高速和高比动能特性侵彻目标，在目标内强行开辟一条通道，通过造成目标结构损伤而产生破坏作用。破片的毁伤能力既取决于破片的侵彻能力（主要与破片的速度、质量和形状有关），也与达到一定侵彻能力的有效破片数量、飞散分布范围以及分布密度有关。破片飞散分布范围由破片的初始飞散方向决定，主要取决于壳体形状或结构形式；装药起爆方式对破片飞散分布也存在一定影响，但相对于前者影响较为微弱。

通常情况下，在炸药装药和壳体所组成的总质量固定的系统中，两者的质量比越大则破片的初速越高，但由于破片总质量的减小，导致破片平均质量变小或数量变少。对于一定的破片飞散分布范围来说，破片数量的减少，势必造成破片分布密度的降低。因此，破片速度、质量、数量、飞散分布范围和分布密度相互制约，如何实现合理和优化匹配以获得更大的毁伤威力是战斗部设计者普遍关心的问题。恰当解决这一问题，需要考虑的因素很多，归纳起来主要在于两个方面，一是目标特性与易损性，二是武器弹药与目标的终点交会状态。例如，目标的软硬和抗侵彻特性是破片速度、质量和数量匹配的主要考虑因素，目标的几何形状和尺寸大小是破片质量和数量、飞散分布范围以及分布密度匹配的主要考虑因素，目标运动速度是破片速度、飞散分布范围和分布密度匹配的主要考虑因素；武器弹药的命中精度需要破片速度、质量和数量、飞散分布范围以及分布密度的综合匹配，末端弹道特性和引信启动规律则主要是破片飞散分布范围和分布密度匹配的考虑因素。

破片的形状对毁伤威力也具有重要影响，如破片对人体组织的侵彻过程中，形状规则的破片其创伤弹道也相对稳定和规则，而形状不规则的破片因在人体组织内的偏转、翻滚，使创伤弹道更为复杂和不规则，从而导致更为严重的创伤。另外，由破片引申出的离散杆和连续杆，可实现对大型轻质构架目标产生切割性和整体性破坏作用，被认为比普通破片具有更好的毁伤破坏效果，特别适合对付飞机类目标并多用于空空和地空导弹战斗部，当然这需要较好的命中精度和引战配合效率作为保证。对于某一个破片速度并不是越高越好，这主要取决于目标和追求的毁伤效果，当破片速度高到一定程度其自身会发生侵蚀或破碎现象，导致侵彻深度下降，这时孔径一般会增大；当破片达到超高速状态（通常指 3 000 m/s 以上），这时破片和目标的强度均可以忽略而被当作流体来处理，这时侵彻深度主要由两者的密度比和破片沿侵彻方向的几何长度决定。

控制破片的质量与数量有多种技术途径和实现方法，根据是否控制以及不同的控制方法和效果，把破片分为非控破片、受控破片和预制破片或自然破片、半预制破片和全预制破片三种类型，离散杆和连续杆作为特殊的破片形式，属于预制破片的范畴。即使是自然破片和非控破片，仍然存在一定程度的质量和数量的控制问题，破片的形成、破片数量及随质量的分布与壳体结构、材料力学性能以及装药爆轰性能等密切相关，通过合理选材和结构设计，仍可获得相对理想的破片数量和质量的控制效果。破片的控制意义，还在于获得对目标更有针对性以及具有飞行稳定性好、存速能力强的形状，如连续杆、离散杆及球形预制破片等。

除了战斗部爆炸产生的破片外，毁伤目标过程中还可能形成二次破片。

二次破片的成因主要有两方面，一是由破片和动能弹丸自身碎裂形成；二是由目标材料崩落、碎裂形成，如动能弹丸贯穿后装甲板的局部碎裂现象，以及高速撞击和接触爆炸条件下因应力波反射装甲板背面的层裂和剥落现象。二次破片对装甲目标内部的人员和设备等具有毁伤作用，通常称为毁伤后效。另外，人体骨骼因破片侵入所造成的碎裂现象并由此产生的骨渣，也是二次破片的实例之一，可导致人体更大范围的损伤。

近 20 年来，快速发展的活性破片技术受到广泛关注。活性破片是一种基于活性材料采用特殊工艺制成的有别于传统惰性破片而具有特殊毁伤功能的新型毁伤元，因具有类金属的力学强度而具备相当的侵彻能力；在常规的力学和温度环境下保持惰性，在高速碰撞、爆轰驱动等高应变率强冲击条件下发生爆炸或爆燃，快速释放出化学能从而额外增强了毁伤破坏作用。活性材料不仅可用于破片，还可以应用于药型罩、壳体和结构件等，可实现动能和爆炸两种毁伤机理的时序联合作用，针对一定目标和武器弹药使用条件，能够大幅提高战斗部的综合威力和对目标的毁伤能力。

2.4.2　动能弹丸

动能弹丸指不装填炸药的实心弹丸，在弹道终点时不发生炸药爆炸现象，依靠自身的动能通过侵彻和冲击作用毁伤目标，其侵彻毁伤机理与破片相类似。典型的动能弹丸主要有枪弹和穿甲弹，前者主要通过轻武器发射，用于打击人员和轻型结构目标；后者主要通过火炮发射，专门用于打击坦克等重型装甲目标，有时也用于打击坚固的防御工事。另外，冷兵器和弓箭等也属于动能弹丸的范畴。动能弹丸与破片的不同之处在于，前者通常是以单个的形式发射，其头部一般比较尖锐和锋利，直接指向并击中目标；后者借助于炸药爆炸产生，数量多，凭借数量和空间分布范围覆盖和击中目标。动能弹丸与有装药的爆炸性弹丸的区别在于，前者的毁伤能力完全依赖于自身的动能，而后者主要取决于破片飞散特性和爆炸波。

枪弹有多种类型，主用弹主要有普通枪弹和穿甲枪弹两种，前者主要杀伤人员目标，后者主要杀伤轻型装甲或一定防护结构后面的人员目标，典型枪弹如图 2.4.1 所示。除此之外，还有箭形弹、双头弹以及曳光弹、燃烧弹、穿甲燃烧弹等新型和辅助弹种。枪弹主要由被甲和弹芯组成，被甲的作用是使弹芯保持稳定、不至于剧烈变形，对其杀伤威力有正面影响。弹芯材料与枪弹的用途和功能直接联系，普通枪弹的弹芯材料一般为铅锑合金，穿甲枪弹的弹芯材料为硬质合金钢。普通枪弹和穿甲枪弹对目标的毁伤机理相类似，主要依靠对目标的直接侵彻和产生二次破片来毁伤目标。

如果不加说明，穿甲弹通常指由火炮发射并主要用于打击坦克等重型装甲目标的动能弹丸，典型穿甲弹结构如图2.4.2所示。现代穿甲弹弹头尖锐，弹体细长，以增加断面比动能和侵彻能力；另外，弹芯材料一般选择高强度和高密度的钨合金和贫铀合金，可有效提高穿甲能力。炮口初速高是穿甲弹的本征属性，同时高射击精度和首发摧毁从作战对抗的角度上看意义重大，因此穿甲弹具有高强度、高密度、高速度和高精度的"四高"特点，以达到对目标高效毁伤的目的。

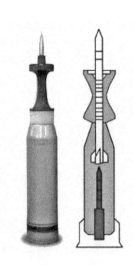

图2.4.1　枪弹结构　　　　图2.4.2　穿甲弹结构

穿甲弹质量大、速度高，除与破片和枪弹等具有相同的侵彻、洞穿结构的毁伤机理外，由其强大的动能产生的对装甲目标的冲击毁伤机理也十分重要。穿甲弹撞击装甲车辆所产生的高-低频振动冲击，使目标的系统结构和状态产生一种猝然变化，其大小随外力的大小和持续时间而异。即使装甲结构本身可以承受这种冲击，但安装在内部的车内部件、装置也可能产生严重损坏。有些部件和装置甚至可能脱落，起到"二次破片"作用。另外，炮塔转动系统、火控装置和仪表盘、瞄准系统以及电台等都很容易因这种冲击而毁坏。一旦穿甲弹贯穿装甲，装甲背面也会出现局部崩落现象，形成二次破片，产生后效杀伤作用。

2.4.3　成型装药

成型装药也称为聚能装药，以一端带有空穴（圆锥形、半球形、球缺形等）的装药和与空穴贴合的金属药型罩为主要部件和基本结构形式，通常在装药的另一端起爆，其结构示意图如图 2.4.3 所示。成型装药可根据需要设计（主要针对药型罩）并形成不同类型的聚能毁伤元，主要包括射流（Jet）和爆炸成型弹丸（EFP），进一步细分可把介于二者之间的称为杆式射流（JPC），本书第 5 章将详细阐述。

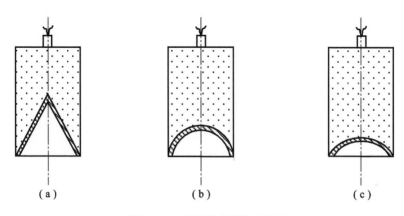

图 2.4.3　成型装药结构示意图

（a）圆锥形装药；（b）半球形装药；（c）球缺形装药

一般来说，射流的毁伤主要有两种机理：高速或超高速、高密度射流质点的贯穿效应和密闭空间的气体冲击压缩效应，这两种机理产生的破坏形式截然不同。射流贯穿效应体现在使结构产生孔洞，同时剩余射流以及目标形成的二次破片使目标内部遭到破坏，由于孔洞相对于目标尺寸往往是小量，因此孔洞所起的直接破坏作用并不突出，而目标内部破坏对毁伤的贡献度更大。冲击压缩效应在于剩余射流的侵入使目标内部形成冲击波和准静态的高压环境，对目标内部的破坏效果不容忽视。某种意义上说，射流毁伤目标的根本并不在于洞穿装甲结构，而在于由此产生贯穿后效和内部气体的冲击压缩效应。在给定条件下，究竟哪种机理或希望哪种机理起主要作用，需视目标特性、装药结构、药型罩形状和材料等因素而定。以破甲深度表征的射流侵彻能力或可反映射流威力的大小，但不能给出打击不同目标的具体贯穿效应和冲击压缩效应细节，因此并不能直接反映成型装药的毁伤效能和实际毁伤效果。

　　提高侵彻深度与提高成型装药对目标的毁伤效能未必是同一回事。除了剩余射流的侵彻作用对目标内部的破坏外，由目标上崩落的二次破片的质量、数量、速度以及空间分布等都直接影响成型装药的杀伤威力。因此，仅通过侵彻深度指标表征和度量成型装药威力是有缺陷的，而以此作为成型装药的设计目标有可能是有害的，至少可以认为对于装甲防护不太强的目标，过度的穿深是不必要的，甚至降低了毁伤效果，这是由于为了获得更大的侵彻深度需要使射流充分拉长，这将使孔径变小，这对形成二次破片是不利的。如图2.4.4所示，类似的成型装药，不同药型罩结构的射流对半无限靶的侵彻可获得不同的穿孔形态，左边的孔径更大、孔深更小，右边的则相反。图2.4.5示意了成型装药射流对多层靶板的作用结果，因射流速度和能量梯度的存在，上面的靶板比下面的靶板具有更大的孔径和出口面积，这意味着相对薄的靶板其二次破片的数量更多和总质量更大。因此，在能够保证穿透的条件下，图2.4.4左边成型装药的二次破片或贯穿效应要优于右边的成型装药。

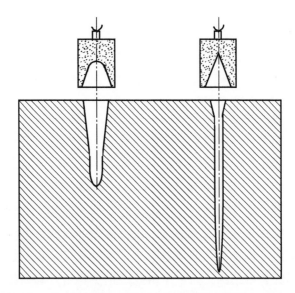

图2.4.4　不同药型罩结构的成型装药射流侵彻示意图

　　由此可见，对于大型武器和战斗部来说，可以酌情采用图2.4.4左边的成型装药，牺牲一定的穿深以换取更大的杀伤威力；若采用图2.4.4右边的

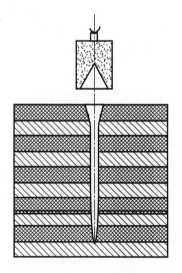
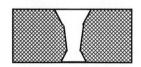

图 2.4.5　成型装药射流对多层靶板的侵彻示意图

成型装药，则可以牺牲一部分对薄装甲目标的杀伤威力为代价，达到提高对厚装甲目标毁伤效能的目的。

冲击压缩效应与炸药内爆效应极其类似，目标越坚固、越密闭，其破坏作用越大。药型罩金属的化学活性越强，冲击压缩效应越显著，由强到弱的排序为：镁、铝、钢、铜，这与射流侵彻能力正好相反。显而易见，目前研究十分活跃的所谓含能或活性金属药型罩，应该具有更好的冲击压缩效应，当然侵彻深度相对较低。

当成型装药的药型罩锥角较大或为曲率半径较大的球缺形状时，药型罩在爆轰产物驱动下翻转形成 EFP，EFP 是一种动能侵彻体，其对目标的毁伤机理与穿甲弹相同。EFP 与射流相比，前者对大炸高不敏感（只需要保证其完整形成即可），可以远距离作用，另外绝对穿深不如后者，但后效更强，最重要的是二者的毁伤机理完全不同。

2.4.4　空气中爆炸

炸药在空气中爆炸，高温、高压的爆轰产物急剧膨胀并强烈压缩空气，在空气中形成带有负压区的强冲击波，简称空中爆炸波。关于空中爆炸波的形成机理、特点、传播规律以及冲击波参数的求解，将在本书后面的相关章节再予以细致讨论。

空中爆炸波可以使许多目标遭到严重破坏，可视为适应目标最广的毁伤元，目标的具体破坏程度随装药的爆炸能量、炸点与目标的相对位置、大气条件以及目标易损性而异。空中爆炸波阵面到达某一空间点时，该处的压力突然升高，继而逐渐降为环境压力，进而降至环境压力以下，最后回复到正常的压力。对于常规高爆炸药，空中爆炸波的负压与正压相比，通常属于小量。对于一个完整的空中爆炸波，高于环境压力的部分称为正压区，低于环境压力的部分称为负压区。正压区的最大压力一般出现在波阵面上，并体现为强间断特征，称为峰值压力。峰值压力与环境压力的差称为峰值超压，简称超压。正压的持续时间，称为正压区作用时间；正压对时间的积分，称为正压比冲量，简称冲量。

早期且比较经典的观点认为，空中爆炸波对目标的破坏作用，与其说随超压而变化，毋宁说随正压及其持续时间而变化，更确切地说，是随正压比冲量的变化而变化[7]。某种意义上说，空中爆炸波超压体现了载荷的强度特征，而冲量更能体现载荷的整体性和本征性。强调冲量的观点本质上是正确的，在今天仍然具有重要意义，因为在工程技术领域已习惯于只关注超压，很容易忽视相同超压点大药量比小药量爆炸和云雾爆轰等具有更大的冲量的事实，并因此影响对毁伤效果的判断。不过，仅依靠冲量来衡量对目标的破坏作用也存在一定问题，对于很低的超压，理论上若作用时间足够长完全可以获得相当的冲量，但因结构的惯性效应和动态响应的差别，并不意味着产生同样的毁伤效果。

当空中爆炸波阵面冲击某一物体表面时，通常要发生反射，超压再一次急剧升高，至少是入射超压的 2 倍，一般高达数倍。随后，对于三维结构体空中爆炸波会发生绕射而作用于侧面和背面，当其尚未完全包裹物体时，在物体正面和背面之间形成巨大的压差，此压差使物体产生一个沿空中爆炸波传播方向的平移力。鉴于该力是在空中爆炸波绕射物体时出现，故称为"绕射载荷"。在绕射载荷作用下，物体发生的运动形式和特征，随物体的物理性质、几何尺寸以及正压持续时间或正压比冲量而定。一旦空中爆炸波完全覆盖物体，上述压差或绕射载荷即不复存在。不过，此刻压力仍高于环境压力，绕射载荷被对物体施加压缩作用的向心力所取代。物体很大时，空中爆炸波绕射时间相对较长，绕射载荷作用比较突出；而物体较小时，空中爆炸波很快覆盖物体，压差存在时间很短，绕射载荷作用较为微弱。

空中爆炸波对目标的破坏作用，也取决于伴随冲击波扰动而产生的气体流动动压力。动压力是波阵面后方的气体质点速度和被压缩后的气体密度的函数，动压力因超压的不同而不同，当超压大于 475.4 kPa 时，动压力大于超压；当超压小于 475.4 kPa 时，动压力小于超压。在空中爆炸波掠过物体过程中，整个正压持续时间内物体均受到动压力作用，称为曳力载荷，曳力载荷的持续时间一般比绕射载荷作用时间久些。相比于核爆炸，在超压相同的情况下，常规爆炸的动压力作用时间要小得多，常规爆炸的动压力和曳力载荷无法与核爆炸相比，核爆炸比常规爆炸通常大多个数量级。

空中爆炸波几乎对空中和地面所有目标都具有毁伤破坏作用，但逐一讨论毁伤机理篇幅上难以承受，尤其毁伤机理研究作为终点效应学的难点，能成为经典和可靠结论的内容并不多，因此本书结合典型和代表性的人员、地面建筑物和武器装备等目标进行简单讨论。

1. 人员目标

空中爆炸波对人员的毁伤主要取决于超压和动压力的幅度及持续时间，其毁伤机理主要有三种：直接的冲击损伤、动压力驱动物体的冲击以及绕射载荷和曳力载荷作用的移动或抛掷。

空中爆炸波的直接毁伤机理主要与超压及超压的持续时间有关，或者说由冲击波的超压和冲量共同决定。冲击波阵面到来时，伴随着急剧的压力突跃，通过压迫作用造成人体的损伤，如破坏中枢神经系统，震击心脏而使心脏受损，使肺部出血引起窒息，伤害呼吸 – 消化道以及震破耳膜等。相同的超压条件下，若正压区作用时间越长即比冲量越大，则人体所受到的损伤越严重。一般来说，人体组织密度变化最大的区域，尤其是充有空气的器官最易受到损伤。

动压力驱动的物体可分为侵彻性和非侵彻性运动体两类，主要与物体的形状有关，也与物体的速度有关系。对于侵彻性运动体的毁伤机理与破片、枪弹毁伤元类似，人体的毁伤程度主要与侵彻体的速度、质量、形状和击中位置有关。对于较重的非侵彻性运动体，可造成人体撞击性和压迫性损伤，主要与物体动能和击中位置有关，可造成颅骨碎裂、脑震荡、骨折、肝脾损伤以及表皮破裂等。运动体来源于动压力和爆炸作用环境和条件，孤立地研究这种毁伤机理的毁伤效果是不合乎惯例的，也是无法做到的，只能概略地给出定性说明：动压力越大、持续时间越长，这种毁伤效应也越强。

空中爆炸波作用所产生的绕射载荷和动压力作用所产生的曳力载荷，均可使人体发生宏观移动或抛掷，由此造成的损伤分为两类，一类是肢体或组织与人体的分离，另一类是整个人体移动或抛掷后的冲击损伤。至于伤势的轻重，则根据身体承受加速和减速负荷的部位、负荷大小以及人体对负荷大小的耐受力决定。除了人体自身的差别以外，绕射载荷和曳力载荷的大小归根到底由冲击波超压和气体动压力及其持续时间决定，人体的毁伤程度也正来源于此。

2. 建筑物

空中爆炸波对建筑物的毁伤，通常考虑入射爆炸波超压和气体流动动压力的联合作用，以及由此产生的绕射载荷和曳力载荷，因此可将空中爆炸波对建筑物的毁伤作用分成两种情况，即绕射载荷作用和曳力载荷作用。

空中爆炸波到达建筑物正面时发生反射现象，反射超压大于入射超压，继而很快降到冲击波超压的水平。空中爆炸波掠过建筑物侧面和背面时发生绕射现象，这些表面均承受超压作用。在空中爆炸波到达背面之前，作用于建筑物正面与背面的压差使建筑物产生一个沿冲击波传播方向的平移力。大多数在空中爆炸波作用过程中壁面保持基本完好的大型密闭建筑物，在绕射阶段会产生明显的响应，因为绝大部分平移力正是在这一阶段获得的。若在冲击波直接作用下，门窗、玻璃或低强度壁面等发生了破坏，则出现卸载效应，绕射载荷和平移力会显著降低。对于小型建筑物，由于空中爆炸波很快到达背面，压差的作用时间很短，绕射平移载荷大大减小。由此可见，绕射平移载荷主要由建筑物的尺寸大小所决定。对于在绕射阶段初期侧壁坍塌的建筑物来说，其结构骨架部分往往可以保存下来，因为在绕射阶段后期，绕射平移载荷已基本不存在了。空中爆炸波的正压持续时间和冲量增大，并不能显著提高绕射阶段的平移载荷量值及由此导致的毁伤破坏程度。

空中爆炸波绕射及绕射结束后的一定时间内，建筑物一般承受气体动压力及由此引起的曳力载荷作用。对于大型密闭的建筑物而言，绕射载荷显著大于曳力载荷，可主要考虑绕射载荷的作用。对于小型和构架式建筑与结构，曳力平移载荷远远大于绕射平移载荷。对于框架式建筑结构，若壁面在冲击波直接作用和绕射过程中解体，那么曳力载荷能起到进一步的破坏作用。曳力载荷作用时间与空中爆炸波的正压持续时间和冲量密切相关，而与建筑物整体尺寸无关，故曳力载荷的破坏作用不仅取决于超压，也取决于空中爆炸波的正压持续时间和冲量。因此，爆炸当量、云雾爆轰等对小型、构架式和框架式建筑结构的毁伤破坏作用更为显著。

除了载荷的原因之外，建筑物的结构和材料特性，如材料屈服强度、延性、结构振动频率、尺寸和重量等均对载荷响应和破坏程度产生重要影响。如材料延性可提高结构吸收能量和抵抗破坏的能力，砖石建筑物之类的脆性结构由于延性差，只要产生很小的偏移就可能发生破坏，对于钢筋混凝土结构，钢筋的加入相当于增强了结构与材料的延性，提高了抗破坏能力。加载方向对于结构的响应和破坏也有较大影响，大多数建筑结构承受竖直方向载荷的能力远大于水平方向，因此，它们抵抗施加顶部载荷的能力高于施加侧面水平方向载荷的能力。至于用土掩埋的地面建筑，覆盖的土层能减小反射系数，改善建筑物的气动外形，可大大降低水平和竖直方向的载荷和平移力。

3. 武器装备

战场上的武器和技术装备层出不穷、多种多样，包括以坦克为代表的重型装甲车辆、步兵战车和装甲运输车等轻型装甲车辆、火炮和自行火炮、非装甲战斗车辆、指挥车、雷达（车辆）、导弹发射车（架）以及固定翼飞机、直升机等。这些目标具有相对独立的作战功能，以机械结构和系统为主要特征，并结构复杂、功能部件和组件繁多以及相互嵌套和关联等，从整体和系统性的角度研究空中爆炸波的毁伤机理是十分困难的。尽管空中爆炸波毁伤目标最具广泛性，但由于对这样防护能力强的机械类武器和技术装备可以选择成型装药、穿甲弹和破片等针对性的战斗部类型和毁伤机理，且由于常规战斗部装药量的局限使空中爆炸波的毁伤作用范围受限，因此针对空中爆炸波的毁伤机理研究显得并不十分重要。

空中爆炸波对武器和技术装备的毁伤机理大致可分为三种：冲击振动；外露设备和部件的变形、结构损伤和脱落等；类似于小型建筑结构的绕射载荷和曳力载荷联合作用下的移动和抛掷。冲击振动的毁伤机理与前面讨论穿甲弹的冲击毁伤机理相类似，在此不再赘述。对于第二种毁伤机理，可造成目标运动能力、观瞄能力和火力打击能力等的下降或丧失。对于雷达目标，空中爆炸波的毁伤机理则具有重要的实际意义，强冲击波可造成相控阵雷达承载辐射馈元的基板和抛物线天线结构的大变形，从而导致雷达功能的严重毁伤，这也使爆破战斗部成为反雷达目标战斗部的主要类型之一，苏联和俄罗斯一直坚守这样的理念。大当量炸药装药的爆炸，在一定作用距离内，绕射载荷和曳力载荷联合作用完全有可能造成目标结构性和整体性毁伤。需要指出的是，对于常规榴弹等有限装药量的小型战斗部，空中爆炸波对重型武器装备的毁伤作用范围一般远小于破片，依靠空中爆炸波实现目标的致命性和解体性毁伤是十分困难的，例如普通榴弹非接触爆炸条件下很难造成坦克的有效毁伤，而接触爆炸则完全是另外一回事，可以说是完全不同的毁伤机理。

2.4.5　水中爆炸

水中爆炸及其毁伤机理比空气中爆炸要复杂得多，主要是由于除了水中爆炸冲击波外，爆轰产物在一定的时间内以高温、高压的气泡形式存在并仍具有较高的能量，冲击波能和气泡能都成为有效的毁伤能量。相对于空气中爆炸爆轰产物的小范围直接作用，气泡能量的毁伤效应非常突出，高温高压的爆轰产物气泡可派生出多种形式的毁伤载荷。爆轰产物气泡以脉动的方式不断向水介质传递能量，产生脉动压力波和脉动水流，一定环境和边界条件下将形成水射流等。水中爆炸冲击波、脉动压力波、脉动水流以及水射流等均对毁伤目标有贡献，并且在近场爆炸条件下往往是多种毁伤载荷的耦合叠加作用。关于水中爆炸现象、机理以及威力场参数求解等，将在本书后续的章节予以详细介绍和讨论。

炸药在无限大水域爆炸，爆轰波到达装药表面，压缩周围的水介质形成冲击波，并以极快的速度向外传播。水中爆炸冲击波相比空气中爆炸冲击波，其波阵面压力要高得多，随着传播距离的增加，波阵面压力和速度下降很快，同时波形被不断拉宽。炸药爆轰所形成的高温、高压爆轰气体产物，在水中首先以气泡的形式向外膨胀，气泡内的压力随着气泡半径扩大而不断下降，当压力降至周围水介质的静压时，由于水的惯性运动，气泡将"过度膨胀"，直至气泡压力低于周围水的平衡压力，气泡表面的负压差使气泡的膨胀运动停止，气泡达到最大半径。随后，周围的水开始作反向运动，向气泡中心聚合，使气泡不断收缩，造成气泡内部压力不断增加。同样，由于聚合水流的惯性运动，气泡被"过度压缩"，直至气泡压力高到能阻止水流对气泡的压缩而达到新的平衡，此时气泡达到最小半径。至此，气泡第一次膨胀和收缩的过程结束。但是，由于气泡内的压力高于水介质静压力，气泡开始第二次膨胀和压缩及后续的脉动过程。气泡第二次膨胀时，气泡边界会压缩周围水介质，在水中形成脉动压力波向外传播，称为二次压力波。二次压力波的压力幅值显著小于冲击波压力，但持续的时间较长，具有可与冲击波相比的比冲量。此次之后的脉动压力及比冲量由于幅度较低，对毁伤的贡献度有限，从毁伤的角度一般不再考虑。水的密度大、惯性大，爆炸气泡会在水中发生多次脉动，直至气泡破裂或溶于水为止。伴随气泡的脉动，水介质产生往复运动，形成脉动水流。因此，从炸药水下爆炸能量转换为冲击波能和气泡能的角度，可将水中爆炸的毁伤载荷归结为冲击波载荷和气泡载荷两类，其中冲击波载荷为直接毁伤载荷，而气泡载荷除零距离接触爆炸外均体现为间接毁伤载荷，最后演化成二次压力波、脉动水流和水射流等直接毁伤载荷。

当水下爆炸冲击波作用到目标结构时，巨大的冲击波压力导致结构迅速地屈服，造成大变形或破裂等严重损伤[14,15]。由于冲击波持续时间很短，冲击波对自振周期在毫秒级的结构具有非常大的损伤破坏力，由于在船体上自振周期在毫秒级附近的结构一般为局部结构，如板、板格或板架等，因此水下冲击波一般对局部结构的损伤很严重，对船体的总体破坏影响较小[16]。除了对目标的直接作用外，冲击波在自由面形成的水锤效应也可能造成目标的毁伤[17-19]。冲击波在到达自由面后，稀疏波使水表面快速上升，并在一定的水域内产生很多空泡层，越靠近水面水层最厚，向下逐渐变薄。随着静水压力的增加和直接波衰减的减慢，超过一定的深度后，便不再产生空泡。当上表面水层在大气压力和重力的作用下下落时，其下面的空化层水只受重力作用，表层水的下降加速度比其下层的加速度大。当下降的表层水与其下层的空化层相碰，表层水就变厚，并继续下落。当表层水与下部的未空化的水发生碰撞时，便产生了水锤效应，原来被自由面截断的载荷又重新形成集中载荷。美国 Arkansas 号导弹巡洋舰的核爆炸试验表明，水锤效应能造成广泛的破坏[18]。

20 世纪 80 年代以前，水中爆炸毁伤的相关研究绝大部分集中于冲击波造成的结构破坏，后来人们意识到气泡对结构的损伤有可能比冲击波更严重[20]。由于水下冲击波往往造成结构局部损伤，而现代舰船的设计有足够的强度储备来抵抗局部损伤，因此水下爆炸冲击波一般不会造成舰船的沉没。然而气泡则不同，气泡脉动驱使周围大面积流体的运动，形成脉动水流，并且产生脉动压力。低频的脉动水流及脉动压力均可对舰船造成总体破坏。如果气泡脉动频率与舰船的固有频率接近时，会引起船体结构的"鞭状运动"，加剧对舰船的破坏作用，危及舰船的总纵强度，甚至使船体拦腰折断[16,21]。当气泡在结构附近脉动时，由于结构边界的影响，气泡会出现非球形情况[22]：气泡在膨胀阶段被结构表面轻微地排斥开，而在坍塌阶段被结构表面强烈地吸引，这时在气泡远离结构表面的一边将会形成一股指向壁面方向的射流，并高速穿过气泡，直到撞击到气泡壁的另一边，水射流成因可以用著名的 Bjerknes 效应来解释[23,24]。水下近距爆炸所形成的水射流可对结构产生很强的侵彻破坏作用，在冲击波破坏的基础上能够引起舰船结构的进一步毁伤[25]。

2.4.6 岩土中爆炸

地下岩土介质中爆炸问题比空气和水中爆炸还要复杂，主要是因为岩土类型繁多、性质差异极大，即使是同一类型其成分组成也十分复杂，如物理上的多相并存、力学上的各向异性等。鉴于对爆炸载荷作用下的材料动态力学行为和非线性动态响应等问题的科学认识十分有限，所以尚不能像空气和水中爆炸那样给出基于流体力学的理论分析方法。

装药在岩土介质中爆炸形成的冲击波（应力波）及其传播，导致岩土结构呈现出距爆心由近及远不同程度的破坏，其中冲击波压力、介质和结构的质点加速度及其位移是冲击波破坏作用的主要因素。由地下冲击波所造成的破坏一般按三个区域进行描述：

（1）炸坑；

（2）可见的塑性应变区（外沿半径大致为炸坑半径的 2.5 倍）；

（3）不可测的永久变形的瞬时运动区。

此外，还存在较大范围的弹性变形振动区，一般不再考虑这一区域的毁伤破坏作用。迄今为止，既未能从理论上也未能从经验上确定，究竟哪一个因素在衡量破坏时起主要作用。Brode[26]给出通过炸坑半径衡量地下建筑结构破坏的判据，如表 2.4.1 所示，并指出"不致产生严重误差"。

表 2.4.1　地下建筑结构破坏程度的判据

建筑结构	破坏程度	破坏距离	破坏情况
较小、较重，设计得当的目标	严重破坏 轻度破坏	$1.25R_a$[注] $2.0R_a$	坍塌 轻度裂纹，脆性外结合部断开
较长、较有韧性的目标（地下管道、油罐等）	严重破坏 中度破坏 轻度破坏	$1.5R_a$ $2.0R_a$ $(2.5 \sim 3.0)R_a$	变形和断裂 轻微变形和断裂 结合部失效（在结合部的径向，取上限）

注：R_a 为炸坑的视在半径。

文献［2］依据地下建筑结构类别，给出了毁伤机理的定性说明：

（1）小型高抗震结构，如钢筋混凝土工事，大致只有在整体结构产生加速运动和位移时才能导致破坏；

（2）中型中等抗震结构，可因冲击波压力、加速度和位移而产生破坏；

（3）具有较高韧性的细长结构，如地下管道、油罐等，需要处于高应变区才能破坏；

（4）对方向性敏感的结构，如掩蔽部、躲避所和野战工事等，很可能在发生较小的永久性位移的情况下就遭受破坏；

（5）岩石坑道，大致需要在炸坑范围内并导致坍塌才能导致毁伤。

岩土中爆炸即使不能造成地下建筑结构的结构性毁伤，类似于地震波的振动，理论上也可能造成地下工事、结构内部的设备、人员某种程度的毁伤，不过这方面的研究十分鲜见，尚不能给出可靠的规律性认识。

2.4.7　火和热辐射

火的毁伤破坏作用主要体现在：破坏建筑物、车辆等武器与技术装备的实际效用和结构完整性；引起弹药等爆炸物或发动机油料的爆炸；从肉体和精神上使人员丧失战斗力；使各种作战器材失效等。燃烧可使一切可燃物质化为灰烬，火灾除了造成材料的直接损失外，所产生的高温会使许多结构和材料的性能下降或失效。

常规高爆炸药爆炸的热辐射问题一般不特别重视，但随着云爆战斗部特别是温压战斗部技术的发展与应用，作为一种有效的毁伤机理，热辐射效应需要认真对待。热辐射能量冲击某一暴露表面时，一部分能量被表面吸收并立即转化为热量，导致温度升高。高温可改变材料的性质和性能，可使材料被烧毁以及引起进一步的点火和燃烧等。热辐射能够伤害人体，可导致痛苦的皮肤烧伤和眼睛灼伤。除此之外，热辐射还能够通过另一种完全不同的方式产生有效的毁伤作用。对于诸如桥梁、建筑物或飞机之类的结构，在其处于急剧升温的过程中，结构件的机械强度将降低，从而更易被冲击波效应所毁坏。当温度上升到一定程度，即使结构承受正常载荷而没有外加载荷，也可能因自重而自行解体。

2.4.8　微波和电磁脉冲

微波是指频率在 0.3～300 GHz 的电磁波，是电磁波中一个有限频段的简称。微波波段的波长在 1 mm～1 m，因此微波也是分米波、厘米波和毫米波的统称。电磁脉冲主要从效应的角度定义，由核爆炸、常规炸药爆炸以及化学燃料燃烧所产生，本质上也属于电磁波的范畴。电磁脉冲不局限于微波频段，核爆炸产生的电磁脉冲基本上在 MHz 频段，而常规爆炸产生的电磁脉冲则主要在 GHz 频段。通过微波/电磁脉冲实施毁伤的武器称为微波/电磁脉冲武器，也称为射频武器。该类武器一般分为有源和无源两种，前者通过车载、舰载等固定方式多次重复发射高功率微波，后者由巡航导弹、航空炸弹和无人机等携带和投放，在目标区域爆炸后一次性产生微波/电磁脉冲，因此也可以把该类武器分为单脉冲和多脉冲两种。对于无源微波武器，习惯上称为微波/电磁脉冲弹，也可以更严格些，将其统称为电磁脉冲弹，其中处于微波波段的电磁脉冲弹特指为微波弹。

微波/电磁脉冲的毁伤机理，在于微波/电磁脉冲与被照射物之间的分子相互作用，将电磁能转换为热能。其最主要的特点是不需要传热过程，瞬时就可以使被照射材料中的分子运动起来并整体被加热，产生高温烧毁材料。微波/电磁脉冲可对多种目标实施毁伤，其中典型性和代表性的目标主要有电子设备与信息系统、人员和武器系统等。

微波/电磁脉冲对电子设备与信息系统的毁伤体现为三个层次，即干扰、电子元器件失效或烧毁和摧毁信息系统。当功率较低时，可干扰相应频段的雷达、通信和导航设备的正常工作；当功率达到一定值时，可烧毁探测系统、通信系统等的电子元器件，使系统功能降低或失效；强大的电磁辐射，可使整个通信网络系统失效，甚至造成永久性毁伤。

微波/电磁脉冲对人员的毁伤分为"非热效应"和"热效应"两种。非热效应指功率较低时，使作战人员的生理功能出现紊乱，如出现烦躁、头痛、记忆力减退以及心脏功能衰竭等症状；热效应是指功率较高时，人体皮肤被烧伤、眼睛出现白内障、皮肤内部组织严重烧伤甚至致死。

微波/电磁脉冲通过毁伤武器系统中电子元器件和电子设备，使武器系统的功能降低或无法发挥。另外，高频率电磁脉冲辐射形成的瞬变电磁场可使金属表面产生感应电流，通过天线、导线和电缆等耦合到导弹、飞机、舰艇以及装甲车辆内部，破坏传感器、电子元器件等各种敏感元件，使元器件产生状态反转、击穿，出现误码、抹除记忆信息等。值得一提的是，隐身武器除独特的气动外形设计外，更重要的是表面广泛涂抹吸收雷达波的吸波材料，但这恰恰有利于电磁毁伤能量的吸收与利用，使毁伤效应得到增强。

2.4.9　导电纤维与导电液体

反电力系统软毁伤技术是非致命武器技术领域的突出代表，其实战有效性经过了战争检验。该类毁伤技术的基本原理是通过短路造成系统故障从而引发大面积停电事故。造成短路的介质或毁伤元素主要有两类，分别是导电纤维和导电液体。导电纤维和导电液体的短路作用方式和毁伤机理有所不同，本书第7章将进行更详细的介绍。

导电纤维弹也称为碳纤维弹，因在1991年的海湾战争和1999年的科索沃战争中投入使用并取得优越的实战效果而名声大噪，引发了毁伤与武器、作战与对抗、战术与战略等一系列思想和理念的更新和拓展，也使非致命、软毁伤技术及其武器装备受到了前所未有的关注。

电力系统的绝缘是其安全、稳定运行的根本保证，电力系统的各种电气设备需要通过架空线路进行连接，并通过架空线路实现电力的输送，架空线路与设备之间、线路与线路之间、线路与地之间均需要保持可靠绝缘。电力系统的绝缘方式主要有两种，一是空气绝缘；二是绝缘子绝缘。对于不同的电压等级，通过选择不同的间距保证线 – 线间和线 – 地间的绝缘，通过选择不同绝缘水平的绝缘子或增加绝缘子数量保证线 – 设备间的绝缘，绝缘设计有相应的标准和规范可遵循。

导电纤维是一种基于反电力系统软毁伤原理的弹药装填物和毁伤元素，通过造成架空线路的线 – 线和线 – 地间的短路而引发连锁反应，最终造成大面积停电事故，甚至导致电力系统解列和崩溃。导电纤维一般为丝束状，由具有良好导电性能的数十到上百根直径为 10 μm 量级的纤维丝编制而成，长度一般为数十米。纤维丝束按一定方式缠绕成丝团或线轴状装填于战斗部中，战斗部在目标上空一定高度抛撒出纤维丝团或线轴，纤维丝束利用空气动力在空中展开。当纤维丝束在飘落过程中搭接于高压架空线时（或一端搭接而使绝缘距离缩短到一定程度），瞬时产生数千到上万安培的电流，纤维被高温汽化并使空气电离，在线路间形成电弧即等离子体导电通道。由于空气电弧只需要 15 ~ 20 V/cm 电压就可以维持[27]，所以电弧不会熄灭，直至继电保护装置跳闸。导电纤维的引弧效应破坏了架空线路的空气绝缘，造成线 – 线、线 – 地间的短路，最终导致停电事故发生。

在电力系统事故中，外绝缘设备，如绝缘子、支柱和套管等的"污秽闪络"现象是一种非常突出和危害巨大的绝缘事故诱因之一。受绝缘子"污秽闪络"现象启发，我国学者[28-32]首次提出了又一种反电力系统软毁伤技术原理，即以具有良好导电性能的液体作为弹药装填物和毁伤元素，通过爆炸抛撒等方式使其附着于绝缘子表面，采用"人为故意"的方式造成绝缘子的沿面放电和闪络效应，最终导致短路和停电事故发生。绝缘子闪络效应破坏的是线－设备间的绝缘，是一种与导电纤维毁伤机理截然不同而毁伤结果类似的新型毁伤机理。

可实现绝缘子闪络毁伤的导电液体主要有两种类型，即溶胶型导电液体和离子型导电液体。相比于导电纤维，导电液体的毁伤机理具有如下特点和优势：

（1）导电液体不易清除，闪络后的绝缘子可重复闪络且绝缘水平大幅下降，原则上需要更换系统才能恢复运行，因而修复时间长、毁伤等级更高；

（2）受风、雨等气象条件影响小；

（3）对武器弹药末段弹道和速度特性的适应性好；

（4）导电液体制造简单、成本低廉。

思 考 题

1. 目标的含义是什么？主要分类方式有哪些？

2. 什么是目标易损性？目标易损性如何进行表征？

3. 毁伤等级划分的基本原则是什么？对无人机、UUV、装甲运兵车和自行火炮目标进行毁伤等级划分。

4. 阐述毁伤律、毁伤准则和毁伤判据的概念内涵，分析上述各概念之间的关联性。

5. 典型的分段函数毁伤律模型有哪些？分别适用于哪类毁伤元？

6. 现有的毁伤律模型都不考虑多次重复打击下的目标损伤积累问题，若考虑损伤积累，实际的毁伤概率是增大还是减小？

7. 建立目标毁伤等效模型的基本原则是什么？自选一种复杂系统目标，建立一种毁伤等级的等效模型。

8. 动能穿甲和聚能破甲的毁伤机理和毁伤特性有何相同点和不同点？

9. 空气中爆炸和水中爆炸的威力特性和毁伤机理有何区别？

10. 常规毁伤和非致命（软）毁伤的机理和效果有何不同？

参 考 文 献

[1] 王树山. 终点效应学 [M]. 北京：科学出版社，2019.

[2] ［美］陆军装备部. 终点弹道学原理 [M]. 王维和，李惠昌，译. 北京：国防工业出版社，1988.

[3] 军事科学院外国军事研究部. 简明军事百科词典 [M]. 北京：解放军出版社，1985.

[4] 《兵器工业科学技术辞典》编委会. 兵器工业科学技术辞典 [M]. 北京：国防工业出版社，1991.

[5] 《中国军事大辞海》编写组. 中国军事大辞海 [M]. 北京：线装书局，2010.

[6] 王树山，王新颖. 毁伤评估概念体系探讨 [J]. 防护工程，2016，38（5）：1-6.

[7] 卢熹，王树山，王新颖. 水中爆炸对鱼雷壳体的毁伤准则与判据研究 [J]. 兵工学报，2016，37（8）：1469-1475.

[8] 王新颖，王树山，卢熹. 空中爆炸冲击波对生物目标的超压-冲量准则 [J]. 爆炸与冲击，2018，38（1）：106-111.

[9] 闫清东，张连第，赵毓芹. 坦克构造与设计（上册）[M]. 北京：北京理工大学出版社，2006.

[10] 李向东，杜忠华. 目标易损性 [M]. 北京：北京理工大学出版社，2013.

[11] 李向荣. 巡航导弹目标易损性与毁伤机理研究 [D]. 北京：北京理工大学，2006.

[12] 周旭. 导弹毁伤效能试验与评估 [M]. 北京：国防工业出版社，2014.

[13] 张凌. 聚焦战斗部对巡航导弹的毁伤及引战配合研究 [D]. 南京：南京理工大学，2008.

[14] Jen C Y, Tai Y S. Deformation behavior of a stiffened panel subjected to underwater shock loading using the non-linear finite element method [J]. Materials and Design, 2010, 31 (1): 325-335.

［15］ 牟金磊，朱锡，张振华，等．水下爆炸载荷作用下加筋板的毁伤模式 ［J］．爆炸与冲击，2009，29（5）：457－462．

［16］ Zong Z. Dynamic Plastic response of a submerged free－free beam to an underwater gas bubble ［J］. Acta Mechanica, 2003, 161：179－194.

［17］ Zamyshlyayev B V. Dynamic loads in underwater explosion ［R］. AD－757183, 1973.

［18］ Costanzo F A, Gordon J. A solution to axisymmetric bulk cavitation problem ［J］. The Shock and Vibration Bulletin, 1983, 53：33－51.

［19］ Cushing V J. Shock induced cavitation ［R］. AD－A231975, 1991.

［20］ Zong Z. Lam K Y. The flexural response of a submerged pipeline to an underwater explosion bubble ［J］. Journal of Applied Mechanics, 2000, 67 （4）：758－762.

［21］ Zong Z. A hydro plastic analysis of a free－free beam floating on water subjected to an underwater bubble ［J］. Journal of Fluids and Structures, 2005, 20（3）：359－372.

［22］ Hussey G F. Photography of underwater explosions in high photograph of bubble phenomena ［R］. AD－623828, 1946.

［23］ Bjerknes. Fields of Force ［M］. Columbia University Press, 1966：45－47.

［24］ Wilkerson S A. Boundary integral approach for three－dimensional underwater explosion bubble dynamics ［R］. AD－A252412, 1992.

［25］ John M B, George Y, Paul J. Time resolved measurement of the deformation of submerged cylinders subjected to loading from a nearby explosion ［J］. International Journal of Impact Engineering, 2000, 24（9）：875－890.

［26］ Brode H A. Calculation of the blast wave form a spherical charge of TNT ［R］. Rand Report RM－1965, Rand Corporation, Santa Monica, California, 1957.

［27］ 郭华．航空碳纤维弹毁伤效应研究 ［D］．北京：北京理工大学，2004．

［28］ 张之暐，王树山，魏继峰．弹用导电液溶胶毁伤材料性能研究 ［J］．科技导报，2009，27（24）：37－40．

［29］ 张之暐，王树山，魏继锋，等．绝缘子闪络毁伤特性实验研究 ［J］．北京理工大学学报，2010，30（4）：387－389．

［30］ 张之暐．高压绝缘子闪络毁伤技术研究 ［D］．北京：北京理工大学，

2010.

[31] 蒋海燕，王树山，魏继锋，等．典型变电站的闪络毁伤仿真分析 [J]．北京理工大学学报，2013，33（S2）：167－171.

[32] 蒋海燕．导电液溶胶战斗部毁伤效应研究 [D]．北京：北京理工大学，2014.

第3章

战斗部作用原理

3.1 战斗部及分类

3.1.1 战斗部基本原理

本书前面两章多次提到战斗部这一专业概念和术语，但一直没有给出明确的定义和解释，在此进行专题说明。战斗部的概念出自导弹武器系统，被定义为导弹的有效载荷，是导弹摧毁目标、完成最终作战任务的分系统和直接执行机构。导弹是一种带有制导系统的飞行器，包含弹体、制导控制系统、战斗部和发动机等主要部分。显而易见，导弹毁伤目标的最终任务是由战斗部来完成的，其余部分的任务只在于将战斗部准确地投送到预定目标附近或目标区。战斗部概念业已推广到各种武器弹药，是武器弹药的毁伤单元和核心组成部分，负责完成武器弹药毁伤目标这一根本任务，如炮弹的弹丸、枪弹的弹头等。战斗部有时以武器弹药的分系统或部件、组件的形式存在，有时也作为武器弹药主体甚至独立成为武器弹药，如地雷、水雷、航空炸弹、手榴弹以及爆破筒、炸药包等爆破器材等。

战斗部在与目标遭遇的适当时刻或合适位置起爆或作用，极为迅速地释放其内部"储存"的能量或物质，通过爆炸等作用产生各种毁伤元素，如金属破片、射流、冲击波以及各种物理、化学效应等，对目标产生毁伤和破坏作用。战斗部的毁伤破坏效应可分为以下主要方面：

（1）力学效应。主要指冲击波效应和动能侵彻效应，前者是指战斗部装药在不同介质中或界面处爆炸，所形成的冲击波及其传播引起的毁伤破坏效应；后者是指战斗部爆炸所产生的金属杀伤元素（如破片、射流等），依靠动能穿透或侵彻目标结构所引起的毁伤破坏效应。

（2）光、热辐射效应。利用战斗部作用所产生的强光、高温环境，或高速粒子流的撞击，使目标产生汽化或熔化，或造成烧蚀、击穿破坏等毁伤破坏效应。

（3）放射性效应。利用核战斗部爆炸后产生的 γ 射线和中子流的贯穿辐射以及 α 射线和 β 射线的沾染等，所形成的放射性毁伤破坏效应。

（4）生化效应。战斗部内预先装有化学毒剂、生物战剂或原料反应物，通过爆炸作用释放、抛撒或生成有毒有害物质，由此所产生的毁伤破坏效应。

3.1.2　战斗部分类

战斗部可从不同角度进行分类，因此分类方式多种多样。例如，按毁伤目标分，包括反导战斗部、反飞机战斗部、反舰（潜）战斗部、反装甲战斗部、面杀伤战斗部等；按发射、运载和投送平台分，包括导弹战斗部、火箭弹战斗部、炮弹战斗部（弹丸）、鱼雷战斗部、水雷战斗部等；按装填物和能量释放原理分，包括核战斗部、常规战斗部、生化战斗部和非致命战斗部等；按终点效应和功能用途分，如杀伤战斗部、穿甲战斗部、聚能（成型装药）战斗部、爆破战斗部等。另外，战斗部的分类不同人之间存在着一定分歧，主要表现在大类和小类之间相互交叉和组合不同。目前较为通行的战斗部分类方式如图 3.1.1 所示，其中核战斗部威力巨大、破坏性极强，但由于众所周知的原因，很难实际应用。以炸药作为能源的战斗部统称为常规战斗部，对应的武器弹药称为常规武器，本章重点介绍常规战斗部的作用原理及典型应用。

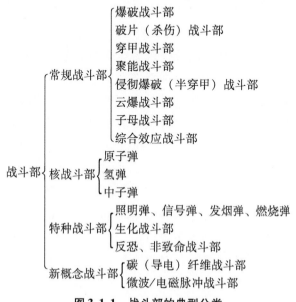

图 3.1.1　战斗部的典型分类

3.2 爆破战斗部

3.2.1 爆破战斗部作用原理

1. 爆破效应

爆破战斗部是最常用的常规战斗部类型之一，攻击目标种类多、实战有效性大，广泛用于摧毁空中、地面和地下、水面和水下各种目标，如飞机、导弹等各种飞行器、建筑物、机场及交通枢纽等地面设施、地下深层工事和指挥所、水面舰船和水下潜艇以及有生力量等。

爆破战斗部对目标的破坏主要依靠爆炸产物（高温高压气体）、冲击波等的作用，同时伴有一定破片杀伤作用。例如，最基本的梯恩梯（TNT）炸药装药爆炸时，其爆炸中心形成的压力可达 19.6 GPa，温度达 3 000 ℃，所形成的爆炸空气冲击波具有较高的超压（超出大气压的压力值）和比冲量（单位面积上所受作用力与作用时间的乘积），可造成地面建筑物倒塌、装备与技术兵器毁坏以及有生力量的伤亡等。

爆破战斗部在各种环境介质（如空气、水、岩土和金属等）中爆炸时，介质将受到爆炸气体产物（也称爆轰产物）的强烈冲击。爆轰产物具有高压、高温和高密度特性，对于一般的高能炸药，爆轰产物的压力可达 7 ~ 30 GPa，温升可达 3 000 ~ 5 000 ℃，密度可达 2.15 ~ 2.37 g/cm^3。爆轰产物作用于周围介质，将在介质内形成爆炸波的传播，爆炸波携带着爆炸的能量可使介质产生大变形、破碎等破坏效应。爆破战斗部在土中爆炸时，形成爆炸波，产生局部破坏作用和地震作用。局部破坏作用造成爆腔，爆炸波的传播和由此引起的地震作用能引起地面建筑和防御工事的震塌和震裂。爆破战斗部在空气中爆炸时，有 60% ~ 70% 的炸药能量将通过空气冲击波作用于目标，给目标施加巨大的压力和冲量。在爆炸的同时，爆破战斗部壳体还将破裂成破片，向周围飞散。在一定范围内，具有一定动能的破片也能起到杀伤作用，但与冲击波的作用威力相比，这种作用属于第二位。爆破战斗部在水中爆炸时，以水中冲击波传播和气泡脉动为主要特征，水中冲击波以及气泡脉动所产生的脉动压力波、脉动冲击水流等是对水下目标实施破坏作用的原因。一般认为，爆破战斗部摧毁目标，在空中和水中主要依靠冲击波作用，在土中主要依靠局部破坏效应。

2. 战斗部结构

爆破战斗部的典型结构如图 3.2.1 所示，主要由前后端盖、主装药、壳体和起爆序列组成。爆破战斗部按对目标作用状态的不同主要分成内爆式和外爆式两种，其中内爆式通常需要具备一定的穿甲侵彻能力并进入目标内部爆炸，因此也称为半穿甲或侵彻爆破战斗部。

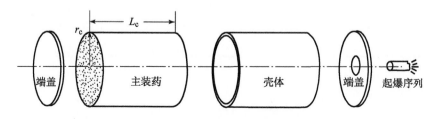

图 3.2.1 爆破战斗部典型结构示意图

1）内爆式爆破战斗部

内爆式爆破战斗部是指进入目标内部后才爆炸的爆破战斗部，比如打击建筑物的侵彻爆破弹、破坏地下指挥所的钻地弹和打击舰船目标的半穿甲弹等的战斗部。内爆式战斗部对目标产生由内向外的爆破性破坏，可能同时涉及多种介质中的爆炸毁伤效应。显然，装备内爆式战斗部的导弹必须能够直接命中目标。

内爆式爆破战斗部通常放置在弹药头部或直接作为弹头，有时也装在弹药的中部。作为弹头时，战斗部应有较厚的外壳（特别是头部），以保证在进入目标内部的过程中结构不被损坏；另外，弹体应有较好的气动外形，以降低飞行和穿入目标时的阻力。这种战斗部的典型结构如图 3.2.2 所示。这种战斗部常采用触发延时引信，以保证其进入目标一定深度后再爆炸，从而提高对目标的破坏力。为了提高对目标的破坏作用，应尽量使战斗部的位置靠前。考虑到利用爆破作用的方向性，一般把起爆点设在战斗部后部，以加强战斗部前端方向（即指向目标内部）的爆破作用。

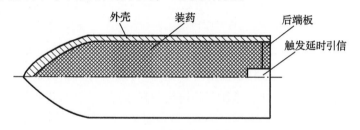

图 3.2.2 内爆式爆破战斗部典型结构

2）外爆式爆破战斗部

外爆式爆破战斗部是指在目标附近爆炸的爆破战斗部，它对目标产生由外向内的挤压性破坏。与内爆式相比，外爆式爆破战斗部对命中精度要求可以降低，但其脱靶距离应不大于战斗部冲击波的破坏半径。外爆式爆破战斗部的外形和结构与内爆式爆破战斗部相似，如图3.2.3所示，但有两处差别较大：一是战斗部的强度仅需要满足导弹飞行过程的受载条件，其壳体可以较薄，主要功能是作为装药的容器；二是通常采用非触发引信，如近炸引信。当然，也可以把壳（弹）体加厚，使之兼有破片杀伤功能，以增大对远距离目标的杀伤能力以及综合毁伤威力。

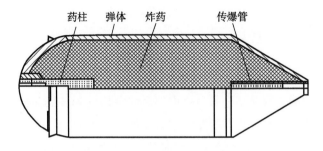

图 3.2.3　外爆式爆破战斗部典型结构

3.2.2　爆破战斗部威力参数

1. TNT 当量

为度量和对比一定装药质量的其他类型炸药以及不同装药条件和爆炸环境的爆破威力，常采用能量相似原理进行换算，得到等效于 TNT 装药标准爆炸条件下的药量，在此称为 TNT 当量。

1）炸药类型的 TNT 当量换算

爆破战斗部一般装填高能炸药，如高爆热含铝炸药。对于具体的炸药装药，依据爆热进行 TNT 当量换算，换算公式为

$$W_{TNT} = W \frac{Q}{Q_T} \tag{3.2.1}$$

式中，W_{TNT} 为具体炸药的 TNT 当量（kg）；W 为该炸药的装药量（kg）；Q_T 为 TNT 炸药爆热（J/kg）；Q 为该炸药的爆热（J/kg）。

2）裸装药等效当量

战斗部都带有壳体，壳体的破裂、飞散要消耗能量，因而要把带壳装药

换算成裸装药。将与包含金属壳体在内的实际战斗部产生相同爆破效应的裸装药质量定义为裸装药等效当量，基于能量守恒原理得到裸装药等效当量方程为

$$WE \ = \ CE \ - \ \frac{1}{2}Mv^2 \tag{3.2.2}$$

式中，W 为裸装药等效当量；C 为实际装药质量；E 为炸药单位质量的能量；v 为壳体运动速度；M 为壳体质量。

如果用 θ 表示装药分解时实际用于壳体运动的爆炸能量分数，则圆柱形装药壳体破裂产生的破片速度可表示为

$$v_0 \ = \ \sqrt{2\theta E} \ \sqrt{\frac{C/M}{1 \ + \ C/(2M)}} \tag{3.2.3}$$

式 (3.2.3) 代入式 (3.2.2)，整理得

$$W \ = \ C\Big(1 \ - \ \theta \ + \ \frac{\theta}{1 \ + \ 2M/C}\Big) \tag{3.2.4}$$

其中，θ 由试验数据得到。

对于圆柱形装药，裸装药等效当量可表示为

$$W \ = \ \Big(0.6 \ + \ \frac{0.4}{1 \ + \ 2M/C}\Big)C \tag{3.2.5}$$

对于球形装药，裸装药等效当量可表示为

$$W \ = \ \Big[0.6 \ + \ \frac{0.4}{1 \ + \ 5M/(3C)}\Big]C \tag{3.2.6}$$

3）装药形状的影响

实际导弹战斗部一般为圆柱形而非球形，圆柱形战斗部在近距离的毁伤效果与球形战斗部不同，但在远距离的效果与球形相似。战斗部近距离作用的有效能量与战斗部的几何形状相关，用 E_n 表示战斗部装药的有效能量，符号 n 取 1、2、3 分别表示平板、圆柱和球形装药，有效能量的表达式为

$$\begin{cases} E_1 \ = \ \rho_0 hQ \ = \ \dfrac{CQ}{a} \\[2mm] E_2 \ = \ \pi\rho_0 r^2 Q \ = \ \dfrac{CQ}{L} \\[2mm] E_3 \ = \ \dfrac{4}{3}\pi\rho_0 r^3 Q \ = \ CQ \end{cases} \tag{3.2.7}$$

式中，ρ_0、Q 分别为装药密度和爆热；h、a 分别平板装药的厚度和面积；L 为圆柱形装药的长度；r 为圆柱形和球形装药半径。

2. 冲击波威力参数

爆破战斗部所产生的最主要毁伤载荷是冲击波，表征其威力的冲击波参数有冲击波压力、正压时间和冲量。在空气中传播的冲击波结构如图 3.2.4（a）的压力波形（$p - t$ 曲线）所示，冲击波由正压区和负压区构成。以环境压力 p_0 为基准，冲击波压力 p 超过 p_0 的部分为正压区，$\Delta p = p - p_0$ 称为冲击波超压，与冲击波压力峰值 p_m 对应的 $\Delta p_m = p_m - p_0$ 称为超压峰值。Δp 是时间的衰减函数，正压区宽度 t_+ 称为正压作用时间，正压区冲击波超压对时间的积分即为冲击波冲量（或称比冲量），正压区冲击波参数是目标毁伤的核心因素。

冲击波压力峰值 p_m 与战斗部的质量和炸药类型有直接关系，装药质量越大所产生的冲击波越强，压力峰值越高。按照等效当量的概念，炸药的威力越大，冲击波的威力也越大。冲击波在传播过程中，压力峰值随传播距离的增大而迅速降低，与传播距离有一定的比例关系，图 3.2.4（b）给出了冲击波随距离衰减的示意图（$p - R$ 曲线）。

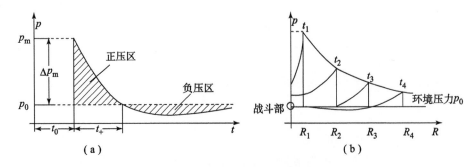

图 3.2.4　冲击波压力随时间与空间变化曲线

（a）$p - t$ 曲线；（b）$p - R$ 曲线

工程实践和爆炸相似规律均表明，空气中球形装药爆炸产生的冲击波，其威力参数与传播距离 R 和装药质量 W_{TNT} 的立方根的一种组合参量 $\bar{R} = R/W_{TNT}^{1/3}$ 成比例，这个关系也称作霍普金森缩放比例关系。其中，超压峰值 Δp_m 的一个表达式为

$$\Delta p_m \propto \frac{A_1 W_{TNT}^{2/3}}{R^2} \tag{3.2.8}$$

爆炸冲击波冲量可以表示为

$$I \propto \frac{A_2 W_{\mathrm{TNT}}^{2/3}}{R} \tag{3.2.9}$$

其中，A_1、A_2 为基于试验的常数。

另外，冲击波的毁伤效应还取决于目标的易损性，不同类型的目标对冲击波作用的承受能力是不同的，如轰炸机的承受能力不如歼击机；同一目标不同部位对冲击波作用的承受能力也有较大差异，如飞机动力装置的承受能力比机身和机翼要强得多。因此，对目标的毁伤结果是战斗部作用参数和目标易损性的综合分析结果。

3. 对目标的毁伤

冲击波是爆破式战斗部破坏目标的主要毁伤要素，对目标造成最终毁伤的是冲击波压力和冲量。通过分析目标毁伤的原理，可计算破坏目标所需的能量 E_{T}；通过将 E_{T} 与战斗部作用在目标上的爆轰能量 E_{W} 对比，可以分析造成目标毁伤的爆炸冲击波关键参数。

以爆破战斗部对导弹的毁伤作用为例，图 3.2.5 给出了爆破战斗部爆炸后爆轰气体和冲击波对目标的毁伤示意图，战斗部爆炸后形成的冲击波作用到距爆心 R 远处的圆柱形导弹上，导弹壳体上单位面积上爆炸能量为

$$E_{\mathrm{W}} = \frac{\Delta p I}{2\rho_0 c_0} \tag{3.2.10}$$

式中，Δp 为作用于目标表面上冲击波的超压；ρ_0 为气体密度；c_0 为气体声速。

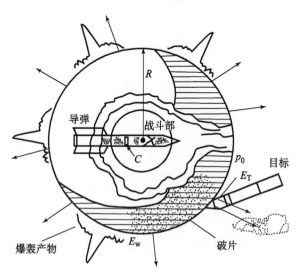

图 3.2.5　爆破战斗部爆炸对目标的毁伤示意图

单位面积上的冲量（又称比冲量）I 计算公式为

$$I = \int_0^{t_+} \Delta p(t)\,\mathrm{d}t \tag{3.2.11}$$

式中，t_+ 为冲击波正压持续时间。

图 3.2.6 给出了爆炸能量作用下导弹目标的失效模式，即结构的局部屈曲和整体挠曲破坏。造成圆柱体目标结构坍缩破坏所需能量为

$$E_{\mathrm{T}} = \frac{\sigma_s trL}{\sqrt{3}}\left[\frac{\sqrt{3}(1-\lambda)}{2\varepsilon_s(1-v^2)}\bar{I}_1 + \lambda\bar{V}_1 - \lambda\sqrt{3}\pi\varepsilon_s\right] \tag{3.2.12}$$

式中，r、L、t 分别为圆柱壳体的半径、长度和壁厚；σ_s、$\varepsilon_s\varepsilon_s$ 分别为壳体受载时的应力和应变；λ 和 v 分别为壳体材料的硬度参数和泊松比；$\bar{I}_1$、$\bar{V}_1$ 分别为结构变形的曲度参数和坍缩参数。

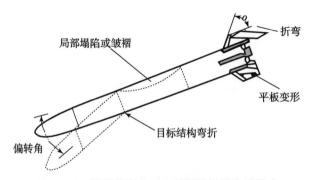

局部塌陷或皱褶　折弯　平板变形　目标结构弯折　偏转角

图 3.2.6　爆炸能量作用下导弹目标的失效模式

爆炸能 E_{W} 大于或等于 E_{T} 是目标毁伤的条件，临界状态由 $E_{\mathrm{W}} = E_{\mathrm{T}}$ 给出。联立式（3.2.10）和式（3.2.12）得

$$\frac{\Delta p I}{2\rho_0 c_0} = \frac{\sigma_s trL}{\sqrt{3}}\left[\frac{\sqrt{3}(1-\lambda)}{2\varepsilon_s(1-v^2)}\bar{I}_1 + \lambda\bar{V}_1 - \lambda\sqrt{3}\pi\varepsilon_s\right] \tag{3.2.13}$$

因此，计算目标毁伤所需的冲量为

$$I = \frac{2\rho_0 c_0}{\Delta p}\frac{\sigma_s trL}{\sqrt{3}}\left[\frac{\sqrt{3}(1-\lambda)}{2\varepsilon_s(1-v^2)}\bar{I}_1 + \lambda\bar{V}_1 - \lambda\sqrt{3}\pi\varepsilon_s\right] \tag{3.2.14}$$

由式（3.2.13）和式（3.2.14）可见，爆破战斗部爆炸后形成的冲击波压力和冲量是造成目标毁伤的根本原因，也是战斗部威力的具体体现。

3.2.3　空气中爆炸作用

1. 基本现象

空中爆炸是爆破战斗部的主要作用形式，即使是内爆式半穿甲战斗部在

目标内部爆炸，如作用于建筑物和舰船内部时，仍以空气中爆炸为第一模式。

炸药装药在空气中爆炸时，其周围的空气直接受到高温、高压的爆炸产物作用。由于空气介质的初始压力和密度都很低，因而有稀疏波从分界面向爆炸产物内传播，稀疏波到达之处，压力迅速下降。另一方面，界面处的爆炸产物以极高的速度向四周飞散，强烈压缩邻层空气介质，使其压力、密度和温度突跃升高，形成初始冲击波。因此，爆炸产物在空气中初始膨胀阶段同时出现两种情况：向爆炸产物内传入稀疏波，在空气介质中形成初始冲击波。这个现象可以用流体力学中初始间断的分解问题来理解，图 3.2.7 是爆炸空气冲击波的形成和压力分布示意图。

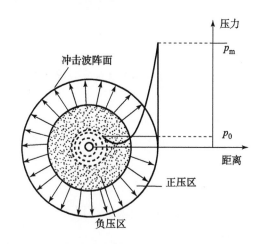

图 3.2.7　爆炸空气冲击波的形成和压力分布示意图

冲击波对目标的破坏作用是通过波阵面的超压峰值和比冲量实现的，其破坏程度与冲击波强弱（超压峰值和比冲量大小）以及目标的抗破坏能力有关。图 3.2.8 是冲击波经过空间某点的压力 – 时间（$p - t$）关系示意图。与图 3.2.4（a）相同，p_0 是爆炸点处的大气压力，p_m 是冲击波阵面的最大压力；$\Delta p_m = p_m - p_0$，即超压峰值；t_+ 是正压区作用时间，又称正压持续时间；正压区压力在作用时间内的积分称为比冲量，以符号 I 表示。当目标遭受冲击波作用时，如果冲击波正压作用时间大于目标本身的振动周期，则目标破坏主要通过冲击波阵面的超压进行度量；当冲击波正压作用时间小于目标本身的振动周期时，目标破坏则主要通过冲击波对目标作用的比冲量进行度量。由于冲击波对目标的加载是一个瞬态过程，所以用比冲量作为破坏目标的度量标准有时会更合理些。

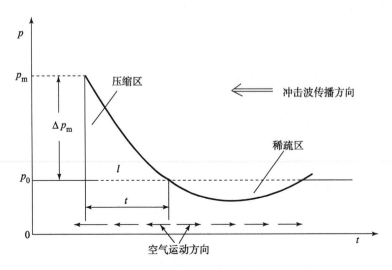

图 3.2.8　冲击波经过空间某点的 $p-t$ 关系示意图

2. 空气中爆炸毁伤威力参数

Δp_m、t_+ 和 I 是空气冲击波破坏作用的三个主要参数，下面给出这三个参数的典型计算公式。

1）冲击波超压

球形或接近球形的 TNT 裸装药在无限空中爆炸时，根据爆炸理论和试验结果，拟合得到常用的超压计算公式

$$\Delta p_m = 0.84\left(\frac{\sqrt[3]{W_{TNT}}}{R}\right) + 2.7\left(\frac{\sqrt[3]{W_{TNT}}}{R}\right)^2 + 7.0\left(\frac{\sqrt[3]{W_{TNT}}}{R}\right)^3 \quad (3.2.15)$$

式中，Δp_m 的单位是 0.1 MPa；W_{TNT} 为装药的 TNT 当量（kg）；R 为测点到爆心的距离（m）。

一般认为，当爆炸高度系数 $\bar{H}$ 符合下式时，可统称为无限空中爆炸，即

$$\bar{H} = \frac{H}{\sqrt[3]{W_{TNT}}} \geqslant 0.35 \quad (3.2.16)$$

式中，$\bar{H}$ 为装药爆炸时距地面的高度（m）。

令

$$\bar{R} = \frac{R}{\sqrt[3]{W_{TNT}}} \quad (3.2.17)$$

则式（3.2.15）可写成组合参数 $\bar{R}$ 的表达形式：

$$\Delta p_{\mathrm{m}} = \frac{0.84}{\bar{R}} + \frac{2.7}{\bar{R}^2} + \frac{7.0}{\bar{R}^3} \tag{3.2.18}$$

此式适用于 $1 \leqslant \bar{R} \leqslant 15$ ，形式上与霍普金森缩放比例关系类似。

炸药在地面上爆炸时，由于地面的存在，使空气冲击波向半无限空间传播，地面对冲击波的反射作用使能量得到增强。图 3.2.9 给出了炸药在有限高度空中爆炸时，冲击波传播的示意图。有限高度空中爆炸后，冲击波到达地面时发生反射，形成马赫反射区和正规反射区，反射波后压力得到增强，形成不对称作用，地面接触爆炸对应了 $H = 0$ 的情况。

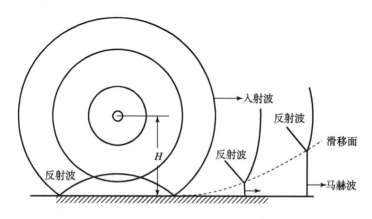

图 3.2.9　有限空中爆炸冲击波传播示意图

当装药在混凝土、岩石类的刚性地面爆炸时，发生全反射，相当于 2 倍的装药在无限空间爆炸的效应。于是，可用 $2W_{\mathrm{TNT}}$ 代替超压计算公式 (3.2.15) 中根号内的 W_{TNT} ，直接得出

$$\Delta p_{\mathrm{m}} = 1.06 \left(\frac{\sqrt[3]{W_{\mathrm{TNT}}}}{R} \right) + 4.3 \left(\frac{\sqrt[3]{W_{\mathrm{TNT}}}}{R} \right)^2 + 14 \left(\frac{\sqrt[3]{W_{\mathrm{TNT}}}}{R} \right)^3 \tag{3.2.19}$$

当装药在普通土壤地面爆炸时，地面土壤受到高温高压爆炸产物的作用发生变形、破坏，甚至抛掷到空中形成一个炸坑，将消耗一部分能量。因此，在这种情况下，地面能量反射系数小于 2，等效药量一般取为 1.7 ~ 1.8。当取 $1.8 W_{\mathrm{TNT}}$ 时，冲击波峰值超压公式 (3.2.15) 变为

$$\Delta p_{\mathrm{m}} = 1.02 \left(\frac{\sqrt[3]{W_{\mathrm{TNT}}}}{R} \right) + 3.99 \left(\frac{\sqrt[3]{W_{\mathrm{TNT}}}}{R} \right)^2 + 12.6 \left(\frac{\sqrt[3]{W_{\mathrm{TNT}}}}{R} \right)^3 \tag{3.2.20}$$

因为空气冲击波以空气为介质，而空气密度随着大气高度的增加逐渐降低，所以在药量相同时，冲击波的威力也随高度的增加而下降。考虑超压随

爆炸高度的增加而降低，对式（3.2.18）进行高度影响的修正，可得

$$\Delta p_m = \frac{0.84}{\bar{R}}\left(\frac{p_a}{p_0}\right)^{1/3} + \frac{2.7}{\bar{R}^2}\left(\frac{p_a}{p_0}\right)^{2/3} + \frac{7.0}{\bar{R}^3}\left(\frac{p_a}{p_0}\right) \tag{3.2.21}$$

式中，p_a 为高空某爆炸高度的空气压力；p_0 为标准大气压（1.01×10^5 Pa）。因此，打击空中目标时，随着弹目遭遇高度的增加，爆破战斗部所需炸药量也要增加。

2）冲击波正压持续时间

球形 TNT 裸装药在无限空中爆炸时，冲击波正压持续时间 t_+（单位为 s）的一个计算公式为

$$t_+ = 1.3 \times 10^{-3} \sqrt[6]{W_{TNT}} \sqrt{R} \tag{3.2.22}$$

3）冲击波比冲量 I

球形 TNT 裸装药在无限空中爆炸产生的比冲量 I（单位为 Pa·s）的一个计算公式为

$$I = C\frac{W_{TNT}^{2/3}}{R} \tag{3.2.23}$$

式中，C 取 196~245，是与炸药性能有关的参数。

3.2.4 水中爆炸作用

1. 基本现象

爆破战斗部用于从水下攻击水中目标，最常见的有水雷、鱼雷、深水炸弹等，水中爆炸是这类战斗部作用的主要现象。

球形炸药装药在水中爆炸时，在爆炸产物的高压作用下将在爆炸气体与水的界面形成球面冲击波，并向水中传播。爆炸释放出的能量，一部分随水中冲击波传出，称为冲击波能 E_s；一部分存在于爆炸产物气泡中，称为气泡能 E_b；冲击波在传播时压缩周围的水，因此另有一部分能量以热的形式散逸到水中，称为热损失能 E_r。炸药释放出的总能量 E_{tol} 为这三部分能量之和，即

$$E_{tol} = E_s + E_b + E_r \tag{3.2.24}$$

其中，冲击波传播过程中损失的能量 E_r 无法直接测量，一般认为热损失能与冲击波的强度有关，但在总能量中所占的比例不大。E_s、E_b 可试验测量，一般把 E_s 和 E_b 之和作为炸药总能量的近似值，即

$$E_{tol} \approx E_s + E_b \tag{3.2.25}$$

　　水中爆炸在水中形成的冲击波、气泡脉动是造成水中目标破坏的外部原因，对于猛炸药有一半的爆炸能以冲击波的形式传播，所以冲击波是引起目标破坏的主要作用因素。与空气相比，水的基本特点是密度大、可压缩性差。可压缩性差使得水的声速较大，18 ℃海水的声速为 1 494 m/s，这也使得水中冲击波的传播和反射可以采用声学近似。同时，水的密度比空气大很多，所以水的波阻抗很大，使得爆炸产物在水中膨胀要比在空气中慢得多，并且在相同冲击波速度下，水中爆炸耦合产生的冲击波压力比空气中要高得多，压力衰减也慢得多。水中爆炸的气泡脉动可持续多次，从而在冲击波后形成多个脉动压力波作用，其中气泡第一次膨胀结束和第二次膨胀开始瞬时所形成的二次压力波具有重要意义，需要予以特别关注。脉动压力的作用时间长，可近似为"静压"作用。另外，只有当战斗部与目标处于有利位置时，气泡才能起到较大作用。

　　水中爆炸形成的冲击波和二次压力波如图 3.2.10 所示，其中 p_m 为冲击波阵面峰值压力，波后压力呈指数衰减，T 为第一次气泡脉动的周期。炸药在水中爆炸时，可以利用传感器测到距爆点不同距离处的峰值压力 p_m 及 $p-t$ 曲线，气泡波第一次脉动的周期 T，然后通过测试 $p-t$ 波形导出压力衰减的时间常数 θ，θ 通常表示从峰值压力 p_m 衰减到 p_m/e（e = 2.718）所用的时间。再通过积分和计算可得到被测炸药的冲击波能 E_s 及气泡能 E_b，进而计算炸药的总能量 E_{tol}，这也是目前水下爆炸的常规试验研究方法。

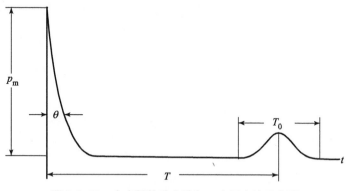

图 3.2.10　水中爆炸冲击波与二次压力波示意图

2. 水中爆炸典型毁伤威力参数

1）冲击波压力、比冲量和冲击波能

水中冲击波波阵面后的压力随时间衰减规律可表示为

$$p(t) = p_{\mathrm{m}} \mathrm{e}^{-t/\theta} \qquad (3.2.26)$$

式中，p_{m} 为冲击波峰值压力；θ 为时间常数。p_{m} 随距爆心距离的增加而下降，θ 与炸药的种类、质量有关，也与同距爆炸中心的距离有关。

对于球形药包

$$\theta = 0.084 W_{\mathrm{TNT}}^{1/3} \left(\frac{R}{W_{\mathrm{TNT}}^{1/3}} \right)^{0.23} \qquad (3.2.27)$$

对于柱形药包

$$\theta = 0.084 W_{\mathrm{TNT}}^{1/3} \left(\frac{R}{W_{\mathrm{TNT}}^{1/3}} \right)^{0.41} \qquad (3.2.28)$$

式中，θ 的单位为 ms；W_{TNT} 为炸药装药的质量（kg）；R 为距爆炸中心的距离（m）。

冲击波比冲量是压力对时间的积分，其形式为

$$I = \int_0^t p(t)\mathrm{d}t = \int_0^t p_{\mathrm{m}} \mathrm{e}^{-t/\theta} \mathrm{d}t = p_{\mathrm{m}}\theta(1 - \mathrm{e}^{-t/\theta}) \qquad (3.2.29)$$

水下爆炸冲击波能的数学模型为

$$E_{\mathrm{s}} = K_1 \frac{4\pi R^2}{W_{\mathrm{TNT}}\rho_{\mathrm{w}} C_{\mathrm{w}}} \int_0^{6.7\theta} p^2(t)\mathrm{d}t \qquad (3.2.30)$$

式中，ρ_{w}、C_{w} 分别为水的密度（kg/m^3）和声速（m/s）；K_1 为修正系数，由 TNT 标定试验确定。

将式（3.2.26）代入式（3.2.30），得

$$E_{\mathrm{s}} = K_1 \frac{4\pi R^2}{W_{\mathrm{TNT}}\rho_{\mathrm{w}} C_{\mathrm{w}}} \int_0^{6.7\theta} (p_{\mathrm{m}} \mathrm{e}^{-t/\theta})^2 \mathrm{d}t \qquad (3.2.31)$$

一般情况下，对于同一批次试验，需在相同水环境下通过标准试样进行标定试验，以修正因忽略热损失带来的计算误差。标准试样可取密度为 1.52 g/cm^3 的铸装 TNT 炸药，其冲击波能的理论计算公式为

$$E_{\mathrm{s}0} = 1.04 \times 10^6 \left(\frac{W_{\mathrm{TNT}}^{1/3}}{R} \right)^{0.05} \quad (\mathrm{J/kg}) \qquad (3.2.32)$$

经标定试验获得的测试结果，可计算得到冲击波能测量值 $E_{\mathrm{s}1}$：

$$E_{\mathrm{s}1} = \frac{4\pi R^2}{W_{\mathrm{TNT}}\rho_{\mathrm{w}} C_{\mathrm{w}}} \int_0^{6.7\theta} (p_{\mathrm{m}} \mathrm{e}^{-t/\theta})^2 \mathrm{d}t \qquad (3.2.33)$$

于是，式（3.2.31）中修正系数 K_1 为

$$K_1 = \frac{E_{\mathrm{s}0}}{E_{\mathrm{s}1}} \qquad (3.2.34)$$

上述公式中选取的时间积分上限通常为 $5\theta \sim 7\theta$，用于表示冲击波的持续

时间，再加大积分上限对积分值影响很小，因此水下爆炸的冲击波能的数学模型中的积分上限通常取为 6.7θ。

　　2）气泡脉动

　　装药在无限水介质中爆炸时，爆炸产物所形成的气泡将在水中发生多次膨胀和压缩的脉动，气泡脉动引起的二次压力波的峰值一般不超过冲击波峰值的 20%，但其作用时间远大于冲击波作用时间，故两者比冲量比较接近。

　　TNT 装药水中爆炸形成的二次压力峰值 p_{mb} 为

$$p_{mb} - p_h = \frac{72.4 W_{TNT}^{1/3}}{R} \ (0.1 \ \text{MPa}) \tag{3.2.35}$$

式中，p_h 为装药位置水的静压力。

　　二次压力波的比冲量为

$$I_b = 6.04 \times 10^3 \frac{(\eta Q_v)^{2/3}}{Z^{1/6}} \frac{W_{TNT}^{2/3}}{R} \ (\text{Pa} \cdot \text{s}) \tag{3.2.36}$$

式中，Q_v 为炸药的爆热（cal/g）；η 为 $n-1$ 次脉动后留在产物中的能量分数；Z 为第 n 次脉动开始时气泡中心位置的静水压力，以水深表示，单位为 m。

　　计算第一次气泡脉动周期 T 的经验公式为

$$T = \frac{K_e W_{TNT}^{1/3}}{(h + 10.3)^{5/6}} \tag{3.2.37}$$

式中，h 为炸药所处的水中深度；K_e 为炸药特性系数。对 TNT 可取 $K_e = 2.11$，几种常用炸药的 K_e 值见表 3.2.1。实际测量的气泡第一次脉动周期可以此为参照。

表 3.2.1　几种炸药气泡脉动周期计算参数

炸药	粉状 Tetryl	压装 Tetryl	铸装 TNT	喷脱里特
$K_e/(\text{s} \cdot \text{m}^{5/6} \cdot \text{kg}^{-1/3})$	2.18	2.12	2.11	2.10

　　气泡能量可用炸药水下爆炸时，气泡克服静水压第一次膨胀达到最大半径时所做的功来表示，即

$$E_b = \frac{4}{3} \frac{\pi r_m^3 p_h}{W_{TNT}} \tag{3.2.38}$$

式中，r_m 为第一次气泡膨胀的最大半径（m）。

　　根据不可压缩流体的运动方程，在无限水域中爆炸气泡第一次膨胀最大半径的计算公式为

$$r_{\mathrm{m}} = 0.546\,6\,\frac{p_{\mathrm{h}}^{1/2}}{\rho_{\mathrm{w}}^{1/2}}T \tag{3.2.39}$$

将式（3.2.39）代入式（3.2.38），可得单位装药质量气泡能量为

$$E_{\mathrm{b}} = 0.684\,\frac{p_{\mathrm{h}}^{5/2}}{\rho_{\mathrm{w}}^{3/2}}\frac{T^3}{W_{\mathrm{TNT}}} \tag{3.2.40}$$

与冲击波能量计算相类似，为了修正气泡能量，在式（3.2.40）中加入修正系数 K_2，即

$$E_{\mathrm{b}} = 0.684K_2\,\frac{p_{\mathrm{h}}^{5/2}}{\rho_{\mathrm{w}}^{3/2}}\frac{T^3}{W_{\mathrm{TNT}}} \tag{3.2.41}$$

系数 K_2 同样由标定试验确定，计算公式为

$$K_2 = \frac{E_{\mathrm{b0}}}{E_{\mathrm{b1}}} \tag{3.2.42}$$

其中，E_{b0} 取密度为 1.52 g/cm³ 的铸装 TNT 炸药的标准气泡能，为 1.99×10^6 J/kg。E_{b1} 根据标定试验的测试结果通过式（3.2.40）计算得到，将所得的 K_2 代入式（3.2.41）即可计算实际炸药装药的水下爆炸气泡能。

3.2.5　岩土中爆炸作用

1. 基本现象

爆破战斗部是打击和摧毁地面土木工事、掩蔽所等设施的首选，也是对付地下深层目标的重要手段。为了确保破坏地下工事，首先应使战斗部侵彻一定深度，然后引爆战斗部，战斗部的准确、及时引爆要靠引信机构的延期作用来控制。战斗部的地下爆炸将发生两种作用：一是侵彻作用，要求战斗部装药经得住冲击载荷，获得一定的侵彻深度；二是战斗部装药的爆破作用。

装药在无限均匀岩土中爆炸现象如图3.2.11所示，爆轰产物的压力达数十 GPa，而岩土的抗压强度仅为数百 MPa，因此，靠近药包表面的岩土将被压碎，甚至进入流动状态。被压碎的介质因受到爆轰产物的挤压发生径向运动，形成一空腔，称为爆腔或排出区，爆腔（排出区）的体积为装药体积的几十倍。

岩土被强烈压碎的区域，称为压碎区。若岩土为均匀介质，在压碎区内形成一组滑移面，表现为细密的裂纹，这些滑移面的切线与自炸药中心引出的射线之间成45°角。在这个区域内，岩土被强烈压缩，并朝离开药包的方向运动，于是产生了以超声速传播的冲击波。

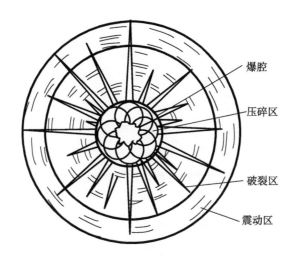

爆腔

压碎区

破裂区

震动区

图 3.2.11　装药在无限均匀岩土介质中爆炸

随着冲击波阵面离开药包距离的增加，能量扩散到越来越大的介质体积中，使超压迅速降低。在距药包的一定距离处，超压低于岩土的强度极限，这时变形特征发生了变化，破碎现象和滑移面消失了，岩土保持原来的结构。由于岩土受到冲击波的压缩会发生径向向外运动，这时介质中的每一环层受切向拉伸应力的作用。如果拉伸应力超过了岩土的动态抗拉强度极限，那么就产生从爆炸中心向外辐射的径向裂缝。大量的实验研究表明，岩土的抗拉强度极限比抗压强度极限小得多，通常为抗压强度的 2% ~ 10%。因此在压碎区外出现拉伸应力的破坏区，且破坏范围比前者大。随着压力波阵面半径的增大，超压降低，切向拉伸应力值降低。在某一半径处，拉伸应力将低于岩土的抗拉强度，岩土就不再被拉裂。

在爆轰产物迅速膨胀的过程中，爆轰产物散逸到周围介质的径向裂缝中，因而助长了这些裂缝的扩展，并使自身的体积进一步增大。这样，气体的压力和温度便进一步降低。由于惯性的缘故，在压力波脱离药室之后，岩土的颗粒在一定时间内继续朝离开药包的方向运动，结果导致爆轰产物出现负压，并且在压力波后面传播一个稀疏（拉伸）波。由于径向稀疏（拉伸）波的作用，使介质颗粒在达到最大位移后，反向朝药包方向运动，于是在径向裂缝之间形成许多环向裂缝。这个主要由拉伸应力作用而引起的景象和环向裂纹彼此交织的破坏区称为破裂区或松动区。

在破裂区（松动区）以外，冲击波已经很弱，不能引起岩土结构的破坏，只能产生质点的震动。离爆炸中心越远，震动的幅度越小，最后冲击波衰减为声波。这一区域称为弹性变形区或震动区。

总之，装药在无限均匀岩土介质中爆炸，在上述动力过程终结之后，岩土中残留一个爆腔（排出区），在此之外依次是压碎区（压缩区）、破裂区（拉伸区）和震动区（弹性变形区）。理论分析和经验表明，各特征区域边界的半径 r_i 与装药量 W_{TNT} 的立方根成正比，即

$$r_i = k_i W_{TNT}^{1/3} \tag{3.2.43}$$

式中，k_i 为对应各特征边界的比例系数，比如压碎系数、破裂系数等，与介质的物理力学性能相关。

装药在有限岩土中爆炸现象如图 3.2.12 所示，由于边界的存在，当压力波到达自由面时反射为拉伸波；由于拉伸波、压力波和爆炸气体压力的共同作用，药包上方的岩土向上鼓起，地表产生拉伸波和剪切波。在这些波的作用下，地表介质产生震动和飞溅，形成爆破漏斗。爆破漏斗的形成可分为鼓包运动阶段、鼓包破裂飞散阶段和抛掷堆积阶段，对具体过程描述如下：爆腔开始膨胀的同时，腔壁上产生一个球面冲击波向外传播［图 3.2.12（a）］；球面冲击波到达自由面后反射稀疏波，并由自由表面向内传播［图 3.2.12（b）］；稀疏波在爆腔的表面反射为压缩波，叠加到前述冲击波和稀疏波上，球形腔体产生变形，向上扩张，腔体内的爆炸产物仍起作用［图 3.2.12（c）］；从腔体表面反射回来的波在自由表面反射为进一步的稀疏波传向腔体，再反射为压力波向自由面传播，使腔体继续变形［图 3.2.12（d）］。被气体排挤出来的上抛物体继续向上、向两边运动，腔体继续向上扩张直到最大值［图 3.2.12（e）］；达到最大高度后，抛出来的土块回落，形成可见漏斗的表层［图 3.2.12（f）］。

根据装药埋设深度的不同可呈现程度不同的爆破现象。定义最小抵抗线为装药中心到自由面的垂直距离，即爆点深度，将漏斗坑口部半径与最小抵抗线之比称为抛掷指数，用 n 表示。按抛掷指数 n 可划分以下几种情况：

（1）$n > 1$ 为加强抛掷爆破，漏斗坑顶角大于 90°；

（2）$n = 1$ 为标准抛掷爆破，漏斗坑顶角等于 90°；

（3）$0.75 < n < 1$ 为减弱抛掷爆破，漏斗坑顶角小于 90°；

（4）$n < 0.75$ 为松动爆破，没有岩土抛掷现象，战斗部的这种爆炸情况称为隐炸。

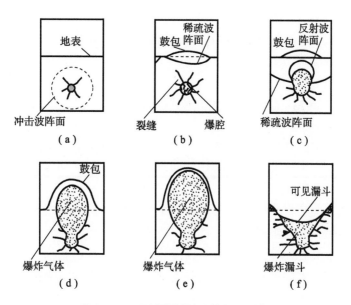

图 3.2.12　形成爆破漏斗的各个阶段

2. 岩土中爆炸典型毁伤威力参数

目前还没有精确的理论方法计算岩土中爆炸冲击波的参数，因此，试验研究岩土中爆炸波的传播显得十分重要。试验数据表明，岩土中爆炸产生的球形冲击波或压力波在传播过程中遵守"爆炸相似律"。对于球形 TNT 装药在自然湿度的饱和和非饱和的细粒沙介质中爆炸，基于试验结果和爆炸相似律，得到爆炸冲击波峰值压力的计算公式为

$$p_{\mathrm{m}} = A_1 \left(\frac{1}{\bar{R}} \right)^{\alpha_1} \tag{3.2.44}$$

式中，$\bar{R} = R/W_{\mathrm{TNT}}^{1/3}$；$A_1$ 和 α_1 为经验常数。

爆炸冲击波的比冲量 I 的计算公式为

$$I = A_2 W_{\mathrm{TNT}}^{1/3} \left(\frac{1}{\bar{R}} \right)^{\alpha_2} \tag{3.2.45}$$

式中，A_2 和 α_2 为经验常数。

超压持续时间 t_+ 的计算公式为

$$t_+ = \frac{2I_{\mathrm{m}}}{p_{\mathrm{m}}} \tag{3.2.46}$$

3.3 破片（杀伤）战斗部

3.3.1 破片（杀伤）战斗部基本原理

破片战斗部又称杀伤战斗部，是现役装备中最主要的战斗部形式之一，主要用于攻击空中、地面和水上作战装备及有生力量，如飞机、导弹、地面轻装甲装备、舰船和人员等。

破片战斗部是装药爆轰驱动爆炸产生高速破片群，利用破片对目标的高速撞击、引燃和引爆作用来毁伤目标。破片的分布密度与战斗部的结构和材料有关，为了形成一定的破片分布密度，可以通过各种结构设计来实现。破片也可以设计成不同的形状，常见的有球形、立方体或多面体等，新近又发展了如离散杆、连续杆之类的杀伤元素。典型破片战斗部的原理结构如图3.3.1所示。除此之外，还可以用特殊材料制成破片，以实现引燃、引爆等其他功能。

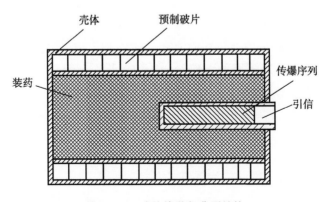

图 3.3.1 破片战斗部典型结构

破片战斗部爆炸时，在 μs 时间量级产生的高压气体对战斗部金属外壳施加数十万大气压以上的压力，这个压力远远大于战斗部壳体材料的屈服强度，使壳体破裂产生破片。壳体的结构形式决定了壳体的破裂方式。如果预先在金属外壳上设置削弱结构，使之成为壳体破裂的应力集中源，则可以得到可控制的破片形状和质量。根据破片产生的途径可分为自然、半预制和预制破片战斗部三种结构类型。自然破片是在爆轰产物作用下，壳体膨胀、断裂、破碎而形成的，壳体既是容器又是毁伤元素，壳体材料利用率较高。另外，自然破片的壳体一般较厚，爆轰产物泄漏之前，驱动加速时间较长，形成的破片初速较高。但由于破片大小不均匀，形状不规则，所以在空气中飞行时速度衰减较快。半预制破片战斗部一般采用壳体刻槽、装药刻槽、壳体区域弱化和圆环叠加焊点等措施，使壳体局部强度减弱，控制爆炸时的破裂位置，避免产生过大和过小的破片，减少了金属壳体的质量损失，改善了破片性能，从而提高了战斗部的杀伤效率。预制破片战斗部的破片为全预制结构，预制破片形状可采用球形、立方体、长方体、杆状等，并用黏结剂定型在两层壳体之间，以环氧树脂或其他适当材料填充。

实践证明，破片战斗部对于空中、地面活动的低生存力目标以及人员等有生力量目标具有良好的杀伤效果，且灵活性较好，是常规战斗部的主要类型。事实上，在现有引战配合条件下，破片战斗部对几乎所有的目标具有广泛的适应能力，可用于拦截弹道导弹，攻击地面防空导弹发射系统、雷达天线等。针对不同的目标，破片战斗部的破坏机制是不同的。例如，拦截中远程弹道导弹时拦截高度较高，来袭弹头只要被破片击穿，甚至防热层被破坏，便会在再入大气层时烧毁；拦截战术弹道导弹时拦截高度较低，战斗部需要直接引爆来袭弹头中的装药才能完成拦截任务。不同的目标，需要的破片质量和形状也不相同。拦截弹道导弹时，需要质量较大的破片，而攻击地面雷达、防空导弹发射系统等目标时，破片质量相对较小一些。

由于破片战斗部爆炸过程短暂，壳体材料在高速、高压条件下的瞬变形态十分复杂，这使得对破片的产生、破片在空气中飞行姿态以及破片撞击目标等物理过程难以描述。长期以来，对于破片战斗部的分析方法多半沿袭炮弹设计中的经验方法，破片参数和毁伤效应的研究也主要借助于试验测试。近年来，以计算机为工具的数值模拟技术得到大力发展和推广应用，为战斗部爆炸过程威力参数的研究提供了更高效、细致的物理图像，已成为一种不可或缺的研究手段。图 3.3.2 给出了预制破片战斗部破片在主装药起爆 400 μs 时，破片飞散空间分布的典型仿真图像。

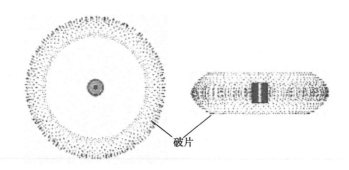

破片

图 3.3.2　预制破片战斗部破片空间分布的典型仿真图像

3.3.2　破片战斗部威力参数

对于破片战斗部，性能参数主要有破片初速、速度衰减系数和速度分布，破片飞散参数有破片飞散角、破片质量和数量，另外还有破片杀伤性能，如破片对特定靶板的穿透能力以及爆炸冲击波参数等。

1. 破片速度

1）破片初速

战斗部金属壳体在装药的爆炸作用下成为破片，破片初速是表征破片性能的最重要参数之一。破片初速有两种定义：一是在爆轰产物驱动作用下，壳体破裂成破片瞬时的膨胀速度；二是破片所达到的最大飞行速度。这两个定义之间有着微妙的差别，详细可参考有关专著。

关于破片初速的计算公式，主要是在一定的假设条件下，根据壳体运动动力学方程和能量守恒定律导出的。如果忽略壳体的破裂阻抗，不考虑爆轰产物沿装药轴向的飞散，认为炸药爆炸释放的能量转化为破片的动能，并假定壳体形成的破片具有相同的初速，可导出一种破片初速公式为

$$v_0 = 1.236 \sqrt{\dfrac{Q}{\dfrac{1}{\beta} + \dfrac{1}{2}}} \tag{3.3.1}$$

式中，v_0 为破片初速（m/s）；Q 为炸药爆热（kJ/kg）；β 为载荷系数，$\beta = C/M$，C 为装药质量（kg），M 为形成破片的壳体质量（kg）。

计算破片初速有一个非常著名和实用的半理论半经验用公式，称为格尼（Gurney）公式，即通过所谓的格尼能量 E 来表示破片初速公式。对最具代表性的圆柱形装药壳体，格尼公式为

$$v_0 = \sqrt{2E} \sqrt{\frac{\beta}{2 + \beta/2}} \tag{3.3.2}$$

式中，$\sqrt{2E}$ 称为格尼常数或格尼比能，是速度的量纲。

在相同的假设条件下，并认为 $E = Q$，再利用爆轰理论公式 $D = \sqrt{2(\gamma^2 - 1)Q}$，对于爆轰产物取 $\gamma = 3$，可导出以炸药爆速表示的初速公式为

$$v_0 = \frac{D}{2} \sqrt{\frac{\beta}{2 + \beta}} \tag{3.3.3}$$

对于预制破片结构有

$$v_0 = D \sqrt{\frac{\beta}{5(2 + \beta)}} \tag{3.3.4}$$

式中，D 为炸药爆速。

上述公式只是用于破片初速的简单估算，影响战斗部破片初速的因素非常复杂，主要的几个影响因素如下：

（1）装药性能。

破片速度与爆速成正比，因此选择高爆速装药和提高装药密度是提高破片初速的有效途径。试验表明，装药密度提高 0.1 g/cm³ 时，爆速可提高300 m/s。因此，在满足安全性的前提下应尽可能提高装药密度。

（2）装药与壳体的质量比。

装药与壳体质量比（载荷系数）的提高有利于破片初速的提高，但在常用范围内，质量比成倍增加时，破片初速的增加不到18%，而且随着质量比的继续增加，初速增量越来越小。

（3）壳体材料。

壳体材料的塑性决定了壳体在爆轰产物作用下的膨胀程度，塑性好的材料壳体膨胀破裂时的相对半径大，可获得比较高的初速，而脆性材料则相反。

（4）装药长径比。

装药长径比对破片初速有重要影响，端部效应使战斗部两端的破片初速低于中间部位破片的初速，因此在战斗部总质量不变的情况下，长径比越大，装药能量损失的程度越小，破片初速越高。

长径比不同时，破片初速沿轴向的分布也有显著差别。上述式（3.3.1）~式（3.3.4）由于没有考虑端部效应，在大长径比时误差小，小长径比时误差大，计算端部破片速度时误差更大。若整体端部无约束，对端部效应进行修

正后，得到的一种圆柱形战斗部在不同起爆条件下破片初速轴向分布的计算公式如下：

轴向一端起爆

$$v_{0x} = \left[1 - \exp\left(-\frac{2.362x}{d} \right) \right] \cdot \left\{ 1 - 0.288\exp\left[-\frac{4.603(L-x)}{d} \right] \right\} \sqrt{2E} \sqrt{\frac{\beta}{1+\beta/2}}$$

(3.3.5)

轴向中心起爆

$$v_{0x} = \left[1 - 0.288\exp\left(-\frac{4.603x}{d} \right) \right] \cdot$$

$$\left\{ 1 - 0.288\exp\left[-\frac{4.603(L-x)}{d} \right] \right\} \sqrt{2E} \sqrt{\frac{\beta}{1+\beta/2}}$$

(3.3.6)

轴向两端起爆

$$v_{0x} = \left[1 - \exp\left(-\frac{2.362x}{d} \right) \right] \cdot \left\{ 1 - \exp\left[-\frac{2.362(L-x)}{d} \right] \right\} \sqrt{2E} \sqrt{\frac{\beta}{1+\beta/2}}$$

(3.3.7)

式中，d 和 L 分别为装药直径和长度；x 为所计算破片离基准端面的距离，一端起爆时起爆端面即为基准端面；v_{0x} 为 x 处的破片初速。

战斗部端盖的应用在一定程度上能延缓轴向稀疏波的进入，减少装药的能量损失，从而改善端部稀疏波的影响，使初速的轴向分布差缩小。

2）破片速度衰减

破片在空气中飞行时，受到重力和空气阻力的作用，在破片速度较高时，由于破片质量较小，空气阻力远远大于重力，可以忽略重力对破片速度的影响，破片飞行弹道近似为直线。根据牛顿定律，建立破片运动方程

$$m \frac{\mathrm{d}v}{\mathrm{d}x} = -\frac{1}{2} C_R \rho_a A v^2$$

(3.3.8)

式中，m 为破片质量（kg）；v 为破片速度（m/s）；C_R 为空气阻力系数；ρ_a 为空气密度（kg/m³）；A 为破片飞行方向上的投影面积，称为迎风面积（m²）。当破片初速和飞行距离分别为 v_0 和 R 时，则得到破片存速为

$$v = v_0 \exp(-\alpha R)$$

(3.3.9)

式中，α 为破片衰减系数，是表征破片在飞行过程中保持速度能力的参数。

$$\alpha = \frac{C_R \rho_a A}{2m}$$

(3.3.10)

破片的阻力系数随破片形状和飞行速度而变化，风洞试验证明，在破片

的飞行马赫数 $Ma > 3$ 的速度范围内，不同形状破片的 C_R 值可按如下公式求取：

球形破片，$C_R = 0.97$；

方形破片，$C_R = 1.2852 + 1.0536/Ma$；

圆柱形破片，$C_R = 0.8058 + 1.3226/Ma$；

菱形破片，$C_R = 1.45 - 0.0389/Ma$。

对于预制的球、圆柱体等形状破片，迎风面积 A 可取

$$A = \frac{1}{4}S \tag{3.3.11}$$

式中，S 为破片的表面积。

由于破片在飞行时不断翻滚、变化，因而除球形破片外，迎风面积一般为随机变量，其数值取数学期望

$$A = \phi m^{2/3} \tag{3.3.12}$$

式中，ϕ 为破片形状系数（$m^2/kg^{2/3}$），自然破片在粗略计算时取 $\phi = 0.005$；m 为破片质量（kg）。

3）动态破片初速

动态破片初速是指考虑弹体（战斗部）速度和目标速度影响的条件下，所得到的破片作用于目标的速度。从破片能量角度分析，某一个破片具有的打击目标的动能为

$$E_i = \frac{1}{2}mv_i^2 \tag{3.3.13}$$

式中，E_i 为破片动能；m 为破片质量；v_i 为破片打击目标的速度。

破片的动态初速矢量是破片静态初速矢量 $\boldsymbol{v}_0$ 和弹药（战斗部）速度矢量 $\boldsymbol{v}_M$ 的矢量和，即

$$\boldsymbol{v}_{0M} = \boldsymbol{v}_0 + \boldsymbol{v}_M \tag{3.3.14}$$

破片动态速度随飞行距离的增加而下降，其衰减规律为

$$v_R = v_{0M}\exp(-\alpha R) \tag{3.3.15}$$

式中，α 为破片速度衰减系数；v_R 为动态情况下，破片在距离 R 处的存速。

破片对目标的打击速度 $\boldsymbol{v}_t$ 是破片存速 $\boldsymbol{v}_R$ 目标速度 $\boldsymbol{v}_T$ 的矢量差

$$\boldsymbol{v}_t = \boldsymbol{v}_R - \boldsymbol{v}_T \tag{3.3.16}$$

一般情况下，目标速度 v_T 在破片打击速度中所占的比例较小，但在反导等高速条件下，目标速度可能成为破片破坏来袭弹头的主要因素。

2. 破片飞散特性

战斗部爆炸后，破片在空间的分布与战斗部结构形状紧密相关。图3.3.3给出了几种典型形状战斗部爆炸后破片在空间分布的示意图，图中阴影部分为破片飞散区。其中，图3.3.3（a）球形战斗部起爆点为球心，破片飞散是一个球面且分布均匀。圆柱形战斗部爆炸后90%的破片沿侧向飞散，截锥形和圆弧形战斗部起爆后的破片分布情况为多数破片向半径小的方向飞散。从图3.3.3可以看出，除球形战斗部中心起爆外，其余战斗部起爆后，破片在空间的分布都是不均匀的。

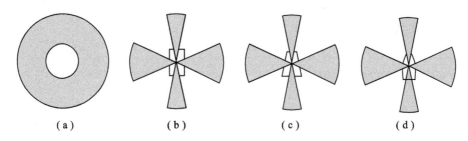

图3.3.3　几种形状战斗部爆炸后破片在空间分布示意图
（a）球形；（b）圆柱形；（c）截锥形；（d）圆弧形

破片飞散特性主要通过破片飞散角和方向角等参数进行描述。对于常规的轴对称战斗部，破片飞散角指在战斗部轴线平面内，以质心为顶点所作的包含有效破片90%的锥角，也就是图3.3.3（b）中包含有效破片90%的两线之间的夹角。常用Ω表示破片的静态飞散角，Ω_v表示动态飞散角，一般静态飞散角要大于动态飞散角。图3.3.4给出了破片静态飞散角和动态飞散角示意图，其中图3.3.4（b）叠加了弹体（战斗部）的运动速度，φ_1、φ_2分别为破片飞散区域边界的角度。

破片方向角是指破片飞散角内破片分布中线（即在其两边各含有45%的有效破片的分界线）与通过战斗部质心的赤道平面所夹之角，如图3.3.5所示。常用φ_0表示静态方向角，以φ_{0v}表示动态方向角。

计算破片飞散方向的经典泰勒（Taylor）公式为

$$\delta = \arcsin\left(\frac{v_0}{2D}\cos\alpha\right) \tag{3.3.17}$$

式中，D和v_0分别为爆速和破片初速；δ为所计算微元或破片飞散方向与该处壳体法线的夹角；α为起爆点与该微元连线和壳体之间的夹角，即该点爆轰波阵面法线与弹轴的夹角，如图3.3.6所示。

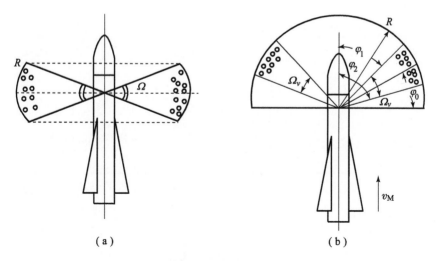

（a）　　　　　　　　　　　　　　（b）

图 3.3.4　破片飞散角

（a）静态飞散角；（b）动态飞散角

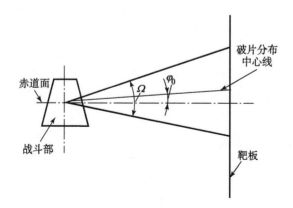

图 3.3.5　静态破片方向角

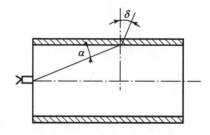

图 3.3.6　泰勒公式参数图示

夏皮罗（Shapiro）对泰勒公式进行了改进，使之更适用于非圆柱体情况：

$$\tan\delta = \frac{v_0}{2D}\cos\left(\frac{\pi}{2} + \alpha - \varphi\right)$$

(3.3.18)

式中，φ 为计算点处壳体法线与纵轴的夹角，如图 3.3.7 所示。

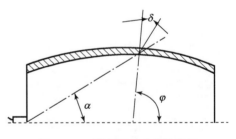

图 3.3.7　夏皮罗公式参数图示

影响破片飞散角 Ω 和方向角 φ_0 的因素主要是战斗部的结构外形和起爆方式，图 3.3.8 给出了圆锥形、圆柱形、鼓形三种结构形式战斗部的破片飞散角和方向角示意图。由此可见，飞散角以鼓形的为最大，圆锥形、圆柱形均较小；方向角则以圆锥形为最大，鼓形和圆柱形的方向角均很小。按照计算壳体上一点的破片飞散方向的计算公式，鼓形的外表面为圆弧，因而破片飞散角最大；圆锥形外表面与轴向成一锥角，破片倾向前方，故方向角最大。战斗部的起爆方式一般分为一端、两端、中心和轴向起爆四种类型，根据泰勒公式和夏皮罗公式可知，破片飞离战斗部壳体时，总是朝爆轰波的前进方向倾斜某一角度。若两端起爆时，由于破片从两端向中间倾斜，故飞散角较小，方向角为0°。轴向起爆时，破片皆垂直于壳体表面飞散，方向角为0°，飞散角较小。中心起爆时，飞散角较大，方向角为0°。一端起爆时，方向角最大，飞散角稍大。当起爆点向战斗部几何中心移动时，方向角逐步减小，移至中心时，变成中心起爆，方向角为0°。

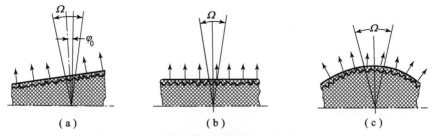

图 3.3.8　不同结构战斗部的破片飞散角和方向角

(a) 圆锥形；(b) 圆柱形；(c) 鼓形

3. 破片杀伤特性

破片杀伤特性包括杀伤区内破片的分布密度和破片对目标或等效靶板的穿透率，也可以通过效应靶的测试来获得。破片穿透率是指在规定的距离

（如威力半径）上，破片对特定靶板的穿孔数占命中靶板的有效破片数的百分比。通过统计效应靶上破片穿透靶板的孔数 n 与 破 片碰击靶板未穿透时形成的凹坑数 m 的百分比，得到破片穿透率为

$$p = \frac{n}{n + m} \times 100\% \qquad (3.3.19)$$

此处"特定靶板"主要以具体目标为特征，根据战术指标确定效应靶的厚度和材质。为了便于比较，可把特定靶板统一等效成硬铝板，等效关系为

$$b_{Al} = \frac{b\sigma}{\sigma_{Al}} \qquad (3.3.20)$$

式中，b_{Al} 为等效硬铝板厚度；b 为特定靶板厚度；σ_{Al} 为硬铝板的强度极限；σ 为特定靶板的强度极限。

通过效应靶上的破片统计还可以测定破片总数和分布密度，对于自然破片战斗部，破片回收试验是研究破片质量分布和破片平均质量的有效手段。

3.4　穿甲弹（战斗部）

3.4.1　穿甲作用原理

穿甲弹和半穿甲战斗部多用于反地面硬目标（如坦克、装甲车、建筑物等）、反舰和钻地等武器，典型的反坦克穿甲弹和反舰半穿甲战斗部分别如图 3.4.1 和图 3.4.2 所示。

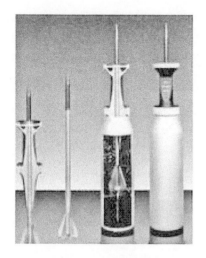

图 3.4.1　反坦克穿甲弹

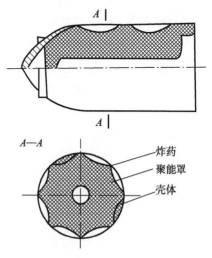

图 3.4.2　反舰半穿甲战斗部

随着现代战场上各种活动兵器数量的增加及其防护装甲的增强，一般弹药难以有效对付，穿甲弹因动能大、不易受屏蔽装甲的影响，越来越受到各国的重视，是各国军队装备的主要弹种之一。穿甲弹可用来对付多种目标，可按此分类，如攻击飞机、导弹等空中高速运动目标的小口径穿甲弹，摧毁坦克、装甲车辆的中大口径穿甲弹等。半穿甲战斗部主要用于高速飞行的导弹武器，以打击水面船艇的侵彻爆破战斗部和攻击地下深层工事的钻地战斗部最具代表性。

当弹体高速冲击靶体时，侵入靶体而没有穿透的现象称为侵彻（penetration）；完全穿透靶板的现象称为贯穿（perforation）。影响侵彻/贯穿现象的因素有很多，主要分为三大类：弹、靶和弹靶交会状态。

关于靶，可分为半无限厚靶、厚靶和薄靶，靶体材料有塑性和脆性材料之分，靶体结构可以是均质的、非均质的和复合结构等。关于弹，弹体材料也有塑性和脆性之别，弹头形状有尖头、钝头和其他形状等。关于弹靶交会状态，包括：弹体侵彻速度，有低速、高速和超高速之分；弹体着靶姿态，可分为垂直着靶或倾斜着靶；弹体破碎与否等。穿甲过程所观察到的具体现象往往是各种因素综合作用的结果，想要从中分清哪一种因素最主要比较困难。不过，借助于一定的试验手段并结合理论分析，还是能从复杂的现象中归纳出侵彻与贯穿的主要规律。

一般情况下，由于弹速的不同，弹体对半无限靶的碰撞侵彻可能呈现如图3.4.3所示的三种典型的侵彻弹坑。由此表明了弹坑形状与碰撞速度的关系：低速情况下，弹坑呈柱形孔，其横截面和弹丸的横截面相近；中高速时，弹坑纵向剖面呈不规则的锥形或者钟形，横截面是或大或小的圆形，其口部直径大于弹丸直径；超高速碰撞时，出现了杯形弹坑。图3.4.3中的高、中、低速划分是针对一定材料而适用的，有文献按弹坑呈现的形态来划分速度范围，例如出现杯形弹坑或半球形弹坑对应的速度称为超高速碰撞范围。事实

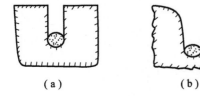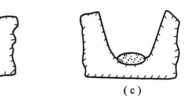

（a）　　　　　　　　（b）　　　　　　　　（c）

图 3.4.3　碰撞速度与弹坑形状

（a）低速（<1 200 m/s）；（b）高速（1 200～3 000 m/s）；（c）超高速（>3 000 m/s）

上，出现这种不同弹坑形状的原因是不同的碰撞速度下材料的响应特性不同，材料在中低速度撞击下表现强度效应，在超高速碰撞下呈流体响应特性。另外，速度的划分也与靶板材料性质有关，比如高强度材料对应的超高速范畴的速度下限要高些。

靶板的贯穿破坏表现出多种形式，如图 3.4.4 所示，大致归纳起来包括冲塞型穿孔、花瓣型穿孔、延性穿孔、破碎型穿孔和崩落型穿孔。

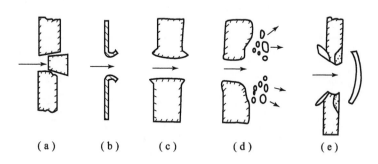

（a）　　　　（b）　　　　（c）　　　　（d）　　　　（e）

图 3.4.4　靶板的贯穿破坏形式

1. 冲塞型穿孔

如图 3.4.4（a）所示，冲塞型破坏是一种剪切穿孔，容易出现在硬度相当高的中等厚度钢靶上。靶厚 h_0 与弹径 d 之比 h_0/d 是侵彻和弹体运动的重要参数，当 $h_0/d < 0.5$（或板厚与弹长 L 之比 $h_0/L < 0.5$）且弹体材料强度比较高且不易变形时，靶体典型破坏形式是冲塞型。钝头弹易于造成冲塞型破坏，撞击时弹体首先将靶体表面破坏形成弹坑，然后产生剪切，在靶后出现塞块。

2. 花瓣型穿孔

靶板薄、弹速低（一般为 600 m/s 以下）时容易产生花瓣型破坏，如图 3.4.4（b）所示。当锥角较小的尖头弹和卵形头部弹侵彻薄装甲时，弹头很快戳穿薄板，随着弹头向前运动，靶板材料顺着弹头表面扩孔而被挤向四周，穿孔逐步扩大，同时产生径向裂纹并逐渐向外扩展，形成靶背表面的花瓣型破口，花瓣型穿孔所形成的花瓣数量随靶板厚度和弹速的不同而不同。

3. 延性穿孔

延性穿孔常见于厚靶 $h_0/d > 1$ 时，靶板富有延性和韧性，穿孔后被弹体扩开，如图 3.4.4（c）所示。尖头弹易产生这种破坏形式，当尖头侵彻弹垂直碰击机械强度不高的韧性装甲时，装甲金属向表面流动，然后沿穿孔方向由前向后挤开，装甲上形成圆形穿孔，孔径不小于弹体直径，出口有破裂的凸缘。

4. 破碎型穿孔

靶板脆硬且有一定厚度时，容易出现破碎型穿孔，如图 3.4.4（d）所示。弹体以高速穿透中等硬度或高硬度钢板时，弹体产生塑性变形和破碎，靶板产生破碎并崩落，大量碎片从靶后喷溅出来。

5. 崩落型穿孔

靶板硬度稍高或质量不太好、有轧制层状组织且有一定厚度时，容易产生崩落破坏，靶板背面产生的碟形崩落比弹体直径大，如图 3.4.4（e）所示。

上述现象属于穿孔基本型，实际出现的可能是几种形式的综合。例如，杆式穿甲弹在大法向角下对装甲的破坏形态，除了撞击表面出现破坏弹坑之外，弹、靶将产生边破碎边穿甲的现象，最后产生冲塞型穿孔。

当弹体对靶板倾斜碰撞时，现象有所不同，靶板的倾斜度是指靶板的法线和弹体飞行方向的夹角，也称为着角。一般当倾斜度小于 30°时，产生的现象和垂直碰撞时相似，大于 30°时，可能显著不同。在倾斜着靶时，较为突出的问题是弹体由于弯曲力矩的作用而产生破损，如图 3.4.5 所示。当着角大而弹速又不太高时，将发生跳弹现象，这时弹体只在靶板表面"挖刻"一浅沟槽，如图 3.4.6 所示。钝头穿甲弹和被帽穿甲弹撞击中等厚度的均质装甲以及渗碳装甲时，由于力矩的方向与尖头弹不同，将出现转正力矩，弹体不易跳飞，如图 3.4.7 所示。

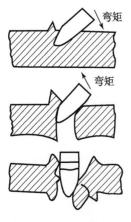

图 3.4.5　倾斜穿甲

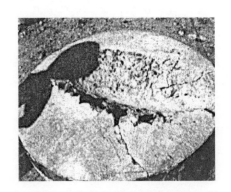

图 3.4.6　跳弹现象

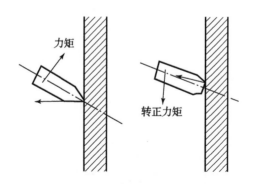

图 3.4.7　尖头弹和钝头弹斜侵彻

3.4.2　穿甲威力参数

1. 穿甲威力表征

对于穿甲弹的威力，一般要求在规定射程内从正面击穿目标装甲并具有一定的后效（在目标内部有一定的杀伤、爆破和燃烧作用），从而有效毁伤目标。穿甲弹的威力参数首先以穿甲能力来表征，为考核穿甲威力，一般把实际目标转化为一定厚度和一定倾斜角的均质材料等效靶，对等效靶的击穿厚度和穿透一定厚度等效靶所需的弹体着速称为表征和考核穿甲能力的威力参数。穿甲威力参数对应两个方面的侵彻极限概念，一个是侵彻极限厚度，另一个是贯穿极限速度，对于半限靶还可以用极限侵彻深度来表示。

1）侵彻极限厚度

通过侵彻极限厚度来表征弹体的侵彻能力或靶板的抗侵彻能力。可以用在规定距离（如 2 000 m、5 000 m，不同的国家有不同的规范）处，以不小于 90%（或 50%）的穿透率，在法向角 β 斜侵彻情况下，穿透 δ 厚均质靶板来表示，表示形式为 δ/β，其中 δ 为靶板厚度，β 为着角。例如，美军标准 150 mm/60° 表示的穿甲能力为可以穿透 2 000 m 处 60° 着角的 150 mm 厚均质钢靶。

2）贯穿极限速度

弹体贯穿靶体的能力或靶体抵抗弹体贯穿的能力，一般用弹道极限 v_b（ballistic limit）来表示。弹道极限是指弹体以规定的着靶姿态正好贯穿给定靶体的撞击速度，通常认为弹道极限是以下两种速度的平均值：一是弹体侵入靶体但不贯穿靶体的最高速度；二是弹体完全贯穿靶体的最低速度。对于给定质量和特性的弹体，其弹道极限实际上反映了在规定条件下弹体贯穿靶体所需的最小动能。当撞击速度高于弹道极限时，弹体贯穿靶体后的速度称为剩余速度（residual velocity）。目前国外采用的弹道极限定义有三种：美国陆军弹道标准（陆军标准），"防御"弹道极限标准（防御标准）和美国海军弹道极限标准（海军标准），如图 3.4.8（a）所示。

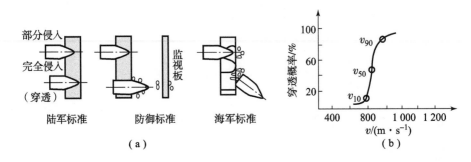

图 3.4.8　侵彻极限定义与穿透概率曲线

（a）美军侵彻极限标准；（b）穿透概率分布曲线

陆军标准规定的弹道极限系指弹体能在装甲中穿出一个通孔，但靶后不要求有飞散破片的最低撞击速度，即弹尖刚好能侵彻到靶板背面所需的撞击速度。防御标准规定的弹道极限系指弹体穿透装甲，且在靶后能产生具有一定速度的破片所需的最低撞击速度，或能使弹头穿出而弹头底平面刚好抵达板背面所需的撞击速度。海军标准规定的弹道极限系指弹体完全穿过装甲后能落在靶后方不远处所需的着靶速度。显然，对于相同的弹 – 靶系统，陆军弹道极限最小，防御弹道极限居中，海军弹道极限最大。在实际应用中，究竟采用哪一种标准，需根据弹体和靶体的特性确定，如对于装填有炸药的弹体，通常需要完全贯穿装甲后再引爆炸药，因此采用海军标准较为合适。在有倾角的情况下，弹体容易破碎，往往很难区分部分侵入和完全贯穿，且随着倾角的增大，陆军标准和防御标准逐渐接近，最后趋于一致，因此大倾角时宜采用陆军标准。

从实际应用来讲，临界穿透或不透是一个随机事件，对于一定结构的弹体和装甲目标，弹体的着靶速度越高，穿透的概率就越大，目前多使用 50% 或 90% 穿透率的概念。对于一定的装甲目标，每种弹丸都有着各自的 50% 穿透率的速度，记为 v_{50}，这也是一种弹道极限的定义方式。v_{50} 的标准方差记为 σ_{50}，v_{50} 越小表示穿甲能力越强，σ_{50} 越小表示穿甲性能越稳定。我国对穿甲弹道极限的评价使用 90% 穿透率的速度，记为 v_{90} 和 v_{50} 与 v_b 有类似的物理意义，图 3.4.9（b）给出了不同穿透率对应的侵彻极限速度的关系。v_{90} 与 v_{50} 的关系为

$$v_{90} = v_{50} + 1.28\sigma_{50} \tag{3.4.1}$$

2. 弹道极限的经验公式

对弹体碰撞靶板的现象已经进行了差不多 200 年的试验研究和理论探讨，但是由于影响因素较多，迄今尚未得到比较完善和通用的理论计算模型。在实际工作中，往往借助于一些经验公式进行计算，下面介绍几种比较实用的计算侵彻弹道极限速度 v_b 的侵彻公式。

1）德马耳公式

德马耳公式建立于 1886 年，假设：弹体只作直线运动，不旋转，在碰撞靶板时不变形，所有的动能都消耗在击穿靶板上；靶板固支，材料是均匀的。根据能量守恒原理，得到弹体击穿靶板时所必需的速度为

$$v_b = K\frac{d^{0.75}h_0^{0.75}}{m^{0.5}} \tag{3.4.2}$$

式中，m 为弹丸质量；d 为弹径；h_0 为靶板厚度；K 为比例系数，由靶板性质而定。

若考虑弹轴和靶板法线间的夹角 β（即倾斜碰撞）对侵彻效果的影响，如图 3.4.9 所示，则式（3.4.2）可改写为

$$v_b = K\frac{d^{0.75}h_0^{0.75}}{m^{0.5}\cos\beta} \tag{3.4.3}$$

根据前苏联海军炮兵科学研究院进行的试验研究结果进行侵彻角度修正后，可更为精确地计算 v_b，非均质装甲和均质装甲分别为式（3.4.4）和式（3.4.5）：

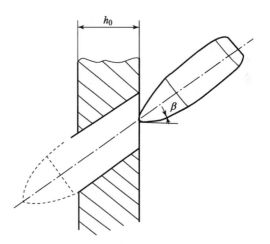

图 3.4.9　弹体倾斜碰撞靶板示意图

$$v_{b\beta>0} = \frac{v_{b\beta=0}}{\cos(\beta + \lambda)} \tag{3.4.4}$$

$$v_{b\beta>0} = \frac{v_{b\beta=0}}{\cos(\beta - \lambda)} \tag{3.4.5}$$

式中，λ 为修正角。

德马耳公式将影响弹丸威力的几个指标（速度、口径、弹重和靶板厚度）联系起来，公式的精确度取决于系数 K 的取值。在弹速不高时，公式的计算结果和实际情况差别不大。

2）贝尔金公式

贝尔金公式试图将靶体和弹体材料的力学性能反映到穿甲公式中，形式为

$$v_b = 215 \sqrt{K_2 \sigma_s (1 + \varphi)} \, \frac{d^{0.75} h_0^{0.7}}{m^{0.5} \cos\beta} \tag{3.4.6}$$

式中，σ_s 为装甲金属的屈服极限；$\varphi = 6.16 m/(h_0 d^2)$；$K_2$ 为考虑弹丸结构特点和装甲受力状态的效力系数，用普通穿甲弹侵彻均质装甲钢时，在 cm－kg－s 单位制下，效力系数 K_2 的参考取值列于表 3.4.1 中。贝尔金公式和德马耳公式相比，仍以德马耳公式的应用较为广泛。事实上，后续所列的几个公式都是基于德马耳公式的基本形式发展的。

表 3.4.1 效力系数 K_2

穿甲弹类型	效力系数 K_2	备注
尖头弹（头部母线半径在 $1.5d \sim 2.0d$）	$0.95 \sim 1.05$	厚度近于弹径的均质装甲钢
钝头弹（钝化半径 $0.6d \sim 0.7d$，头部母线半径 $5d \sim 6d$）	$1.20 \sim 1.20$	
被帽穿甲弹	$0.0 \sim 0.95$	

3）"F" 公式

当考虑弹丸以倾角 β 碰撞靶板时，也可以采用美国海军的 "F" 公式。在 "F" 公式中，倾角对击穿速度的影响通过系数 R_β 来表示，R_β 与 β 间的关系如表 3.4.2 所示。v_b 的计算公式为

$$v_b = \frac{R_\beta F}{41.57} \frac{d}{m^{0.5}} h_0^{0.5} \tag{3.4.7}$$

该公式采用英制单位，F 一般取 41 000～42 000。

表 3.4.2 β 与 R_β 的关系

$\beta/(°)$	0	10	20	25	30	35	40
R_β	1.00	1.03	1.13	1.21	1.32	1.47	1.57

4）次口径穿甲弹的穿甲公式

从提高穿甲弹比动能的角度引出了次口径穿甲弹的概念，计算次口径穿甲弹的穿甲能力时，可采用公式

$$v_b = K \frac{d_c^{0.75} h_0^{0.75}}{(m_c + \mu m_T)^{0.5} \cos\beta} \qquad (3.4.8)$$

式中，d_c 为弹芯直径；m_c 为弹芯质量；m_T 为软壳质量；μ 为考虑软壳参与击穿装甲作用的系数。例如，85 mm 次口径穿甲弹，$\beta = 0°$ 时，$\mu = 0.23$；$\beta = 30°$ 时，$\mu = 0.2$，μ 值一般随弹径减小而增加。

5）杆式穿甲弹的穿甲公式

杆式穿甲弹的侵彻极限速度计算可采用公式

$$v_b = K \frac{(d_c + \alpha) h_0^{0.75}}{m_c^{0.5} \cos(\lambda\beta)} \qquad (3.4.9)$$

式中，d_c 为弹体（杆）直径；m_c 为弹体质量；K 为穿甲系数，在 cm－kg－s 单位制下，可取 2 200 ~ 2 400；α 为对弹径的修正系数，可取 2.5；λ 为考虑着靶拐弯影响的修正系数，可取 0.85。这一公式是根据靶板厚度为 100 ~ 120 mm、β 在 50°~65°、弹径为 25 ~ 45 mm 的射击试验结果总结出来的，适用于对坦克装甲的打击情况。

3. 穿甲作用影响因素

1）弹体着靶比动能

穿孔的直径、穿透的靶板厚度、冲塞和崩落块的质量主要取决于弹体着靶比动能 $e_c = E_c/(\pi d^2)$（d 为弹体直径，$E_c = mv^2/2$）。由于单位容积穿孔所需能量基本相同，穿甲过程消耗的能量随穿孔容积的增加而增大，因此要提高穿甲威力，除提高弹体的着速外，还需适量缩小弹体直径。

2）弹体结构与形状

弹体的形状不仅影响弹道性能，也影响穿甲作用，对于旋转稳定的普通穿甲弹，长径比不宜大于 5.5，这样既可保证其在外弹道上的飞行稳定性，又可防止着靶时跳弹。在半穿甲战斗部的弹体头部适当位置预制一个或两个断裂槽或配制被帽，在穿甲过程中可有效防止弹体破裂，从而提高威力。对长杆式穿甲弹，则希望尽量增大长径比，这样可以较大幅度地提高比动能，从而大幅提高穿甲威力；还可增加弹丸相对质量，减小弹道系数，从而减少外弹道上的速度下降。

3）着角

着角弹体对穿甲作用影响显著，当弹丸垂直碰击装甲时（着角 $\beta = 0°$），弹体侵彻行程最小，弹道极限最小。当着角增大时，弹体侵彻行程增加，受力情况和能量分配也发生改变，导致极限穿透速度增加。无论均质、非均质装甲都有相似规律，对非均质装甲影响更大些。

4）攻角

弹体轴线与着靶速度矢量的夹角称为攻角，攻角越大，在靶板上的开坑越大，穿甲深度越小。长径比大的弹丸和大着角穿甲时，攻角对穿甲作用的影响更大。

5）靶板材料性能、结构和相对厚度

弹体穿甲作用程度也取决于靶板材料的抗力，而靶板的抗力取决于其物理性能和力学性能。装甲的力学性能提高、相对厚度（靶板厚度与弹丸直径之比）增大、非均质性增强、密度增大以及采用有间隙多层结构等，都会使穿深下降。

3.5　聚能破甲战斗部

3.5.1　聚能破甲基本原理

应用成型装药（shaped charge）原理的战斗部统称为聚能战斗部，根据装药结构和药型罩形状的不同，可分别产生具有极强局部侵彻和破坏效应的两种典型毁伤元：金属射流（Jet）和爆炸成型弹丸（EFP），对重型装甲等坚固目标造成穿孔式破坏及后效毁伤。产生金属射流的聚能战斗部一般称为破甲战斗部或射流战斗部，产生爆炸成型弹丸的战斗部称为 EFP 战斗部，本节主要介绍破甲战斗部。典型的反坦克火箭弹及破甲战斗部如图 3.5.1 所示，破甲战斗部除用于反装甲目标外，也作为复合战斗部的前级，为主战斗部的侵彻随进开辟通路。破甲战斗部的金属射流能量密度大，头部速度可达 7～9 km/s，对装甲的穿透力极强，破甲深度可达 10 倍以上装药口径。聚能（成型）装药的应用非常广泛，除了破甲毁伤外，还用于半穿甲战斗部的多 EFP 预制、导弹结构的开舱与切割分离以及舰船结构破拆等，同时在石油工业等民用领域也有很多应用。

成型装药穿孔现象如图 3.5.2 所示，若将药柱直接放在钢板上，则在板

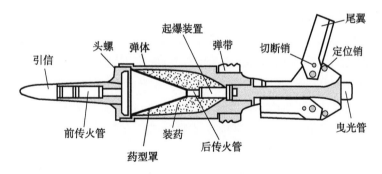

图 3.5.1　聚能破甲战斗部典型结构

上炸出一个浅浅的凹坑［图 3.5.2（a）］；若在药柱下端挖一锥形孔穴，则在板上炸出一个深 6~7 mm 的坑［图 3.5.2（b）］；如果在锥形孔内放一个金属内衬（药型罩），能炸出 80 mm 深的孔［图 3.5.2（c）］；若使带药型罩的药柱在离钢板 70 mm 处爆炸，则孔深达 110 mm，约为无罩时孔深的 17 倍［图 3.5.2（d）］。

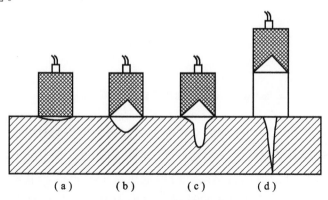

图 3.5.2　不同装药结构的穿孔

　　根据爆轰理论，炸药爆炸时产生的高温、高压爆轰产物，将沿装药表面的法线方向向外飞散。圆柱形装药作用在靶板方向上的有效装药仅仅是整个装药的很小一部分，且作用于整个装药的底面积，能量密度较小，其结果只能在靶板上炸出很浅的凹坑［图 3.5.3（a）］；而当装药带有凹槽后［图3.5.3（b）］，凹槽部分的爆炸产物沿装药表面的法线方向向外飞散，在轴线上汇合挤压，最终形成一股高压、高速和高密度的气体流，且对靶板的作用面积减小，能量密度提高，故能炸出较深的坑。当锥形凹槽内衬有金属药型罩时，汇聚的爆轰产物压垮药型罩，使其在轴线上闭合并形成能量密度更高的金属射流［图3.5.3（c）］。金属射流获得能量后绝大部分表现为动能形式，避免了高压膨胀引起的能量分散，使聚能作用大为增强，大大提高了对靶板的侵彻能力。由于射流形成过程的特点决定射流存在速度梯度，射流头部速度可达7 000～9 000 m/s，能量密度可达典型炸药爆轰波能量密度的15倍；尾部速度在1 000 m/s以下，称为杵。当钢板放在离药柱一定距离处时，金属射流在冲击靶板前由于速度梯度的影响进一步拉长，将在靶板中形成更深的穿孔。

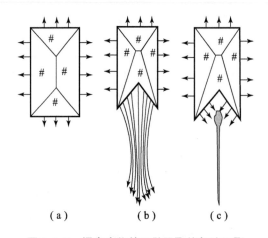

（a）　　　　　　（b）　　　　　　（c）

图3.5.3　爆轰产物的飞散及聚能气流汇聚

综上，这种利用装药一端的空穴结构来提高局部破坏作用的效应，称为聚能效应，这种现象也称为聚能现象或成型装药现象。当空穴衬有一薄层金属或其他固体材料制成的衬套时，将形成更深的孔洞。当装药离靶板有一段距离时，孔洞深度还要增大。这种空穴内衬有一薄层固体材料的空心装药称为成型装药或者聚能装药，空穴内的固体材料衬套（多为金属）称为药型罩。

聚能破甲战斗部主要由起爆序列、波形调整器、主装药、药型罩、壳体等组成，典型结构如图3.5.4所示。一般药型罩口部或装药底部距离目标有一定的距离，即所谓"炸高"。图3.5.5给出了装药口径为100 mm，装药长度为180 mm的聚能破甲战斗部侵彻深度与炸高的关系，随着炸高的逐渐增大，侵彻深度逐渐增大；但当炸高达到某一高度以后，随着炸高的增加，侵彻深度逐渐下降，即存在最佳炸高，此时的侵彻深度最深。

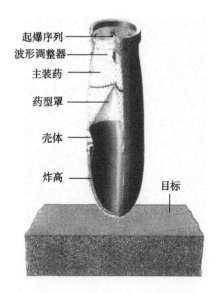

图 3.5.4 聚能破甲战斗部典型结构

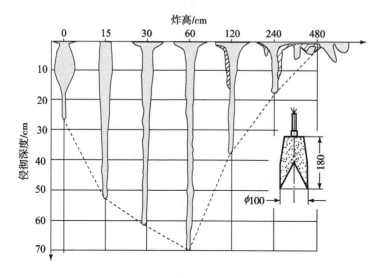

图 3.5.5 炸高与侵彻深度的关系

3.5.2 聚能射流的形成

1. 射流形成与发展分析

1）射流的形成

聚能金属射流形成过程的一组脉冲 X 射线照片如图 3.5.6 所示，这 6 幅

X射线照片给出了药型罩从顶部闭合到射流逐步形成的全过程。从中可以看出，药型罩锥顶部分首先闭合，随后中间部分向轴线运动。在起爆7 μs后，药型罩更多部分完成闭合并出现了射流。整个药柱爆轰完毕所形成的前面射流部分不断延伸拉长，头部速度达到7 000 m/s，后面粗大部分杵体速度很慢，约为420 m/s。

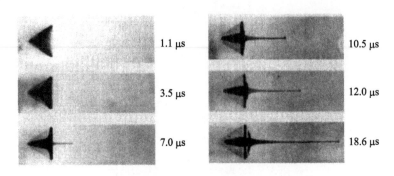

图3.5.6　聚能射流形成过程脉冲X射线照片

对试验结果的进一步分析如图3.5.7所示，其中图3.5.7（a）为成型装药的原来形状，把药型罩分成1~4四个罩微元，以不同的剖面线进行区别。图3.5.7（b）表示爆轰波阵面到达罩微元2的末端时，各罩微元在爆轰产物的作用下，先后依次向对称轴运动。其中微元2正在向轴线闭合运动，微元3有一部分正在轴线处碰撞，微元4已经在轴线处完成碰撞。微元4碰撞后，分成射流和杵体两部分（此时尚未分开），由于两部分速度相差很大，很快就分离开来。微元3接踵而至填补微元4让出来的位置，而且在那里发生碰撞。这样就出现了罩微元不断闭合、不断碰撞、不断形成射流和杵体的连续过程。图3.5.7（c）表示药型罩的变形过程已经完成，这时药型罩变成射流和杵体两大部分，其中杵体和罩微元的顺序和爆炸前是一致的，射流和罩微元则是反过来的。

试验表明，药型罩的14%~22%成为射流，射流从杵体的中心拉出去，致使杵体出现中空。药型罩除了形成射流和杵体以外，还有相当一部分形成碎片，这主要是由锥底部分形成的，因为这部分罩微元受到的炸药能量作用减少。如果罩碰撞时的对称性不好，也会产生偏离轴线的碎片。另外，碰撞时产生的压力和温度都很高，有时可能产生局部熔化甚至汽化现象。

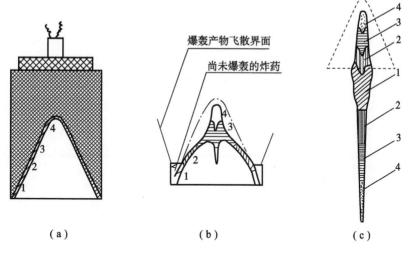

图 3.5.7　射流形成过程分析图

药型罩的不同形状将形成不同的射流特征，除了圆锥形药型罩外，传统的药型罩还有半球形罩、楔形罩等，它们都有着各自的应用需求。当药型罩锥角增大到 100°以上时，爆炸后药型罩大部分发生翻转，罩壁在爆轰产物的作用下仍然汇合到轴线处，但不同于小锥角药型罩情况，不再发生罩壁内外层的能量重新分配，也不区分射流和杆体两部分，药型罩被压合成为一个直径较小的"高速弹丸"，即爆炸成型弹丸。

2）射流的发展

为了获得最大的破甲深度，聚能装药结构一般都设计有炸高，因此射流从形成到穿靶需要在空气中运动一段距离，在运动过程中射流将不断地延伸、断裂和分散。一般情况下，射流延伸到罩母线长的 4～5 倍时，仍保持完整，这比常态下的金属延伸率（铜为 50%）大得多；同时射流的直径随延伸的发展而缩小，射流能像绳子一样摆动扭曲。可见，射流并不是由毫无联系的微粒组成的流体，射流各部分之间表现出一定的强度。研究表明，射流温度接近但没有达到金属的熔点。射流头部的温度较高，尾部较低，这是射流在空气中运动时具有比常温金属大得多的延伸率，同时具有一定强度的原因。射流内部的压力和周围大气压是相等的，因此金属射流的状态属于常压的高温塑性状态，在轴向速度梯度所引起的惯性力作用下，射流不断伸长。射流头部温度很高，塑性好，容易伸长，射流尾部的温度较低，伸长时消耗的塑性变形功较大，因此必须考虑材料的强度。

射流具有较大的速度梯度，致使射流不断拉长，射流在空气中伸长到一定程度后，首先出现颈缩，然后断裂成许多小段，情况类似于金属棒的普通拉伸断裂过程。图 3.5.8 是典型射流断裂过程的脉冲 X 射线照片，首先在射流上出现若干细颈，但没有断开；经过一段时间后，射流前部变为颈缩状态，下部分散断裂成小段，断裂后的每一个射流颗粒基本上保持颈缩时的形状，而且在以后的运动中形状不变，长度也不变化。

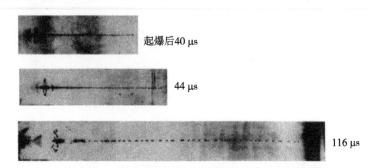

图 3.5.8　典型射流断裂过程的脉冲 X 射线照片

图 3.5.9 给出了射流形成、拉长、断裂过程的示意，通常射流在头部或接近头部处先断裂，此时射流长度可达药型罩母线长的 6 倍。断裂区域逐渐向后扩展，最后全部射流断裂成小段。断裂后的射流小段在继续运动中发生翻转偏离轴线，不再呈有秩序的排列。这时破甲能力大大降低，射流翻转后则完全不能破甲。射流在空气中运动时，一方面伸长，有利于提高破甲深度；另一方面有断裂和径向分散的趋势，不利于提高破甲深度，这就是为什么存在最佳炸高的原因。

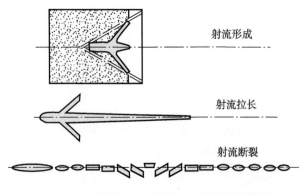

图 3.5.9　射流形成、拉长、断裂过程示意图

2. 射流形成的流体力学理论

聚能装药从起爆到射流形成可分为两个阶段，第一阶段：炸药爆轰驱动药型罩向轴线运动，这时起作用的主要是炸药性能、爆轰波形、稀疏波、药型罩壁厚等因素；第二阶段：药型罩各微元运动到轴线发生碰撞，分成射流和杆体两部分。射流的形成过程是很复杂的，这里采用经典的流体力学理论分析射流形成过程的实质，建立计算射流主要参量的理论模型。

射流能量主要体现为动能形式，射流破甲是射流各微元与靶板间不断交换能量的结果。因此，射流动能沿长度的分布构成破甲的核心要素，也就是说沿射流长度方向的速度分布和质量分布是破甲的主要威力参量。

炸药爆轰波到达药型罩壁面时的初始压力达几十万大气压，远大于罩材料的强度（几千大气压），而罩在运动过程中，塑性变形功转化为热能，使罩温度升高，进一步降低了材料强度。因此，只要炸药足够厚，稀疏波不能迅速降低罩壁面的爆轰产物压力，可以忽略材料强度对罩运动的影响，从而把药型罩当作"理想流体"来处理。药型罩向轴线压合运动时，其体积压缩与形状变化相比较也是很小的，可以忽略不计。于是，药型罩金属在射流形成过程中可当作"理想不可压缩流体"。

1）定常理想不可压缩流体力学理论

利用定常理想不可压缩流体理论分析楔形药型罩的变形过程如图3.5.10（a）所示，OC 为罩壁初始位置，α 为半锥角，爆轰波沿壁面的传播速度为 D。当爆轰波到达微元 A 点时，A 点开始运动，速度为 v_0（称为压合速度），方向与罩表面法线成 δ 角（称为变形角）。A 点到达轴线时，爆轰波到达 C 点，AC 段运动到了 BC 位置，BC 与轴线的夹角 β 称为压合角或压垮角。在此期间，罩壁由 CA 变形成 CB，碰撞点由 E 点运动到 B 点，运动速度为 v_1。

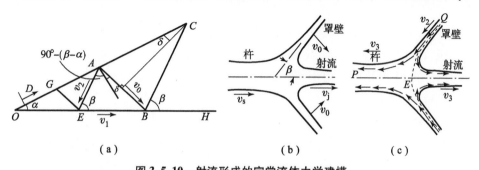

图 3.5.10　射流形成的定常流体力学建模

（a）计算图形；（b）静坐标系；（c）动坐标系

首先进行如下假设：

（1）爆轰波扫过罩壁的速度 D 不变；

（2）罩金属视为理想不可压缩流体；

（3）爆轰波到达罩面时，微元立即达到压合速度 v_0 并以不变的大小和方向运动；

（4）罩壁各微元速度 v_0 及变形角 δ 相等；

（5）变形过程中罩长度不变，即 $AC = BC$。

定常运动即 v_1 不变，由几何关系和 3.3 节的 Taylor 公式可得

$$\beta = \alpha + 2\delta \tag{3.5.1}$$

$$\sin\delta = \frac{v_0}{2D} \tag{3.5.2}$$

碰撞点附近的图像如图 3.5.10（b）所示，即在静坐标系下，罩壁以压合速度 v_0 向轴线运动，当它到达碰撞点时，分成杵体和射流两部分，杵体以速度 v_s 运动，射流以速度 v_j 运动，碰撞点 E 以速度 v_1 运动。如果站在碰撞点观察，在如图 3.5.10（c）所示的动坐标系下（以 v_1 的速度和碰撞点一起运动），则可看到罩壁以相对速度 v_2 向碰撞点运动，然后分成两股：一股向碰撞点左方离去，另一股向碰撞点右方离去。这种运动状况不随时间而变，为定常过程。

在动坐标系下，罩壁碰撞形成射流和杵体的过程可描述成定常流动，罩壁外层向碰撞点左方运动成为杵，罩壁内层向碰撞点右方运动成为射流。定常理想不可压缩流体运动可用伯努利方程描述，即沿流线压力和动能密度的总和为常数。对于罩壁 Q 点和杵体 P 点，可得

$$p_P + \frac{1}{2}\rho v_3^2 = p_Q + \frac{1}{2}\rho v_2^2 \tag{3.5.3}$$

式中，p_P 和 p_Q 分别为流体中 P 点和 Q 点的静压力；ρ 为流体密度。

取 P 点和 Q 点离碰撞点 E 很远，受碰撞点的影响很小，则流体静压力应和周围气体压力相同。由不可压假设知，罩壁和杵体的密度相等，因此由式（3.5.3）可得

$$v_2 = v_3 \tag{3.5.4}$$

若取罩内表面层上一点和射流中一点作同样的分析，也可得到动坐标系下射流运动速度与罩壁运动速度相等的结论。于是，在动坐标系下，罩壁以速度 v_2 流向碰撞点，仍以速度 v_2 分别向左和向右离去，取向右为正、向左为

负，则在静坐标中，只要加上一个动坐标系的运动速度（即碰撞点速度）v_1 就得到了射流和杵体的速度的表达式：

$$v_j = v_1 + v_2 \qquad (3.5.5)$$

$$v_s = v_1 - v_2 \qquad (3.5.6)$$

现在求碰撞点速度 v_1 和罩壁相对速度 v_2 的表达式，图 3.5.10（a）中 AC、AB 和 EB 分别是爆轰波、药型罩微元和碰撞点在同一时间段走过的距离，同时按照运动的矢量关系有 $v_0 = v_1 + v_2$，于是对 ΔAEB 运用正弦定律得

$$\frac{v_1}{\sin[90° - (\beta - \alpha - \delta)]} = \frac{v_0}{\sin\beta} = \frac{v_2}{\sin[90° - (\alpha + \delta)]} \qquad (3.5.7)$$

于是

$$\begin{cases} v_1 = v_0 \dfrac{\cos(\beta - \alpha - \delta)}{\sin\beta} \\[2mm] v_2 = v_0 \dfrac{\cos(\alpha + \delta)}{\sin\beta} \end{cases} \qquad (3.5.8)$$

代入式（3.5.5）和式（3.5.6）得

$$v_j = \frac{1}{\sin\dfrac{\beta}{2}} v_0 \cos\left(\frac{\beta}{2} - \alpha - \delta\right) \qquad (3.5.9)$$

$$v_s = \frac{1}{\cos\dfrac{\beta}{2}} v_0 \sin\left(\alpha + \delta - \frac{\beta}{2}\right) \qquad (3.5.10)$$

下面求射流质量 m_j 和杵体质量 m_s。由质量守恒定律有

$$m = m_j + m_s \qquad (3.5.11)$$

式中，m 为罩微元的质量。

动坐标系下利用轴线方向的动量守恒有

$$-mv_2\cos\beta = -m_s v_2 + m_j v_2 \qquad (3.5.12)$$

联立式（3.5.11）和式（3.5.12）解得

$$m_j = \frac{1}{2}m(1 - \cos\beta) = m\sin^2\frac{\beta}{2} \qquad (3.5.13)$$

$$m_s = \frac{1}{2}m(1 + \cos\beta) = m\cos^2\frac{\beta}{2} \qquad (3.5.14)$$

式（3.5.9）、式（3.5.10）、式（3.5.13）和式（3.5.14）就是在定常理想不可压缩流体假设下，射流和杵体的速度和质量表达式，加上式

（3.5.1）、式（3.5.2）共 6 个方程，未知数有 m_{j}、v_{j}、m_{s}、v_{s}、v_0 和 δ、β 共 7 个，只需事先确定一个参数即可封闭求解。如果已知装药的结构和性能参数，原则上可利用相关理论建立 v_0 与加载爆轰参数及几何参数之间的解析关系，但求解过程比较复杂，通常会考虑利用试验的手段测得压合速度 v_0，再由此确定所有射流参数。

2）准定常理想不可压缩流体力学理论

由定常理论的公式可见，只要药型罩各微元 m、v_0、β 和 δ 四个值不变，则 m_{j}、v_{j}、m_{s} 和 v_{s} 不变，即保证了定常条件。对于轴对称情况来说，首先药型罩壁在压合过程中要变厚，罩内外层要产生速度差；其次微元质量 m 从罩顶至罩底越来越大，装药反而越来越少。实际的聚能装药结构，不管平面对称型还是轴对称型，大都是药型罩顶部炸药较多，罩底部分炸药较少，因此药型罩不同微元不可能具有相同的压合参数，所以不能简单看作定常过程，射流存在速度梯度的现实也说明射流形成过程的不定常性。

在射流形成过程中，压合角 β、变形角 δ 和压合速度 v_0 都是罩微元 x 的函数，罩微元 x 表示距罩顶部 x 远处的微元。如果对于 x 微元来说认为其在形成射流过程满足定常条件，则可用该微元对应的 m、v_0、β 和 δ 值代入定常公式求解该微元形成的射流参数。不同的微元用不同的初始条件代入计算，就可以把定常理论应用到非定常情况，这就形成了准定常理论及模型。例如，对于某聚能装药结构，存在 $\delta(x)$ 和 $\beta(x)$ 的表达式分别为

$$\delta(x) = \arcsin\left[\frac{v_0}{2D}\cos\left(\alpha + \arctan\frac{h - x\tan\alpha}{x + S} \right) \right] \tag{3.5.15}$$

$$\tan\beta(x) = \beta(v_0, v_0', x, \alpha, D, S, h) \tag{3.5.16}$$

式中，α、S、h 由装药结构确定，D 是爆速，均为已知值。射流速度 v_{j} 和射流质量 m_{j} 仍采用定常理论的式（3.5.9）和式（3.5.13）。所不同的是，β、δ 和 v_0 都是 x 的函数，所以 $v_{\mathrm{j}}(x)$、$m_{\mathrm{j}}(x)$ 也是 x 的函数，这就可以将射流单元的不同体现出来，更加符合实际情况。

在式（3.5.9）、式（3.5.13）、式（3.5.15）和式（3.5.16）中，α、S、h、D 为已知参数，m 为距罩顶部 x 处的罩微元质量，也是给定值，未知数 $v_{\mathrm{j}}(x)$、$m_{\mathrm{j}}(x)$、β、δ 和 v_0 共五个，只要用试验方法测定其中的一个，比如 $v_0 = v_0(x)$，即可进一步得到 $v_0(x)$ 的导数 $v_0'(x)$ 和 $v_{\mathrm{j}}(x)$、$m_{\mathrm{j}}(x)$、$\beta(x)$、$\delta(x)$ 等其他参数。

3.5.3　聚能射流的侵彻

1. 聚能射流侵彻分析

射流破甲与通常的穿甲/穿孔现象有很多不同，例如将铁钉敲入木中只能产生和钉子一样粗的孔，且穿孔深度不大于钉子的长度，钉子则留在孔中。射流穿钢板时，却能打出比自身粗许多的孔，穿孔深度不完全取决于射流长度，还与射流和靶的材料性能相关。另外，射流穿孔后，射流金属依次分散附着在孔壁上。

1）射流破甲现象

铜射流对钢靶的破甲过程如图 3.5.11 所示，图 3.5.11（a）为射流刚接触靶板时刻，然后发生碰撞，由于碰撞速度超过了钢和铜中的声速，自碰撞点开始向靶板和射流中分别传入冲击波，同时在碰撞点产生很高的压力，能达到 200 万大气压，温度能升高到 5 000 K。射流直径很小，迅速传入的稀疏波使射流中的冲击波不能深入射流很远。射流与靶板碰撞后，速度降低，但不为零，而是等于靶板碰撞点处当地的质点速度，也就是碰撞点的运动速度，称为破甲速度。碰撞后的射流并没有消耗全部能量，剩余的部分能量虽不能进一步破甲，却能扩大孔径。此部分射流在后续射流的推动下向四周扩张，最终附着在孔壁上。后续射流到达碰撞点后继续破甲，但此时射流所碰到的不再是静止状态的靶板材料，经过冲击波压缩后，此部分靶板材料已有了一定的速度，故碰撞点的压力会小一些，为 20 万~30 万大气压，温度也降到 1 000 K 左右。在碰撞点周围，金属产生高速塑性变形，应变率很大，因此在碰撞点附近有一个高压、高温、高应变率的区域，简称为"三高"区。后续射流正是与处于"三高"区状态的靶板金属发生碰撞进行破甲的。图 3.5.11（b）表示射流微元 4 正在破甲，在碰撞点周围形成"三高"区。图 3.5.11（c）表示射流微元 4 已附着在孔壁上，有少部分飞溅出去；射流微元 3 完成破甲

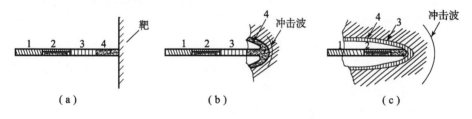

（a）　　　　　　　　　（b）　　　　　　　　　（c）

图 3.5.11　聚能射流破甲过程示意图

作用; 射流微元 2 即将破甲。由此可见, 射流残留在孔壁的次序和在原来射流中的次序是相反的。由于靶板的屈服强度远小于射流冲击靶板所产生的压力, 因此靶板的强度效应很小, 从而造成大的变形。这也是软的铜射流能穿透硬的装甲钢靶板的原因。

2）射流破甲的三个阶段

（1）开坑阶段。

开坑阶段也就是射流侵彻破甲的开始阶段, 即当射流头部撞击静止靶板时, 碰撞点的高压和所产生的冲击波使靶板自由面崩裂, 并使靶板和射流残渣飞溅, 而且在靶板中形成一个高温、高压、高应变率的"三高"区域, 但该阶段侵彻深度只占全部孔深的小部分。

（2）准定常侵彻阶段。

此阶段射流对"三高"区状态的靶板进行侵彻穿孔, 侵彻破甲的大部分破甲孔深度是在此阶段形成的。由于此阶段中的冲击压力不是很高, 射流的能量变化缓慢, 破甲参数和破甲孔的直径变化不大, 基本上与破甲时间无关, 故称准定常阶段。

（3）终止阶段。

终止阶段的情况很复杂, 首先射流速度已相当低, 靶板强度的作用越来越明显, 不能忽略; 其次, 由于射流速度降低, 不仅破甲速度减小, 而且扩孔能力也下降了; 再有, 后续射流推不开前面已经释放能量的射流残渣, 影响了破甲的进行; 另外, 射流在破甲的后期出现失稳（颈缩和断裂）, 也影响破甲性能。当射流低于某一临界速度时, 则不能继续侵彻, 而是堆积在坑底, 破甲过程结束。如果射流尾部速度大于临界速度, 也可能因射流消耗完毕而终止破甲。对于杆体, 由于其速度较低, 一般不能起到破甲作用, 即使在射流穿透靶板的情况下, 杆体也往往留存在破甲孔内。

3）破甲孔形状

射流破甲的孔道典型形状如图 3.5.12 所示, 口部呈喇叭形, 孔径减小较快, 相当于开坑阶段, 约占总深的 10%; 此后孔径均匀下降, 这部分孔深占总深的 85%, 相当于准定常阶段; 孔下部出现一小段葫芦形, 说明此处射流已断裂, 再往下就是孔径略为增大的袋形孔底, 里面堆满失去能量的射流残渣, 此部分射流如果直接作用在孔底, 本来可以继续侵彻, 但由于堆积作用而达不到侵彻的目的, 只能通过扩大孔径而消耗能量, 此阶段属于终止阶段, 占总深的 5%。

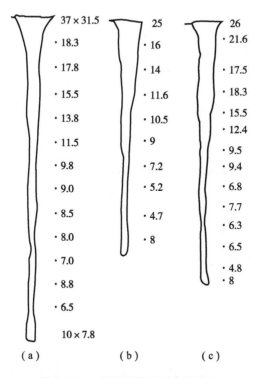

图 3.5.12　射流破甲孔洞典型形状

2. 射流破甲的流体力学理论

1）定常理想不可压缩流体力学理论

对于射流破甲问题，最关心的是破甲深度，这也是破甲威力的核心内容。有关破甲深度计算的流体力学理论已经发展了 60 多年，至今已形成了相对完整的系列化理论模型。即在已知射流参数的情况下，考虑射流与靶板的相互作用，建立解析的破甲深度计算公式。

射流破甲过程如图 3.5.13 所示，设射流速度为 v_j，破甲速度为 u，忽略靶和射流的材料强度和可压缩性，把破甲过程当作理想不可压缩流体运动来处理。再假定所考察的一段射流的速度 v_j 是不变的，破甲速度 u 也不变。把坐标原点建立在射流与靶板的接触点 A 上，A 点的速度即为破甲速度。站在 A 点观察，见到射流以速度 $v_j - u$ 流来，靶材以速度 u 流来。在此动坐标系下，整个流动图像是不随时间而变化的，因此过程是定常的。

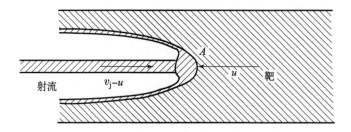

图 3.5.13　射流破甲的动坐标系

设射流以 v_j 恒速运动，在 t 时间内长度为 l 的射流被消耗掉，有如下关系：

$$t = \frac{l}{v_j - u} \tag{3.5.17}$$

于是破甲深度为

$$L = ut \tag{3.5.18}$$

破甲速度 u 是速度为 v_j 的射流冲击引起的破甲速度，v_j 和 u 的关系可以应用流体力学理论求得。由于在整个时间 t 内，破甲过程是定常理想不可压缩流体力学过程，因此可以运用伯努利方程，在 A 点左侧，取远离 A 点的射流中一点和 A 点。该两点的静压力加单位体积动能之和相等，即

$$(p_j)_{-\infty} + \frac{1}{2}\rho_j (v_j - u)^2 = (p_j)_A + \frac{1}{2}\rho_j u_A^2$$

式中，$(p_j)_{-\infty}$ 为远离 A 点处射流的静压力；$(p_j)_A$ 为 A 点左侧射流的静压力；ρ_j 为射流密度。同样在 A 点右侧，取远离 A 点的靶中一点和 A 点，可得

$$(p_t)_{\infty} + \frac{1}{2}\rho_t u^2 = (p_t)_A + \frac{1}{2}\rho_t u_A^2$$

式中，$(p_t)_{\infty}$ 为远离 A 点处靶板的静压力；$(p_t)_A$ 为 A 点右侧靶板的静压力；ρ_t 为靶板密度。A 点左右两边压力必须相等，即

$$(p_t)_A = (p_j)_A$$

合并以上三式，并且由动坐标系下 $u = 0$，得

$$(p_j)_{-\infty} + \frac{1}{2}\rho_j (v_j - u)^2 = (p_t)_{\infty} + \frac{1}{2}\rho_t u^2 \tag{3.5.19}$$

忽略远离 A 点的压力 $(p_t)_{\infty}$ 和 $(p_j)_{-\infty}$ 的差异，则式（3.5.19）可变换为

$$u = \frac{v_j}{1 + \sqrt{\rho_t/\rho_j}} \tag{3.5.20}$$

式（3.5.20）为射流速度与破甲速度的关系，将此式代入式（3.5.17）

和式 (3.5.18)，消去 t 得

$$L = l \sqrt{\frac{\rho_{\mathrm{j}}}{\rho_{\mathrm{t}}}} \tag{3.5.21}$$

式 (3.5.21) 即为定常理论下的破甲深度公式，此公式表明破甲深度 L 与射流长度 l 成正比，与射流和靶板密度之比的平方根成正比，与试验结果定性符合。如增加炸高时，使射流长度 l 增加，只要射流不断裂和分散，就能提高破甲深度。铜罩比铝罩的破甲深度大，因为铜罩射流密度大；铝靶比钢靶破甲深度大，因为铝靶密度小。

式 (3.5.21) 还表明，破甲深度仅仅取决于射流的长度和密度以及靶板的密度，与靶板强度无关，甚至与射流速度无关，这与实际情况不符。由于假设靶板是理想流体、不考虑强度，射流有一点速度就能穿孔，这只是一种理论上的假设。就射流头部而言，由于速度很高，忽略强度的影响还是可以的，当尾部射流破甲时显然不能忽略靶板强度的影响。定常理论还假定射流速度没有分布，而实际上射流存在速度梯度，这也是定常理论不能解释的，因此需要对式 (3.5.21) 进行修正以获得更符合实际的破甲公式。

2）准定常理想不可压缩流体力学理论

实际的射流总是头部速度高，尾部速度低，沿射流长度有速度分布，因此与前面假定的恒速射流情况不同，不能直接应用伯努利公式。但是，就一小段射流来看，可以认为速度不变，因此仍可以应用伯努利公式，这就是所谓准定常条件。在这种情况下，射流速度与破甲速度的关系式 (3.5.21) 仍适用，关键是要考虑射流的速度分布。

建立 $t - y$ 时空坐标系如图 3.5.14 所示，假定所有射流微元都从图中虚拟点 A 点同时发出，但具有不同的初始速度，并且在以后的运动过程中速度保持不变。A 点的坐标是 (t_{A}, b)。随着时间的推移，射流微元的运动轨迹在 $t - y$ 图上表现为从 A 点发出的一簇直线，每一直线的斜率就是该射流微元的速度 v_{j}。随着时间的延伸，射流由于速度差不断伸长，但任何时刻射流速度沿长度方向呈线性分布。

如图 3.5.14 所示，若炸高为 H，则 t_0 时刻射流头部在 B 点与靶板相遇，破甲开始。BC 线是破甲孔随时间加深的曲线，曲线上每一点的斜率就是该点的破甲速度 u，且该破甲速度与对此点进行破甲的射流速度的关系由式 (3.5.20) 给出。由于射流速度越来越慢，破甲速度也呈衰减趋势，因此 BC 是曲线。破甲到 D 点停止，最大破甲深为 L_{M}。

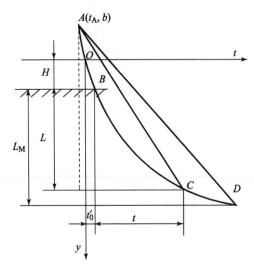

图 3.5.14　射流破甲过程准定常计算模型

在图 3.5.14 中 C 点，对应破甲深度为 L，破甲时间为 t，即将进行破甲的射流微元速度为 v_j，按照几何关系可写出

$$(t_0 + t - t_A)v_j = L + H - b \tag{3.5.22}$$

将式（3.5.22）对 t 微分，因 $H - b$ 是常数且 $\mathrm{d}L/\mathrm{d}t = u$，可得

$$v_j + (t_0 + t - t_A)\frac{\mathrm{d}v_j}{\mathrm{d}t} = u \tag{3.5.23}$$

由式（3.5.23）解得

$$t_0 + t - t_A = (t_0 - t_A)\exp\left(-\int_{v_{j0}}^{v_j}\frac{\mathrm{d}v_j}{v_j - u}\right) \tag{3.5.24}$$

将式（3.5.24）代入式（3.5.22）得

$$L = (t_0 - t_A)v_j\exp\left(-\int_{v_{j0}}^{v_j}\frac{\mathrm{d}v_j}{v_j - u}\right) - H + b \tag{3.5.25}$$

将 v_j 和 u 的关系式（3.5.20）代入式（3.5.25）中的积分，可得

$$\exp\left(-\int_{v_{j0}}^{v_j}\frac{\mathrm{d}v_j}{v_j - u}\right) = (v_j/v_{j0})^{-1-\sqrt{\rho_j/\rho_t}} \tag{3.5.26}$$

式（3.5.26）代入式（3.5.25），并利用式（3.5.25）有 $v_{j0}=(H-b)/(t_0-t_A)$（v_{j0} 对应 $L=0$、$t=0$ 的情况），得到准定常理想不可压缩流体的破甲深度公式为

$$L = (H - b)\left[\left(\frac{v_{j0}}{v_j}\right)^{\sqrt{\rho_j/\rho_t}} - 1\right] \tag{3.5.27}$$

由式（3.5.27）可以看出，破甲深度与 $H - b$ 成正比，当 b 很小时，破甲深度近似与炸高 H 成正比；射流头部速度 v_{j0} 和尾部速度 v_j 的比值越大，L 越大；射流和靶板的密度比越大，L 越大。进一步由式（3.5.27）还可得出 L 和 t 的关系式：

$$L = (H - b)\left[\left(\frac{t_0 + t - t_A}{t_0 - t_A}\right)^{\frac{1}{1 + \sqrt{\rho_j/\rho_t}}} - 1\right] \tag{3.5.28}$$

在式（3.5.27）和式（3.5.28）中，由于考虑了射流的速度分布，更接近实际一些，但没有考虑射流断裂和靶板强度的影响。实际情况表明，当射流速度较低时，不能忽略靶板强度，因此还需要进一步修正。

3. 破甲威力影响因素

破甲威力是聚能射流战斗部的核心能力和最终作用效果，下面讨论装药结构中炸药、结构参数、药型罩、炸高、壳体以及旋转运动等因素对破甲威力的影响。

1）炸药

理论分析和试验研究都表明，炸药影响破甲威力的主要因素是爆轰压力，随着炸药爆轰压力的增加，破甲深度 L 与孔容积 V 都增加，且与爆轰压力 p_{CJ} 近似呈线性关系：

$$\begin{cases} L = a_1 + b_1 p_{CJ} \\ V = a_2 + b_2 p_{CJ} \end{cases} \tag{3.5.29}$$

式中，a_1、b_1 和 a_2、b_2 为与装药结构有关的拟合系数。由来自试验结果的图 3.5.15 可以看出，孔容积与爆轰压力的线性关系比破甲深度与爆轰压力的线性关系更明显。

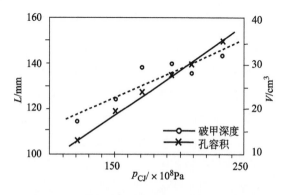

图 3.5.15　破甲深度、孔容积与爆轰压力的关系

因此，为了提高破甲能力，必须尽量选用高爆轰压力的炸药。当炸药选定后，应尽可能提高装药密度，以达到提高破甲威力的目的。

2）装药结构参数

聚能装药的破甲深度与装药直径和长度有关，随装药直径和长度增加，破甲深度增加。增加装药直径（相应地增加药型罩口径）对提高破甲威力特别有效，破甲深度和孔径都随着装药直径的增加呈线性增加。

随着装药长度的增加，破甲深度增加，但当药柱长度增加到3倍装药直径以上时，破甲深度不再增加。轴向和径向稀疏波的影响，使爆轰产物向后面和侧面飞散，作用在药柱一端的有效装药只占全部装药长度的一部分。理论研究表明，当长径比大于2.25时，增加药柱长度，有效装药长度不再增加。

另外，装药的外壳可以用来减少爆炸能量的侧向损失，采用隔板或其他波形控制器来控制装药的爆轰方向和爆轰波到达药型罩的时间，可以提高射流性能。图3.5.16给出了装药中隔板位置的示意图，图中箭头所指为爆轰波传播的路径。

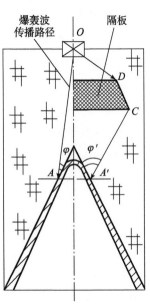

图 3.5.16　隔板影响示意图

3）药型罩

原则上说，药型罩材料应具有密度大、塑性好、在形成射流过程中不汽化等特性。试验结果表明，对于常规金属材料，紫铜的密度较高，塑性好，破甲效果非常好；生铁虽然在通常条件下是脆性的，但是在高速、高压的条件下却具有良好的塑性，所以破甲效果也不错；铝作为药型罩虽然延展性好，但密度太低；铅作为药型罩虽然延展性好、密度高，但是由于铅的熔点和沸点都很低，在形成射流的过程中易于汽化，所以铝罩和铅罩破甲效果都不好。因此，传统的药型罩多用紫铜。目前，随着对破甲能力要求的不断提高，不少新材料加入药型罩的选材中，如钼、锆、铀、镍、贫铀、钨等大密度金属，它们的主要特点都是密度大、延展性好、不易汽化。

射流速度随药型罩锥角减小而增加，射流质量随药型罩锥角减小而减小。药型罩锥角低于30°时，破甲性能很不稳定。0°时射流质量极少，基本不能形成连续射流，但可用来作为研究超高速粒子之用。药型罩锥角在30°~70°时，射流具有足够的质量和速度。破甲弹药型罩锥角通常在35°~60°选取，小口径战斗部以选取 35°~44°为宜，大口径战斗部以选取 44°~60°为宜。

药型罩锥角大于 70°之后，金属射流形成过程发生新的变化，破甲深度下降，但破甲稳定性变好。药型罩锥角达到 90°以上时，药型罩在变形过程中产生翻转现象，出现反射流，药型罩主体变成翻转弹丸，成为爆炸成型弹丸，其破甲深度较小，但孔径很大。这种结构用来对付薄装甲效果极佳，如反坦克车底地雷就是采用这种结构形式。

总的来说，药型罩最佳壁厚随罩材料密度的减小而增加，随罩锥角的增大而增加，随罩口径的 d 增加而增加，随外壳的加厚而增加。研究表明，药型罩最佳壁厚与罩半锥角的正弦成比例。一般地，最佳药型罩壁厚为底径的 2%~4%。

为了改善射流性能，提高破甲效果，实践中还常采用变壁厚的药型罩。壁厚变化对破甲效果的影响如图 3.5.17 所示，其中图 3.5.17（b）为等壁厚的试验情况。从破甲深度试验结果看，采用顶部厚、底部薄的药型罩，穿孔浅而且呈喇叭形［图 3.5.17（a）］。采用顶部薄、底部厚的药型罩，只要壁厚变化适当［图 3.5.17（c）］，则穿孔进口变小，随之出现鼓肚，且收敛缓慢，能够提高破甲效果。但如壁厚变化不合适，则会降低破甲深度［图 3.5.17（d）、图 3.5.17（e）］。适当采用顶部薄、底部厚的变壁厚药型罩可以提高破甲深度的原因，主要在于增加了射流头部速度，降低了射流尾部速度，从而增加了射流速度梯度，使射流拉长，提高破甲深度。

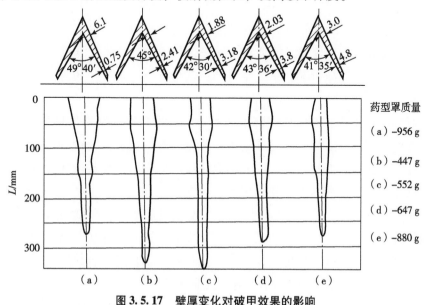

图 3.5.17　壁厚变化对破甲效果的影响

药型罩形状可以是多种多样的,有锥形、半球形、喇叭形等。反坦克车底地雷采用大锥角罩,反坦克破甲弹通常采用锥角为35°~60°的圆锥罩,也有采用喇叭形罩的,如法国105 mm"G"型破甲弹、法国"昂塔克"反坦克导弹、俄罗斯122 mm榴弹炮破甲弹。图3.5.18分别给出了采用郁金香形罩、双锥形罩、喇叭形罩、半球形罩的聚能装药战斗部结构,从这几个结构看,除药型罩不同以外,战斗部的其他结构元件也可以完全相同。

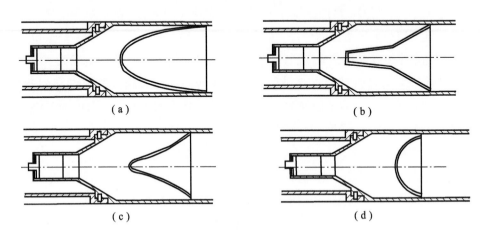

图3.5.18 几种典型药型罩结构

(a) 郁金香形;(b) 双锥形;(c) 喇叭形;(d) 半球形

郁金香形罩装药:能更有效地利用炸药能量,使罩顶部微元有较长的轴向距离,从而得到比较充分的加速,最终得到高速慢延伸(速度梯度小)的射流,以适应大炸高情况。在给定装药量的情况下,该种装药对靶板的侵彻孔直径较大。

双锥形罩装药:锥角比底部锥角小,可以提高锥形罩顶部区域利用率,产生的射流头部速度高,速度梯度大,速度分布呈明显的非线性,具有良好的延伸性,选择适当的炸高,可大幅提高侵彻能力。这种装药通过变药型罩壁厚设计,可产生头部速度超过10 km/s的射流。

喇叭形罩装药:是双锥形罩装药设计思想的扩展,这种结构增加了药型罩母线长度,增加了炸药装药量,有利于提高射流头部速度,增加射流速度梯度,使射流拉长由于锥角连续变化,比双锥形罩装药更容易控制射流头部速度和速度分布,通常用于设计高速高延伸率的射流。

半球形罩装药:产生的射流头部速度低(4~6 km/s),但质量大,占药型罩质量的 60%~80%，射流和杆体之间没有明显的分界线，射流延伸率低，射流发生断裂时间较晚，适于大炸高情况。

4）炸高

炸高对破甲威力的影响可以从两方面来分析。一方面，随炸高的增加，射流伸长，从而提高破甲深度；另一方面，随炸高的增加，射流产生径向分散和摆动，延伸到一定程度后产生断裂现象，破甲深度降低。因此，对特定的靶板，一定的聚能装药都有一个最有利炸高对应着最大破甲深度。

最有利炸高与药型罩锥角、药型罩材料、炸药性能以及有无隔板等都有关系。最有利炸高随罩锥角的增加而增加，如图 3.5.19 所示。对于一般常用药型罩，最有利炸高 H 是罩底径 d 的 1~3 倍。图 3.5.20 为罩锥角为 45°时，不同材料药型罩破甲深度 L 随炸高的变化。从图 3.5.20 可以看出，铝材料由于延展性好，形成的射流较长，最有利炸高大，为罩底径的 6~8 倍，适用于大炸高的场合。

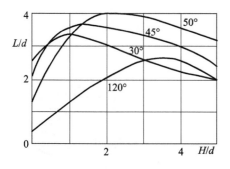

图 3.5.19 不同罩锥角的炸高 – 破甲深度曲线

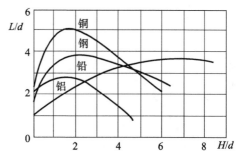

图 3.5.20 不同罩材料的炸高 – 破甲深度曲线

另外，采用高爆速炸药以及增大隔板直径，都能使药型罩所受压力增加，从而增大射流速度，使射流拉长，最有利炸高增加。

5）旋转运动

当聚能战斗部在作用过程中具有旋转运动时，对破甲威力影响很大。这是由于：一方面旋转运动破坏金属射流的正常形成；另一方面在离心力作用下使射流金属颗粒甩向四周，横截面增大，中心变空，而且这种现象随转速的增加而加剧。图 3.5.21 示出了不同转速时金属射流及其对应的破甲孔形，从图中可以看出，随转速的增加，孔形逐渐变得浅而粗，表面粗糙，很不规则。旋转运动对破甲性能的影响随装药直径的增加而增加，随炸高的增加而加剧，还随着药型罩锥角的减小而增加。

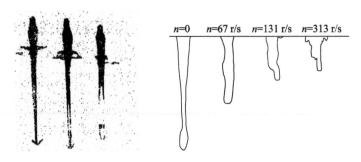

图 3.5.21　不同转速的金属射流及破甲孔形

弹丸旋转运动能够提高飞行稳定性和精度，但是旋转运动却大大降低破甲性能，两者是矛盾的。为了使矛盾的双方协调起来，需要采用特殊的结构。目前从结构上考虑消除旋转运动对破甲性能影响的措施主要有：采用错位式抗旋药型罩（图 3.5.22），采用滑动弹带结构（图 3.5.23）等。

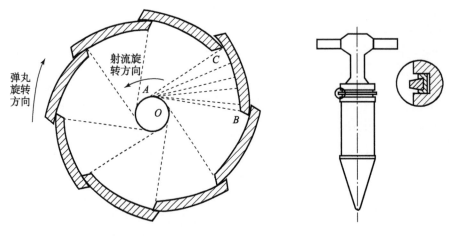

图 3.5.22　错位式抗旋药型罩　　　　**图 3.5.23　滑动弹带结构**

错位式抗旋药型罩的作用是使形成的射流获得与弹丸转向相反的旋转运动，以抵消弹丸旋转对金属射流产生的离心作用。错位式抗旋药型罩的结构由若干个相同的扇形体组成，每一个扇形体的圆心都不在轴线上，而是偏心在一个半径不大的圆周上。当爆轰压力作用在药型罩壁面上时，各扇形体在此圆周上压合，由于偏心作用而引起旋转运动，获得一个具有旋转运动的金属射流。射流的转速与弹丸转速相同，但方向相反，二者叠加后转速大为降低，从而消除了弹丸旋转运动的影响。滑动弹带不固定在弹体上，而是装在钢环上，钢环位于弹体的环形槽内，能够自由旋转。发射时弹带嵌入膛线，致使弹带与钢环受膛线作用而发生旋转，弹丸仅由摩擦力的作用而产生低速转动，大约是膛线所赋予的转速的10%，故不会影响聚能装药的破甲效果。

　　旋压成型药型罩是在罩成型加工过程中使材料的晶粒产生某个方向上的扭曲，药型罩压合时将产生沿扭曲方向的压合分速度，使药型罩微元所形成的射流不是在对称轴上汇合，而是在以对称轴为中心的一个小的圆周上汇合，使射流具有一定的旋转速度，且与弹丸旋转方向相反，故可抵消一部分弹丸旋转运动的影响，起到抗旋的作用，其抗旋作用如图3.5.24所示。此方法与错位式抗旋药型罩的构思类似，不同的是，错位罩从结构上进行改善，旋压罩是从材料上加以修正。旋压成型工艺简单，已成为解决旋转运动对破甲性能影响的一种常用的办法。

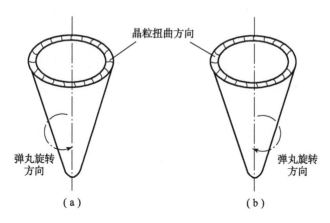

图3.5.24　旋压成型药型罩抗旋作用

（a）破甲效果好；（b）破甲效果差

3.6　子母弹（战斗部）

3.6.1　子母弹（战斗部）基本原理

　　在战斗部壳体（母弹）内装有若干个小战斗部（子弹）的战斗部称为子母战斗部（弹），主要用于攻击集群目标和大型面目标等。子母战斗部技术比较复杂，成本较高，体积、质量都较大，但效率高、效费比高。

子母战斗部的作用原理是：当母弹飞抵目标区上空时母弹开舱，将内部装填的一定数量子弹全部或逐次抛撒出来，形成一定的空间分布，然后子弹飞向目标，分别毁伤目标。子弹可以是破片杀伤弹、爆破弹或其他弹种。如果是破片杀伤弹，则子弹群爆炸后，可在空间形成范围很大的破片杀伤区。每个子弹带有自己的引信，子弹内也可装有定向和稳定装置，以及遥感传感器，能自动捕获和跟踪目标，适时引爆子弹。

为了有效对付集群目标、扩大战斗部的作用范围和提高作战效率，第二次世界大战以后，有关国家着手开展多弹头（子母）战斗部技术研究。实践表明，采用多弹头可降低被一个反导导弹拦截的可能性，大大提高突防能力；带多子弹的战斗部，威力散布面积比质量相同的单个战斗部要大；一弹多战斗部使毁伤目标可靠性大大提高。所以，发展多弹头的子母弹技术是提高武器效率的一种有效措施，也是战斗部技术的发展方向之一。

远程打击的大型子母弹（战斗部）按控制方式主要分为集束式多弹头、分导式多弹头、机动式多弹头等几种类型。其中，集束式多弹头（子母战斗部）是最简单的一种子母弹。其子弹既没有制导装置，也不能作机动飞行，但可按预定弹道在目标区上空被同时释放出来，用于袭击面目标，其释放过程示意如图3.6.1所示。分导式多弹头子母弹通过一枚火箭（导弹）携带多个子弹分别瞄准多个目标，或沿不同的再入轨道到达同一目标，母弹有制导装置，而子弹无制导装置，分导式多弹头攻击过程示意如图3.6.2所示。机动式多弹头子母弹的母弹和子弹都有制导装置，母弹和子弹都能作机动飞行，如图3.6.3所示。

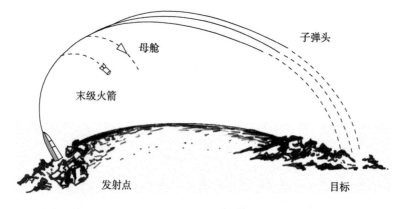

图3.6.1　集束式多弹头释放示意图

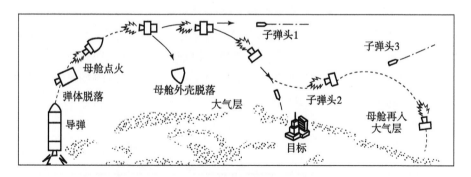

图 3.6.2　分导式多弹头攻击示意图

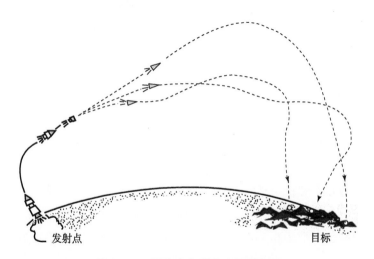

图 3.6.3　机动式多弹头飞行示意图

常规武器子母弹主要采取集束式多弹头结构,战略导弹多采用分导式多弹头和机动式多弹头结构。子母弹(战斗部)的类型可以多种多样,但其设计原则和作用原理大多是相同的或者相似的。子母弹(战斗部)一般由母体和子弹、子弹抛射系统、障碍物排除装置等组成,典型的集束式子母弹(战斗部)结构如图 3.6.4 所示。典型的子母弹(战斗部)作用原

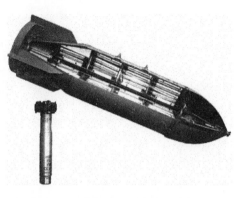

图 3.6.4　典型集束式战斗部结构

理如图 3.6.5 所示，当战斗部得到引信的起爆指令后，抛射系统中的抛射药被点燃，子弹以一定的速度和方向飞出，在子弹引信的作用下发生爆炸，以冲击波、射流、破片等杀伤元素毁伤目标。目前，在火箭和导弹战斗部上广泛采用了子母弹结构，炮射子母弹也是层出不穷，其中各国争相发展的新型灵巧弹药中的末敏弹、末修弹都属于子母弹的范畴。

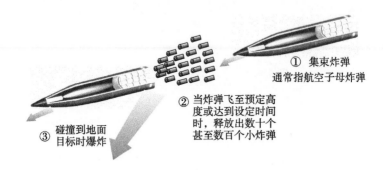

① 集束炸弹
通常指航空子母炸弹

② 当炸弹飞至预定高度或达到设定时间时，释放出数十个甚至数百个小炸弹

③ 碰撞到地面目标时爆炸

图 3.6.5　典型集束炸弹作用示意图

3.6.2　典型子母弹（战斗部）

1. 炮射子母弹

炮射子母弹主要由弹体、引信、抛射药管、推力板、支筒、子弹和弹底等部分组成，如图 3.6.6 所示。炮弹弹体是盛装子弹的容器，通常称为母弹，外形上母弹与普通榴弹相同或接近；子弹各自独立作用，最终完成毁伤目标的作战任务。

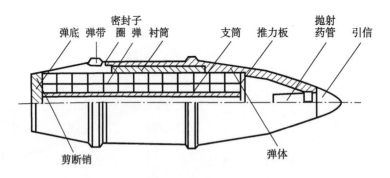

弹底　弹带　密封子圈弹　衬筒　支筒　推力板　抛射药管　引信

剪断销

弹体

图 3.6.6　美国 M404 型 203 mm 杀伤子母弹

2. 航弹子母弹

图 3.6.7 是空投航空子母弹打击地面坦克集群目标的示意图，母弹装载有反装甲末敏子弹，通过飞机投放。投弹箱（战斗部）在目标坦克群的上空解爆，开舱释放出子弹，之后子弹分散飞行，攻击坦克的顶装甲，在直接命中目标后有效地击穿装甲并毁伤坦克内部；杀伤子母弹在目标上空爆炸后，释放出多个杀伤子弹，子弹落地后主要完成对有生力量的杀伤作用。

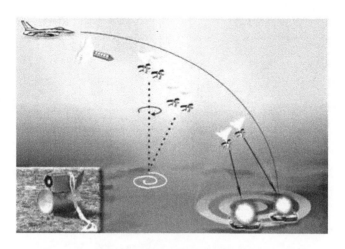

图 3.6.7   航空子母弹和反装甲末敏子弹作用示意图

用于攻击飞机跑道的战斗部一般采用子母弹（战斗部）形式，其中子弹为侵彻（半穿甲）战斗部结构，从而大大提高对跑道的空间封锁概率和时间封锁效率，在夺取制空权的实战中发挥着关键的作用。图 3.6.8 展现的是侵彻子母弹打击飞机跑道的弹着点分布和效能评估示意图，其中跑道上的深灰色覆盖区表示尚存的允许飞机起飞的窗口，而浅色区域为被战斗部毁伤或被封锁的飞机不能起飞的区域。

允许飞机起飞区域

机场跑道破坏区域

图 3.6.8   侵彻子母弹打击飞机跑道的弹着点分布和效能评估示意图

3. 导弹子母弹

导弹子母弹战斗部中，可通过弹射装置实现子弹的抛撒，具有抛撒过载小等有点。弹射装置的种类也有多种，如枪管法、爆炸法弹射装置等。其中在由枪管法弹射子弹的集束战斗部中，子弹按一定次序分层组装在战斗部舱内，如图3.6.9（a）所示。当导弹飞行至目标上空一定高度时，首先战斗部舱的蒙皮被打开［图3.6.9（b）］，然后利用枪管弹射装置，将各子弹沿弹体径向抛射出去［图3.6.9（c）］。图3.6.10是这种集束式子母弹攻击飞机的示意图。

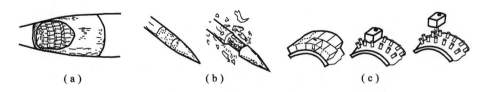

（a）   （b）   （c）

图3.6.9　导弹集束式战斗部结构形式和散开原理

（a）装配好的集束战斗部；（b）战斗部舱蒙皮被打开；（c）枪管法弹射子弹

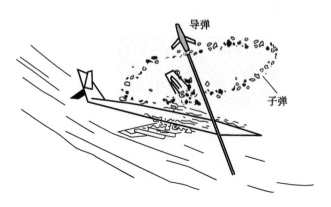

图3.6.10　集束式子母弹攻击飞机的示意图

脱靶量越大，目标越大，子母战斗部的优点越能充分发挥，攻击有适当间距的飞机编队时，子母战斗部，特别是使用杀伤型子弹的子母战斗部，会有更高的杀伤效率。但在脱靶量较小时，子母战斗部较其他类型的战斗部并不具有优势，因为在子母战斗部中，用作抛射系统及其他辅助结构的质量要比其他整体结构战斗部多出许多。

思 考 题

1. 简述战斗部的概念。

2. 简述常规战斗部结构类型及作用特点。

3. 简要说明战斗部有哪些发展趋势，实现高效毁伤的措施有哪些。

4. 自然破片战斗部的结构特点及形成机理是什么，自然破片的尺寸可以如何计算？

5. 影响破片初速分布的因素有哪些？

6. 侵彻与贯穿的破坏现象有哪些，各有什么特征？

7. 分析美国陆军、防御、海军三种标准的弹道极限速度的概念和不同点。

8. 初速度为 v_0 的穿甲弹对某靶板的极限侵彻厚度是 h_1，对无限厚度的同样材料的靶板侵彻深度是 h_2，请问 h_1 和 h_2 哪个值更大，为什么？

9. 什么是聚能效应？为什么会产生聚能现象？

10. 简述聚能射流形成过程及特点。

11. 何为最有利炸高，炸高对破甲威力有何影响，聚能装药为什么会存在最有利炸高？

12. 设有一聚能战斗部，其口径为 100 mm，壁厚为 2.0 mm，锥角为 60°；铜药型罩壁面压垮速度为 v_0 = 2 000 m/s，炸药爆轰后沿药型罩壁面的爆速为 D = 8 000 m/s。试计算所形成的射流和杆体的质量和速度。

13. 铜药型罩形成的射流长度为 700 mm，试计算射流对铜板的破甲深度。

14. 简述破甲深度的影响因素。

15. 爆炸冲击波破坏作用的三个主要参数是什么？

16. 200 kg TNT 炸药在刚性地面爆炸，试计算离爆心 30 m 处空气冲击波的参数。

17. 水中爆炸的基本特点是什么？与空气中爆炸现象的重要区别是什么？

18. 1 000 kg TNT 装药在水中爆炸，试计算离爆心 50 m 处的冲击波压力和比冲量。

19. 简要说明空气、水、岩土中爆炸效应的共性和不同之处。

20. 子母弹的作用过程是什么？可分为哪几类？

参 考 文 献

[1] 王树山. 终点效应学 [M]. 北京：科学出版社，2019.

[2] 卢芳云，李翔宇，林玉亮. 战斗部结构与原理 [M]. 北京：科学出版社，2009.

[3] 钱伟长. 穿甲力学 [M]. 北京：国防工业出版社，1984.

[4] [美] 陆军装备部. 终点弹道学原理 [M]. 王维和，李惠昌，译. 北京：国防工业出版社，1988.

[5] 北京工业学院八系《爆炸及其作用》编写组. 爆炸及其作用（下册）[M]. 北京：国防工业出版社，1979.

[6] 张宝平，张庆明，黄风雷. 爆轰物理学 [M]. 北京：兵器工业出版社，2006.

[7] [美] 陆军器材部. 终点效应设计 [M]. 李景云，等译. 北京：国防工业出版社，1988.

[8] 卢芳云，蒋邦海，李翔宇，等. 武器战斗部投射与毁伤 [M]. 北京：科学出版社，2013.

[9] 李向东. 弹药概论 [M]. 北京：国防工业出版社，2010.

[10] 尹建平，王志军. 弹药学 [M]. 2 版. 北京：北京理工大学出版社，2012.

[11] 曹柏桢，蒋浩征. 飞航导弹战斗部与引信 [M]. 北京：宇航出版社，1995.

[12] 黄正祥. 聚能杆式侵彻体成型机理研究 [D]. 南京：南京理工大学，2003.

[13] 蒋浩征，周兰庭，蔡汉文. 火箭战斗部设计原理 [M]. 北京：国防工业出版社，1982.

[14] 李记刚，余文力，王涛. 定向战斗部的研究现状及发展 [J]. 飞航导弹，2005，5：25 – 29.

[15] [德] 曼·赫尔德. 博士著作文集 [M]. 张寿齐，译. 绵阳：中国工程物理研究院. 1997.

[16] 孙业斌，惠君明，曹欣茂. 军用混合炸药 [M]. 北京：兵器工业出版社，1995.

［17］ 谭多望. 高速杆式弹丸的成形机理和设计技术［D］. 绵阳：中国工程物理研究院. 2005.

［18］ 王儒策，赵国志，杨绍卿. 弹药工程［M］. 北京：北京理工大学出版社，2002.

［19］ 王颂康，朱鹤松. 高新技术弹药［M］. 北京：兵器工业出版社，1997.

［20］ 翁佩英，任国民，于骐. 弹药靶场试验［M］. 北京：兵器工业出版社，1995.

［21］ 张志鸿，周申生. 防空导弹引信与战斗部配合效率和战斗部设计［M］. 北京：宇航出版社，1994.

［22］ 朱坤岭，汪维勋. 导弹百科词典［M］. 北京：宇航出版社，2001.

［23］ Carleone J. Tactical Missile Design［M］. Washington：The American Institute of Aeronautics and Astronautics，1993.

［24］ Kennedy D R. A retrospective of the past 50 years of warhead research and development the pre – and present computer model era［C］//19th International Symposium on Ballistics，Interlaken，Switzerland，2001，631 – 638.

［25］ Lioyd R M. Conventional Warhead Systems Physics and Engineering Design［M］. Washington：The American Institute of Aeronautics and Astronautics，1998.

第4章

引信工作原理

4.1 引信概念与分类

引信作为弹药战斗部毁伤目标作用（或点火/起爆）时机的控制系统（或装置），是武器系统发挥终点毁伤效应的启动机构（或装置），也是武器系统与目标对抗成败的决定性要素。大量实战案例表明，性能完善、质量可靠的引信能保证战斗部对目标实施有效毁伤，起到作战效能"倍增器"的作用；性能不完善的引信会导致弹药在勤务处理时、发射过程中或发射平台附近发生早炸，遇到目标时发生早炸、迟炸或者瞎火，不仅贻误战机，还可能对己方与友邻造成损伤。

4.1.1 引信定义

引信定义不是一成不变而是与时俱进的，具有鲜明的时代和发展特征[1,2]。20 世纪 40 年代，前苏联将引信定义为："供弹丸在发射后在所要求的弹道某点（在碰击障碍物之前或在碰击障碍物之后）上爆炸之用的特殊机构。"这个定义指明引信是在所配弹丸的既定弹道上选择起爆弹丸的炸点，基于机械触发引信和基于钟表时间触发引信而构建，因此其"属"是起爆机构或装置。20 世纪 50 年代，美国将引信定义为："发现目标并在最佳时机使弹头起爆的部件"。这一定义是在 20 世纪 40 年代无线电引信出现之后构建的，与前苏联的定义相比，这个定义有两个主要发展：一是它明确指出引信具有"发现目标"的功能；二是引信具有"选择最佳起爆时机"的功能。这标志着引信定义的重大发展，也意味着引信功能的重要拓展[3,4]。

从 20 世纪 80 年代开始，国内学者对引信的内涵开展了深入的研讨和论证，并尝试构建新的引信定义。1989 年出版的《中国大百科全书·军事》将引信定义为[5]："利用环境信息和目标信息，在预定条件下引爆或引燃战斗部装药的控制装置。"这一定义首次将"信息"和"控制"引入引信定义中，并通过"预定条件"涵盖"最佳作用方式""最佳起爆时机"和"最佳炸点"等内容。1991 年出版的《兵器工业科学技术辞典·引信》给出的引信定义为[6]："利用目标信息和环境信息，或按预定条件（如时间、压力、指令等）适时引爆或引燃弹药主装药的控制系统"。1997 年，《中国军事百科全书》出版，其中将引信定义为[7]："利用目标信息和环境信息，在预定条件下引爆或引燃战斗部装药的控制装置或系统。"至此，"信息""控制""系统""预定条件"以及"引燃或引爆战斗部装药"等关键词，构成了现代引信定义的概念主体，也反映了现代引信的技术本质和主要特征。

进入 21 世纪后，随着引信功能的不断拓展和完善，许多专家学者开始重新审视并修订引信的定义，其中具有代表性的有[1]：利用目标信息、环境信息、平台信息和网络信息，按预定策略引爆或引燃战斗部装药，并可根据系统要求给出续航或增程发动机指令，实施弹道修正及毁伤效果评估等功能的控制系统（2005）。引信新的定义涵盖了 20 世纪 80 年代引信定义的内涵，既包括引信的核心功能，也体现了科学技术进步及时代所赋予的引信定义新内涵：

（1）在引信输入方面，增加了平台信息、网络信息。

（2）在引信输出方面，增加了给出续航/增程发动机指令、弹道修正以及毁伤效果评估系统等新的功能，以"并可"二字统领，表示并非所有引信都有。

（3）将"预定条件"改为"预定策略"，包括安全系统解除保险/恢复保险的策略、引爆战斗部的策略、多引信对付多目标的目标分配策略、攻击时机策略、对单个或多个攻击点的选择控制等。

（4）将定义的"属"定位在"控制系统"，因为现代引信的"控制系统"特征已远超"控制装置"特征。

4.1.2　引信功能、组成及作用过程

使弹药战斗部在相对目标最有利的位置或时机起作用是引信的核心目标。从引信在战场使用的最终表现形式来看，其最基本的功能是引爆战斗部，但绝非简单地使战斗部爆炸。安全性能不好的引信会导致战斗部早爆，可靠性差的引信可能导致战斗部迟爆甚至瞎火，只有战斗部在相对目标最有利位置

被引爆时，才能最大威力地对目标进行高效毁伤。因此，"安全""选择炸点或控制起爆时机功能"与"可靠引爆"构成了现代引信的主要元素。现代引信一般应具有以下四个功能：

（1）在引信生产、装配、运输、贮存、装填、发射及发射后的弹道起始段上，引信不能提前作用，以确保己方人员的安全；

（2）感受发射、飞行等使用环境信息，控制引信由不能直接对目标作用的保险状态转变为可作用的待发状态；

（3）判断目标的出现，感受目标信息并加以处理、识别，选择战斗部相对目标的最佳作用点、作用方式等，并进行相应的发火控制；

（4）向战斗部输出足够的起爆能量，完全可靠地引爆（燃）战斗部主装药。

上述引信功能与引信组成有着密切关系：前两个功能主要由引信安全系统完成，第三个功能由引信的发火控制系统完成，第四个功能由引信的爆炸序列完成。因此，现代引信有发火控制系统、安全系统、爆炸序列和能源共4个基本部分。引信基本组成、各部分联系及引信与环境、目标、战斗部的关系如图4.1.1所示。

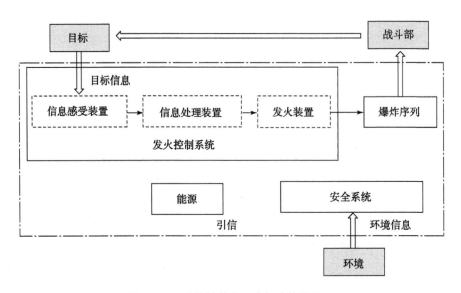

图4.1.1　引信的基本组成与功能的关系

引信发火控制系统能感觉目标信息或目标所处环境提供的某种信息，并对其进行鉴别处理，是爆炸序列起爆元件发火的系统。引信发火控制系统包括信息感受装置、信息处理装置和发火装置，功能是在弹丸、战斗部等相对目标能发挥最大毁伤效果的位置上使爆炸系列开始起爆。

引信安全系统是用来防止引信在感受到预定发射环境并完成延期解除保险之前解除保险（启动）和作用的各种装置（如环境敏感装置、发射动作敏感装置、指令动作装置、可动关键件或逻辑网络等）的组合。引信安全系统的功能是保证引信平时及使用中的安全性，并利用合适的环境信息可靠解除保险。

引信爆炸序列是指引信中各种火工、爆炸元件按照敏感度逐渐降低而输出能量递增的顺序排列而成的组合。引信爆炸序列的功能是把首级火工元件的发火能量逐级放大，让最后一级火工元件输出的能量足以完全、可靠地引爆或引燃主装药。

引信能源是指能够为引信提供某种形式的必要能量的装置。此处的引信能源主要包括内储能和各种电源，其作用是为引信的正常工作提供机械能或电能。

信息化时代催生了引信特征的再认识，如图 4.1.2 所示，网络技术时代引信可利用的信息有目标信息、环境信息、平台信息和网络信息，各特征信息又衍生出新的信息，为引信控制功能的丰富奠定了基础。网络技术时代引信有 9 方面的控制功能：引信状态控制、引信起爆控制、引信作用方式控制、引信炸点控制、引信对火箭发动机的点火控制、引信攻击点控制、引信飞行控制、引信任务协同控制与引信敌我识别控制。

为与网络技术时代的引信定义相适应，人们在引信原有 4 大基本组成部分上新增了平台/网络信息收发系统和攻击点控制系统，如图 4.1.3 所示。引信与武器平台交联技术是引信信息化的一种主要途径，它可以使弹药与目标交会末端的着点在控制中实现信息化，因此是精确打击的重要手段。平台/网络信息收发系统用于接收平台或引信网络传来的信息，信息经过处理传给攻击点控制系统，控制系统选择或更新最佳攻击点或所攻击目标；信息也可以传给发火控制系统，以对最佳起爆点、起爆时机进行控制；信息还可以传给安全系统，安全系统依据平台或网络发出的指令解除保险。平台/网络信息收发系统还可以向毁伤效果评估系统或网络中的其他引信发出该引信在目标或目标群中攻击点的信息[1,8]。

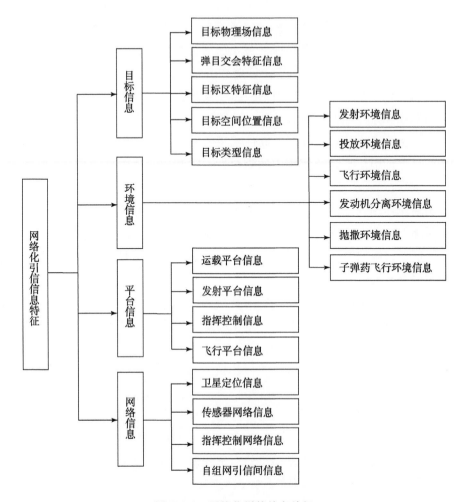

图 4.1.2　网络化引信信息特征

引信的作用过程是指引信从发射开始到引爆战斗部主装药的全过程[9]。引信在勤务处理时处于安全状态，即保险状态。战斗部发射或投放后，引信利用一定的环境能源或自带的能源完成引爆前一系列动作而处于这样一种状态：一旦接收到目标直接传给或由感应得来的起爆信息，或从外部得来起爆指令，或达到预先装定的时间，就能引爆战斗部。这种状态称为待发状态，又称待爆状态，如图 4.1.4 所示。从引信的定义与功能可知，引信的主要作用过程可分为解除保险过程、发火控制过程和引爆过程。引信由保险状态过渡到待发状态，一般利用环境力信息或（和）电信号控制保险机构或（和）

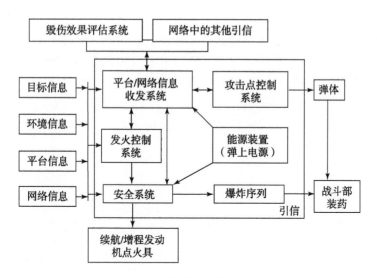

图 4.1.3　网络技术时代引信组成

电路一次解除保险，这个过程称为解除保险过程。已进入引信待发状态的引信，从信息获取、信号处理到发火输出的过程称为发火控制过程，其信息作用过程如图 4.1.5 所示。当发火输出后，信息作用过程结束转入起爆过程，将火焰或爆轰能通过爆炸序列逐级放大，最后输出一个足够强的爆轰能使战斗部主装药完全爆炸。

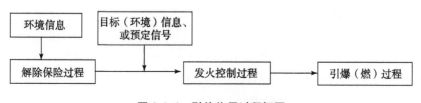

图 4.1.4　引信作用过程框图

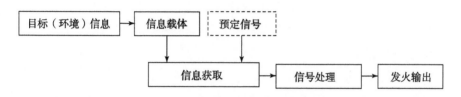

图 4.1.5　引信发火控制过程示意图

引爆战斗部主装药的任务是由引信中爆炸序列直接完成的。为保证弹药安全，弹药主装药一般采用钝感炸药，要使它们爆炸，必须使用敏感度高的引爆炸药，但使用量不能多。少量敏感度高的炸药只有较小能量输出，因此在高敏感度引爆炸药和钝感炸药之间，需要设置一些敏感度逐渐降低而能量增大的爆炸元件。组成爆炸序列的爆炸元件主要有火帽、电点火管、雷管、电雷管、导爆药、传爆药。爆炸序列分传爆序列和传火序列，典型的传爆序列和传火序列如图4.1.6所示。

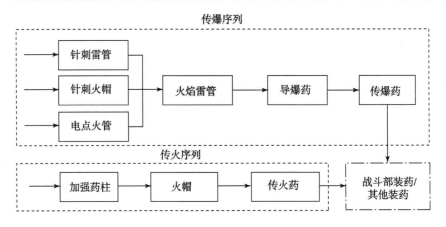

图4.1.6　典型传爆序列与传火序列

4.1.3　引信分类

引信的分类方法有多种，按构造和作用原理分，如机械引信、电引信等；按作用方式分，如触发引信、非触发引信（绝大部分为近炸引信）、时间引信等；还可以按配用弹种、弹药类型、装配部位、输出特性等方面来划分。图4.1.7和图4.1.8分别从引信与目标的关系和引信与战斗部的关系出发，给出了常用的一些主要分类方法。在工程技术领域，对引信的分类也常按引信作用方式进行大类划分，包括触发引信、时间引信和非接触式引信。

1. 触发引信

引信碰到或接触到物体即启动，主要由击针、火帽、雷管、传爆药和保险机构等组成。按其作用原理，触发引信可细分为机械触发引信、电触发引信、光触发引信、化学触发引信和组合式触发引信（如机电一体化触发引信）等。按敏感装置的功能，可以分为起爆式敏感装置触发引信和非起爆式敏感装置触发引信两大类。前者的目标敏感装置不仅提供控制发火的信息，而且提供发火的能量；后者的目标敏感装置只提供控制发火的信息，而发火的能量是由其他储能机构或装置提供的。按引信碰撞目标到引信起爆的时间间隔，可以分为瞬发、惯性和延期触发引信 3 类。

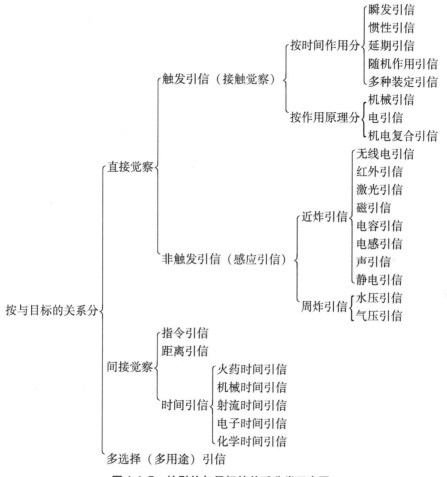

图 4.1.7　按引信与目标的关系分类示意图

2. 时间引信

弹药发射、投掷、布设后，按照装定的时间作用的引信，又称为定时引信。时间引信广泛配用于空炸、跳炸、穿透目标后爆炸和深入目标（如防御工事等）内部爆炸等各种定时起爆的弹药。时间引信的延期时间是根据弹药的战术使命和使用要求设计的，短的只有几百毫秒或几秒，长达几天、几十

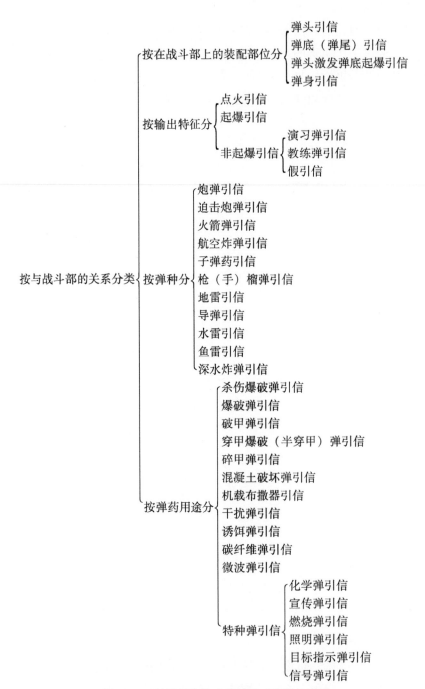

图 4.1.8　按引信与战斗部的关系分类示意图

天，甚至几个月。时间引信进一步分类的方法很多，按计时装置的作用原理，可分为药盘（火药）时间引信、机械（钟表）时间引信、化学时间引信、电子时间引信、射流时间引信等几大类。各大类还可以细分，如机械和电子时间引信还可以按使用时是否可以重新装定，分为可装定时间引信和不可装定时间引信；按配用的弹种，可分为炮弹时间引信、迫击炮弹时间引信、地雷时间引信、水雷时间引信、火箭弹时间引信、枪榴弹时间引信、手榴弹时间引信和小型榴弹时间引信等。

3. 非接触式引信（绝大部分为近炸引信）

当弹药等飞行至接近目标一定距离时，利用物体对电波的反射或物体放出的红外线和音响等而起爆。

以下基于武器弹药终点毁伤评估的背景，重点针对触发引信和近炸引信分别简要阐述其工作原理及相关问题，其他类型引信可以此为参考，不再赘述。

4.2 触发引信

4.2.1 概述

触发引信又称着发引信、碰炸引信等，是一种按触感方式作用的引信。触发引信是最早出现的一代引信，其历史最早可追溯到 14 世纪末我国出现的一种地雷触发引信，其记载于 15 世纪初的《火龙经》，记载称：引信的发火动力来自坠石的重力，触发机构由铁针、旋转钢（铁）轮、坠石、火石和牵拉绳索组成。西方国家到 19 世纪初才出现触发引信，最早记载西方国家使用触发引信的史料是英国的《1880 年不列颠弹药论文集》，据该书记载，英国人在 1835 年的克里米亚战争中使用了针刺发火的触发引信，这种触发引信配用在球形弹。19 世纪中叶，西方国家出现了用线膛发射、靠旋转稳定的弹丸，使弹丸碰击目标的定向性得到保证，从而促进了早期近代触发引信的快速发展，这一时期研发出了一些结构比较简单、加工粗糙，性能比较落后的引信。

20 世纪初，发达国家便开始研制具有保险机构的触发引信，从而进入现代触发引信的发展时期，到 20 世纪 30 年代，触发引信，特别是机械触发引信得到了较快的发展。20 世纪 40 年代在德国出现了电触发引信，20 世纪 50

年代美国发明了压电引信。从 20 世纪 60 年代开始，提高触发引信的安全性能被提到引信研究工作的主要议程，为了适应高初速、大威力炮弹的发展，双环境力、全保险很快成为引信的安全设计准则，从而推动了全保险型触发引信的快速发展。从 20 世纪 70 年代初提出全天候作战的概念后，引信的防潮、防雨性能很快成为突出的问题。经过努力，20 世纪 80 年代初，防潮、防雨技术得到突破性发展，基本解决了引信的全天候使用问题。由于微型集成电路和数字电路技术的发展，20 世纪 80 年代末、90 年代初又解决了触发引信的自调延期技术和爆炸编程控制等关键性技术，使触发引信的发展迈上了一个新台阶。20 世纪 90 年代末，人们开始进行触发引信的目标识别、信息接收处理等人工智能化研究。

触发引信是现代弹药使用最广泛的引信之一，触发引信的作用特点是引信接触目标后立即起爆，一般没有延迟时间或只有非常短暂的反应时间（0.1 s 以内），因此对那些需要碰撞目标立即起爆的弹药如破甲弹等，是最适用的引信。触发引信可以配用于杀伤弹、破甲弹、杀伤/破甲两用弹、爆破弹、攻坚弹和破障弹等主用弹，也可以配用于燃烧弹、发烟弹等特种弹。

4.2.2　触发引信原理与分类

触发引信是直接利用弹丸与目标相接触的一瞬间，由目标给引信的反作用力或者由于弹丸减速引起引信运动状态发生急剧变化而使引信动作引爆弹丸。

从主体结构看，触发引信与其他引信一样，是由发火控制系统、安全（保险）系统、传爆/爆炸序列和能源等部分（或分系统）组成。在安全系统、传爆/爆炸序列和能源等的组成上，触发引信与其他引信基本相同，只有以目标敏感装置为核心的发火控制系统，触发引信与其他引信是完全不同的。触发引信的发火控制系统是由目标敏感装置、信号处理装置和发火装置等机构组成的。

作为一种利用与目标的接触信息而作用的引信，按接触信息的物理特性，分为机械触发引信、电触发引信、光触发引信、化学触发引信、机电触发引信等；按作用时间，分为瞬发引信、短延期引信、延期引信等[9]。

不同类型的触发引信，其结构组成和作用原理是有区别的，简述如下：

（1）机械触发引信的目标敏感装置是由惯性体等机械构件组成的，靠引信撞击目标时目标的反作用力或引信向前冲击的惯性力作用于发火装置，起爆发火元件（火帽），再起爆爆炸元件（雷管），或直接起爆爆炸序列的爆炸元件。

（2）撞击式压电引信的目标敏感装置是由压电元件和导线等电子元器件组成。目标敏感装置安装在引信头部。引信的底部由电雷管、隔爆板、引爆管、传爆药柱和传爆管等零部件组成。靠目标的反作用力或引信的前冲惯性力压迫引信头，使引信头产生变形，利用压电元件的变形能转变成发火的电能，经导线由引信头传到引信底部的电雷管，使电雷管起爆。由于需要足够的冲击动能才能可靠发火，撞击式压电引信主要配用于弹丸速度比较高、对付比较坚硬目标的破甲弹、攻坚弹等。

（3）电触发引信的目标感应装置由各种类型的撞击开关或惯性开关等机构组成，它的使命只是在碰击目标时使开关闭合，接通发火控制电路，使发火控制电路正常工作。电触发引信发火可靠性高，受冲击动能的影响小，可配用于各种弹丸速度较低、对付目标比较模糊的弹药，如杀伤弹、燃烧纵火弹和催泪弹等。

（4）光触发引信的目标敏感装置主要由光导元件等零部件组成，其作用原理是引信撞击目标时，因光导元件的光通量发生改变而接通发火控制电路，使发火控制电路闭合后正常工作。这类引信是一种技术含量很高的产品，它将使引信的总体性能有一个较大幅度的提高。但这种引信现大多处于原理研究阶段，真正形成产品的还不多见。

（5）化学触发引信的目标敏感装置主要是由装有几种（至少两种）不同化学药剂的器皿组成的，引信撞击目标时，在惯性力或目标反作用力的作用下，某一种或几种装有化学药剂的器皿破碎，使不同的化学药剂混合在一起，产生化学反应，生成热能而发火，完成发火任务。

对于触发引信，业内常采用触发机构作为引信直接碰击目标时的反作用力或载体与目标相碰时产生惯性力使得起爆元件发火的各种发火机构的总称。衡量触发机构有三个基本指标：

（1）引信触发灵敏度——触发机构在规定条件对预定目标可靠发火的敏感程度[2]；

（2）引信瞬发度——从碰击目标到引信传爆管完全起爆所经历的时间；

（3）引信钝感度——正常飞行的弹丸碰到弱障碍物时，处于待发状态引信不起爆的能力。

4.2.3 常用触发引信发火机构

1. 针刺发火机构

针刺发火机构利用击针戳击起爆元件而发火，一般由击针、火帽（雷管）和中间保险零件组成。针刺发火机构又可以分为瞬发针刺发火机构与惯性针刺发火机构。瞬发针刺发火机构直接感觉目标反作用力并驱动击针激发起爆元件产生瞬发作用，按击针状态有裸露式、埋入式与中间式针刺发火机构等之分。惯性针刺发火机构主要由活击体、相对作用部件和中间保险零件组成，其利用碰击目标所产生的惯性力使得击针激发起爆元件。

美国配用于迫击炮弹的 M717 弹头引信采用了裸露式针刺发火机构，由击针帽、击针簧、销子、雷管等组成，如图 4.2.1 所示。销子保证击针不能从引信体内脱出。发射时，在膛内阶段击针后坐插入雷管座的盲孔；出炮口后，击针抬起，雷管座运动到位，雷管与击针对正；弹道飞行中，击针簧保证击针与雷管勿误触发。当弹丸与目标相撞时，在目标反作用力下，击针克服弹簧作用戳击雷管，触发爆炸序列引发战斗部爆炸。美国配用于坦克炮碎甲弹的 M578 弹底引信如图 4.2.2 所示，它的惯性击发体由击针合件和钢球两部分组成。碰击目标时，击针合体在自身惯性力及钢球的冲击下克服中间保险簧抗力戳击雷管。

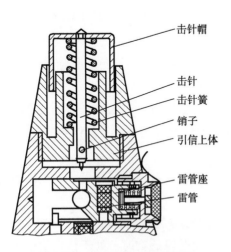

图 4.2.1　M717 弹头引信结构

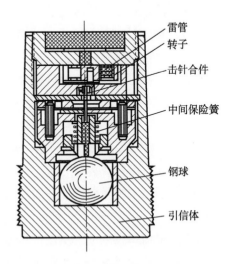

图 4.2.2　M578 弹底引信

2. 压电发火机构

压电发火机构是利用压电陶瓷的压电效应将引信工作的环境能转变为电起爆信号的装置。压电发火机构按压电方式可分为碰击式压电发火机构和储能式压电发火机构。碰击式压电发火机构利用目标反作用力或碰击目标的前冲力使得压电陶瓷产生电起爆信号。储能式压电发火机构利用碰击目标前的压力使得压电陶瓷产生电能并储存于压电陶瓷本身或电容器中，作为一个储能电源，碰击目标瞬间开关闭合，再把储存的电能释放给爆炸元件。储能式发火机构按施加压力的不同可分为利用后坐力压电发火机构与利用火药气体发火机构两种。

美国 MK118 反坦克小炸弹引信采用如图 4.2.3 所示的用火帽冲击力压电的压电发火机构。小炸弹着速小，为保证其大着角时可靠发火，可利用机械触发机构使得火帽发火，再以其冲力向压电陶瓷施压。平时，击发体由支板支撑，不能戳击火帽。压电火帽座位于压电陶瓷上方，它本身又是压电块。陶瓷下表面有并联泄漏电阻片，电阻片上表面通过接电插销与压电陶瓷下表面导通，并通过导线与引信底部相连；电阻片下表面通过导电簧片、支座、火帽座等金属零件与压电陶瓷上表面相通，再通过弹体传至引信底部。

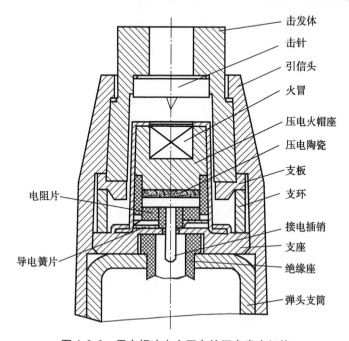

图 4.2.3 用火帽冲击力压电的压电发火机构

3. 触发开关

触发开关利用载体碰击目标时的反作用力或前冲力而闭合，以接通引信电路，是起爆元件发火的开关，又称发火开关。常用的有碰合开关、惯性开关和振动开关，如图 4.2.4 所示。碰合开关利用载体碰击目标时的反作用力而闭合，结构简单，一般是将开关直接装在弹体的某个部位上，它靠目标反力直接作用而工作。惯性开关是利用载体碰击目标时的前冲惯性力而闭合的，惯性开关一般采用以弹力或磁力作返回力的触点开关。振动开关是利用载体碰击目标时弹性零件的振动而接通电路，振动开关多用于航空炸弹和导弹引信中，有单向振动开关与多向振动开关之分。

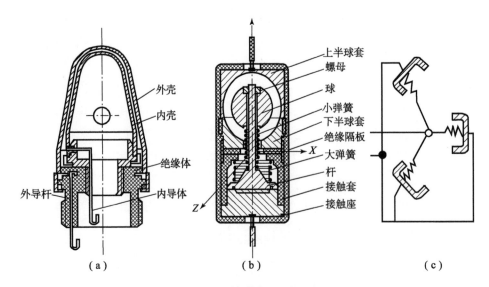

图 4.2.4 典型触发开关结构

（a）典型碰合开关；（b）典型惯性开关；（c）多向振动开关

4.3 近炸引信

4.3.1 概述

近炸引信是按目标特性或环境特性感觉目标的存在、距离和方向而在目标附近作用的引信。在近炸引信未出现前，为使炮弹配备触发引信也能空炸毁伤躲于战壕的人员，人们选用跳弹空炸，但跳弹率不稳定且会造成引信与弹壳部分损坏，杀伤效果并不理想。人们想到了时间引信，但时间引信存在较大的炸高分布问题，过高使得目标处于威力范围之外，过低则不能充分利用目标。飞机、导弹等空中目标不仅速度高且机动性大，弹药直接命中难度高，触发与时间控制引信皆难以满足战斗部在目标进入杀伤区域起爆。在这种形势下，迫使人们去研发新原理的引信，能在不碰击目标的条件下于相对目标最佳位置引爆战斗部，即近炸引信。

近炸引信研究起始于 20 世纪 30 年代，德国最早，其次为英国、日本与前苏联，它们先后设计了多种类型的近炸引信。例如，前苏联在 1935 年制成了声学引信，该引信在实验室和靶场试验时，得到令人满意的结果，用它来对付装有 M–11 或 M–17 发动机的飞机，可以保证在 50~60 m 距离动作，并对炮弹发射的噪声无作用。近炸引信的飞跃发展是在 20 世纪 40 年代以后，主要由第二次世界大战中特别令人注目的两大事件促成。第一个事件是有很大活动半径的新式导弹的出现，它使近炸引信成为极为必需的装置。飞机上装载的航空导弹一般数量不多，其构造复杂且昂贵，这就使得它们不能像普通口径的航空炮弹那样大量地消耗。此外，导弹的遥控系统或是自动瞄准系统都存在着不可避免的误差而不能导引弹头直接命中目标。因此对于导弹来说，实现近炸起爆比炮弹更为必要。第二个事件是雷达技术的广泛发展，为实现新原理的近炸引信创造了条件。美国于 1940 年才开始研发近炸引信，但其近炸引信技术依托雷达技术，很快就后来居上，处于领先地位。1943 年，美国无线电引信（又称雷达引信）研制成功并装备部队。到第二次世界大战结束，美国共生产可用的无线电引信 2 000 多万发，这些引信在大战后期和朝鲜战争中都显示出强大威力。无线电近炸引信首次被派上战场是 1943 年 1 月 5 日，轻型轻巡洋舰"海伦娜"号（"布鲁克林"级，排水量 6 000 t，16 门 127 mm 主炮）在南太平洋以配有无线电近炸引信的 127 mm 火炮，成功击落一架日军轰炸机。据战后统计，美军舰载防空火炮的主力，127 mm 炮使用无线电近炸引信时击落每架敌机平均需要 500 发炮弹；而使用常规炮弹时则要多 4 倍，即 2 000 发。在战争末期防御日本"神风"敢死队攻击的火炮，大部分都得助于无线电近炸引信。美国海军部长佛瑞斯塔曾称赞无线电近炸引信的使用，令美国在太平洋战场上得以大量减少人员伤亡及装备损失。在欧洲战场上，无线电近炸引信是英国在 1944 年成功阻挡德国 V–1 火箭攻势的主要原因之一。击落 V–1 火箭的防空火炮大部分都配备火控雷达及无线电近炸引信这两种新发明。按战后统计，以无线电近炸引信击落一枚 V–1 平均需要

150 发炮弹，但使用常规炮弹则需要约 2 800 发。

无线电引信相对触发引信成倍甚至几十倍地提高了炮弹的杀伤效果，使各国得到巨大启示，并投入了更多的人力、物力，而且把最先进的技术成就优先用于引信。由于广泛采用了各个科学领域的前沿成果与技术，近炸引信发展迅猛。无线电引信从 20 世纪 40 年代的电子管型、50 年代的晶体管型、60 年代的固体电路型，发展成为 70 年代的特制集成电路型。例如，美国将中、大口径的地炮榴弹引信用一种集成化无线电引信代替；在迫击炮弹上，也研制并配用了集成化的多用途引信。随着电子计算机技术、微电子技术、红外技术、激光技术、遥控（遥感）技术等在近炸引信中得到应用，先后出现了各种原理的近炸引信，如红外引信、激光引信、毫米波寻的引信、计算机引信和末制导引信等[9]。

近炸引信的作用特点是引信不接触目标便能起爆，没有延迟时间和触发机构，完全依靠其敏感装置来感应目标的存在、速度、距离、方向，在距目标一定的距离时即可起爆弹药。它的优点是能大幅提高武器系统对地面有生力量、装甲目标和空中、水中目标的毁伤概率，提高弹药对各种目标的毁伤效果，减少弹药的消耗量，对需要近距离爆炸的弹药，如杀伤弹、破甲弹等，是最适用的引信。近炸引信的缺点是比较容易受干扰，可靠性不如触发引信与时间引信，成本较高等。

为了提高近炸引信与战斗部的有效配合，增强引信的抗干扰能力和感觉目标与环境特性的能力，人们采取了各种技术措施，如将目标特性编码技术、目标特性敏感技术和其他新技术、新原理融合，研制成功数字式编码引信、目标敏感引信和多选引信，使近炸引信的性能得到极大提高。近炸引信的发展方向是提高自适应性、抗干扰性、作用可靠性、引信效率及实现小型化等。

近炸引信选择时间与空间炸点的能力，补偿了弹药命中精度的不足，能大幅提高武器系统对地面有生力量及空中、水面和水下目标的毁伤概率，在战术性能、弹药威力、弹药消耗及减轻后勤供给等方面都显示出优越性，已被广泛应用于杀伤弹、破甲弹、杀伤/破甲两用弹、爆破弹、攻坚弹和破障弹等主用弹，也可以配用于燃烧弹、发烟弹等特种弹。

4.3.2 近炸引信原理与分类

近炸引信的核心为发火控制系统，其由敏感装置、放大与信号处理电路、执行装置和电源组成。敏感装置用来感受外界物理场由于目标存在所发生的变化，并把所获得信息转化为电信号。放大与信号处理电路的作用是放大和处理敏感装置输出的初始信号，一般敏感装置获取的信息能量小，必须将初始信号放大，初始信号包含噪声，还需滤波提取出有用的信号，以分析鉴别信号所包含的目标相对位置信息或其他特征，在确定目标处于最佳炸点位置时，适时输出控制信号，推动执行装置工作。执行装置是将信号处理电路输出的控制信号转变为火焰能或爆轰能的装置，由开关、储能器、电雷管（或电点火管）组成。电源的作用是提供能量，以保证各电子器件能正常工作。

近炸引信与目标不直接接触但有密切联系，当目标存在时，目标将通过本身的物理性质、几何形状、运动状态及周围的环境等反映出各种信息，近炸引信通过探测目标的这些信息来确定其存在与方位，以控制引信适时作用，这需要一定的"中间媒介"来建立目标信息传递给引信的联系。一般而言，近炸引信与目标之间的"中间媒介"是各种物理场，如电、磁、声、光等，场与实物状态的相互作用特点使得目标与近炸引信能实现信息的传递。

近炸引信的工作原理是：在弹丸接近目标时，引信的感应式敏感装置根据目标及周围环境物理场（如电磁场、光强场、声场、静电场、压力场和磁场等）固有的某些特性，或目标周围物理场因目标出现而产生的某些变化，来感应目标信息，将感应到的信息传送给信号处理电路。信号处理电路对接收的信号进行放大、筛选和鉴别处理，从繁杂的信号中区分出目标信息，提取目标信息所反映的目标位置、运动速度和运动方向等特征量，并与战斗部毁伤能力特征数比较，当目标的特征量包容在战斗部毁伤特征数以内时，就是战斗部的有利炸点，信号处理装置便向执行装置输出启动信号，执行装置再向爆炸序列输出起爆信号，使爆炸序列中的电起爆元件发火，引爆战斗部的装药，完成引信的使命。

近炸引信可以利用的物理场应具备两个条件：一是目标与背景必须具有对比性，即目标所产生的物理场或引起的物理场变化与背景有足够的差别；二是目标的这种物理场或造成的物理场变化在战场条件下较难模拟。

基于近炸引信发火控制系统的工作特性，近炸引信可以有多种分类方法，这里介绍两种常用的分类方法[2]。

1. 按照空间物理场性质分类

根据传递目标信息的空间物理场的性质，近炸引信可分为无线电近炸引信、非无线电近炸引信和联合体制近炸引信三大类，如图4.3.1所示。

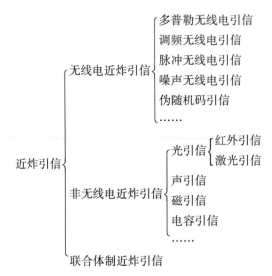

图4.3.1　近炸引信按空间物理场性质分类

（1）无线电近炸引信：简称无线电引信，是指利用无线电波获取目标信息而作用的近炸引信，其多数原理如同雷达，俗称雷达引信。根据引信工作波段可分为米波式、微波式和毫米波式等；按其作用原理可分为多普勒式、调频式、脉冲调制式和编码式等。

（2）非无线电近炸引信：简称非无线电引信，是指利用无线电波以外的各种物理场感觉目标而作用的近炸引信。由于感受目标的光、声、磁、电容、电感、压力、辐射等物理场性质不同，可分为光引信（红外引信与激光引信）、磁引信、声引信、电容引信、周炸引信等。

（3）联合体制引信：依据实际情况，在条件允许的情况下可结合不同体制近炸引信的优点来提高整个引信系统性能。常见的联合体制引信是无线电体制和非无线电体制的联合，如多普勒无线电引信 + 光引信、调频无线电引信 + 红外引信、无线电引信 + 磁引信等。近些年还发展出了一些多种非无线电体制的联合引信，比如智能地雷引信。

2. 按照作用方式分类

对于近炸引信，按其传递目标信息的物理场来源可分为主动式、半主动式和被动式[9-11]。

（1）主动式近炸引信场源在引信上，引信本身辐射能量，辐射的能量载体作用于目标上并由敏感装置采集目标所反射的信息,如图 4.3.2 所示。场源所产生的物理场是引信自身产生的,与目标没有关联,因此该引信受外界环境变化影响较小,工作稳定可靠程度高。此外,引信靠近目标才开始工作,所以对辐射功率的要求较低,一般 1 W 以下。这种近炸引信常见于无线电体制。

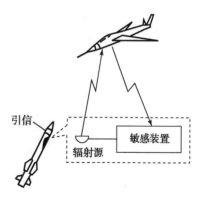

图 4.3.2　主动式近炸引信

(2) 半主动式近炸引信场源既不在引信上也不在目标上,由使用方专门设置和控制。一般由己方在地面、飞机或军舰等上设置的辐射源释放能量,引信同时接收目标反射信号与辐射源信号进而得到目标信息,如图 4.3.3 所示。因为辐射源与引信机构单独存在,所以引信结构相对简单且辐射源稳定且方便控制。由于该引信需鉴别目标反射信号与辐射源信号,需要大功率设备,会使得指挥系统复杂化且易被敌方发现,这种引信主要用于地空或空空导弹上。

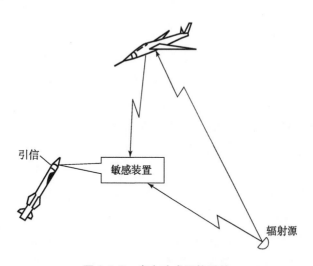

图 4.3.3　半主动式近炸引信

(3) 被动式近炸引信场源在目标上,利用目标产生的物理场从而获取目标信号,如图 4.3.4 所示。大部分军事目标都具有某些物理场,例如飞机与火箭的发动机可产生红外光辐射和声波、高速运动的目标因为静电效应存在静电场、铁磁性目标具有磁场、工作的雷达目标具有较强电磁场。由于引信无场源，故该引信不仅结构简单、耗能小，且不易暴露、抗干扰能力强。但是由于获取目标的信息完全依赖于目标的物理场，敌方目标可有欺诈性措施使得物理场信息变化，引信完全受目标状态影响。该种近炸引信常用于非无线电引信中。

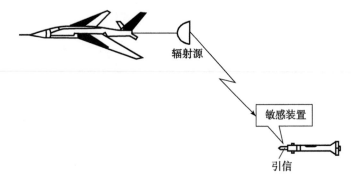

图 4.3.4　被动式近炸引信

4.3.3　常用近炸引信探测机制

1. 无线电引信

无线电引信是一种利用无线电波获取目标信息而工作的近炸引信，其作用原理是在预先设定的探测距离处给出引炸指令，使得弹药在最佳炸点引爆战斗部以提高杀伤力[12]。无线电近炸引信因其具有灵活的工作体制、炸高容易控制及结构简单等特点，得以迅速发展，自 20 世纪 70 年代起，国外发达国家的近炸引信技术已趋于成熟[13]。无线电引信按照实现方式的不同可分为多普勒式、调频式、脉冲调制式等。此外，根据无线电引信发射与接收系统的耦合程度不同，无线电引信又分为自差式和外差式。自差式引信由于发射与接收系统共同来作为探测装置，因此称为自差机。

连续多普勒无线电引信是最早使用的一款无线电引信，第二次世界大战时就已被使用，这种引信是利用弹目接近过程中电磁波的多普勒效应来进行探测任务的。常规弹药常采用自差式，自差机为高频振荡器，弹目的相对运动产生多普勒效应，接收的回波信号高出一多普勒频率，检波后形成低频信号，其原理如图 4.3.5 所示。还可利用多普勒信号的频率信息，对空多普勒引信在弹目交会过程中不能直接命中目标，则在弹丸接近目标时，多普勒频率急剧变化，由此特点而诞生的外差式多普勒无线电引信工作原理框图如图 4.3.6 所示。

图 4.3.5　自差式多普勒无线电引信工作原理框图

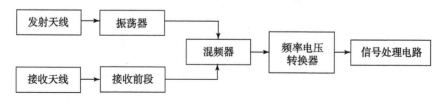

图 4.3.6　利用频率信息的外差式多普勒无线电引信工作原理框图

调频式无线电近炸引信是一种调频连续波雷达系统,其发射一种按调制信号变化规律的等幅连续波信号,将目标反射回波信号与发射信号进行差拍处理,其差拍信号频率对应雷达与目标之间的距离[14]。当调频系统与目标存在相对运动时,可获得目标运动速度信息。正弦波调制多普勒无线电引信的工作原理框图如图 4.3.7 所示。

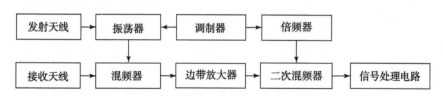

图 4.3.7　正弦波调制多普勒无线电引信工作原理框图

脉冲无线电引信是一种发射的高频脉冲信号具有一定重复周期,并接收目标反射回波信息的无线电引信。一般的脉冲无线电引信工作原理类似脉冲测距雷达。目标反射的脉冲在时间上比发射脉冲滞后一个时间,该时间是 2 倍弹目距离与波速的比值,因此可通过测定滞后时间得到距离。脉冲无线电引信的工作原理框图如图 4.3.8 所示。

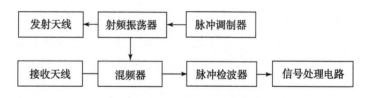

图 4.3.8　脉冲无线电引信工作原理框图

伪随机码无线电引信是利用伪随机码作为调制信号的一种调频或调幅引信。伪随机码调制是由随机噪声调制演化而来，它既有近似于噪声调制的性能又易于实现。伪随机码无线电引信工作原理框图如图4.3.9所示。

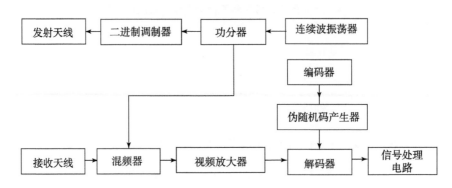

图4.3.9　伪随机码无线电引信工作原理框图

M732A1无线电近炸引信为配用于108 mm、105 mm、200 mm杀爆弹的弹头引信，其结构如图4.3.10所示，主要有射频振荡器、电源、电子定时器部件，安全与保险装置及爆炸序列结构[2]。M732A1引信作用前可选择近炸或触发作用方式。近炸装定时，根据从弹道表上查出的到达目标的飞行时间，旋转引信头锥装定，使头部的装定线与引信上时间刻度（秒级）对准。引信在标称时间到达5 s前开始辐射无线电信号。弹丸发射后，电源与电路开始工作。同时，安全与保险装置开始解除保险动作，当转子完全解除隔爆并被锁定时，引信解除保险完成。引信沿弹药飞行，到离目标时间还有5 s时，电子定时器开关闭合，使电池供电给振荡器、放大器以及发火电路。振荡器开始辐射无线电射频信号，使发火电路开始充电，达到保证可靠引发雷管阈值电压20 V的标称时间为2 s。当引信接近目标时，振荡器天线接收到回波信号，通过检波获得多普勒信号再经过放大器电路进行处理，当信号达到预定值时，发火电路给出发火脉冲，电雷管起爆而引爆爆炸序列使得战斗部起爆。

2. 非无线电近炸引信

非无线电近炸引信主要是区别于利用无线电进行探测的庞大无线电引信族群。目前非无线电近炸引信主要有光引信（红外与激光）、磁引信、声引信与电容引信。

光引信是利用光场变化获取目标信息的一种近炸引信，主要配备于导弹

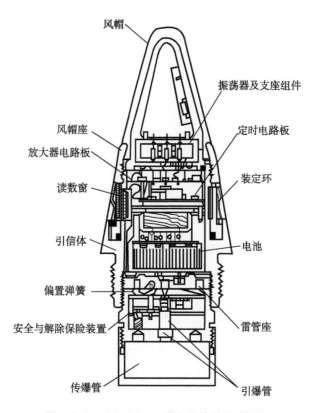

风帽

振荡器及支座组件

风帽座

定时电路板

放大器电路板

装定环

读数窗

引信体

电池

偏置弹簧

安全与解除保险装置

雷管座

传爆管

引爆管

图 4.3.10　M732A1 无线电近炸引信结构图

上。光引信可按光场性质分为可见光引信、红外引信、激光引信，还可按引信利用光场的来源分为主动型光引信与被动型光引信。激光与红外是常用的光引信。被动型光引信是利用目标的光场，如飞机、坦克、军舰、工厂、电塔工作时会产生热源辐射红外线，在引信接收系统处设置适当红外探测器，把目标的红外信号转变为电信号。红外引信多用于对空导弹中。红外引信的敏感装置也称为光敏装置，主要由滤光器、光学系统与光敏电阻组成，以美国"响尾蛇"空空导弹红外引信为例，其红外引信工作原理框图如图 4.3.11所示。激光引信一般通过激光束的发射和目标对激光的反射而获取目标的运动信息，激光引信的敏感装置主要有激光激励源、激光管、发射光学系统、接收光学系统、光电探测器和前置放大器，激光引信可用于导弹、炮弹、航空炸弹、火箭弹、水雷、鱼雷和末敏弹药等。激光引信一般多采用主动式，其工作原理框图如图 4.3.12 所示。

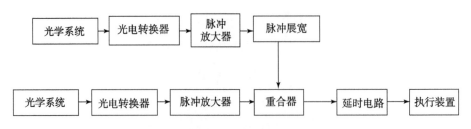

图 4.3.11　美国"响尾蛇"空空导弹红外引信工作原理框图

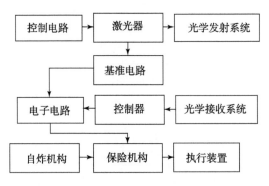

图 4.3.12　主动式激光引信工作原理框图

　　磁引信又叫磁感应引信，它利用目标的铁磁特性在弹目接近时使得引信周围的磁场发生变化从而获取目标信息。依据引信是否向外辐射磁场可分为主动式磁引信与被动式磁引信，主动式磁引信利用目标磁场对引信磁场的扰动来探测目标，被动式引信依靠接收目标磁引信来探测目标。主动式磁引信的磁敏感装置主要有发射器、辐射器和接收器，发射器将直流电转变为交流电，产生一定工作频率的信号去接力辐射器，从而向周围辐射交变磁场，接收器将接收到的磁场信号转变为电信号。主动式磁引信常用于鱼雷磁引信、上浮水雷磁引信与水雷磁引信等运动弹药。被动式磁引信一般采用磁膜接收器和磁通阀接收器。被动式磁引信常用于位置固定的弹药，如水雷磁引信与地雷磁引信。

　　声引信是利用声场探测目标的近炸引信。战场目标如舰艇、飞机、坦克在工作时都会产生一定的噪声，声引信将声场中的信号转变为电信号，进而确定目标方位并引爆弹药。用于攻击小型水面舰艇、水陆两用战车与小型潜艇的水雷声、磁复合引信工作原理框图如图 4.3.13 所示。

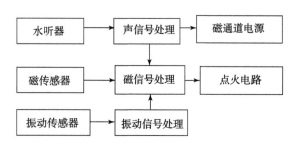

图 4.3.13　某水雷声、磁复合引信工作框图

电容近炸引信是利用引信电极间电容变化而工作的引信，当引信接近目标时，引信间的工作电容发生变化。电容敏感装置主要由电极、振荡器和鉴频器（或检波器）组成，其电容随着弹目距离的减小而增加，使得振荡器频率发生变化并由鉴频器转化为电信号，当弹目距离达到要求炸点时，电容变化量达到一定阈值，振荡器频率也达到一定值，鉴频器把电信号输给信号处理电路并启动执行电路而引爆战斗部，其工作原理框图如图 4.3.14 所示。

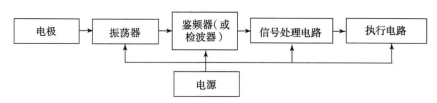

图 4.3.14　电容近炸引信工作原理框图

PX581 迫弹通用激光近炸引信是由挪威 NOPTEL 公司与美国 Junghams Feinwerktechinik 公司联合研制的，其结构如图 4.3.15 所示。其预装定 1 m、2 m、3 m、4 m、5 m 的作用距离，设计上符合 1316D 军标，安全距离不小于 100 m，系统可靠性高达 98%，采用侧进气涡轮物理电源，工作环境温度为 -46℃~63℃[15,16]。该激光引信采用单波束——激光器发射的光束形状为细圆柱形，可应用于子母弹中母弹精准定距控制开舱高度，子弹主要利用激光引信的精密测距功

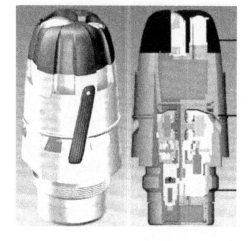

图 4.3.15　PX581 迫弹通用激光近炸引信

能控制弹体飞行高度或进行目标识别以决定引爆高度与时机[17]。

4.4 引战配合

4.4.1 引战配合概念

引战配合问题最早起源于第二次世界大战时期近炸引信的出现[18]，近炸引信与目标接近时，其可以基于程序设定自动地在弹道上选择一合适距离作为最有利炸点，以获得战斗部对目标的最大杀伤效率。确定引信最佳炸点的问题，就是引信与战斗部的配合问题，简称为引战配合[2]。

对于防空作战和高炮弹药来说，最初所采用触发引信的弹丸只有直接命中目标（小概率事件）才能产生毁伤作用，绝大部分弹药不能发挥作用，武器系统毁伤效率极低。于是，高炮弹药引信经历了从碰炸、定时空炸到近炸的发展历程，使武器系统毁伤效率得到了逐步提高。另外，近炸引信也被应用于对地作用的榴弹，弹丸空炸作用方式可大幅提高破片利用率，从而显著增加了毁伤作用幅员。自第二次世界大战后期以来，导弹类精确制导武器开始出现并得到了迅速、全面的发展。即使这样，对于空中高速机动的"点"目标来说，防空导弹仍然难以通过直接命中来摧毁目标，于是破片杀伤战斗部被广泛采用，以弥补导弹命中精度的不足。由于防空导弹总体结构布局和战斗部爆炸驱动破片飞散原理等原因，战斗部破片飞散场局限于导弹侧面一定范围内，如图4.4.1所示。这样，在弹目交会那一瞬时，由近炸引信所控制的爆炸时机或炸点位置决定了战斗

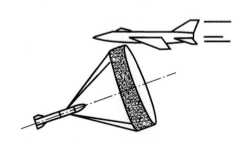

图4.4.1　防空导弹战斗部破片对目标的作用

部毁伤元与目标的作用结果，实际上也决定了导弹最终作战任务的完成，因此引战配合问题就显现得异乎寻常的重要[19,20]。基于这样的原因，引战配合问题受到相关研究者的广泛关注，引战配合的系统研究大致从此开始。

传统的引战配合概念出自防空导弹的概念体系，即防空导弹在一定的弹目交会条件下，引信适时起爆战斗部，使战斗部毁伤元准确命中目标并尽可能大地毁伤目标的程度，也被描述成引信启动区与战斗部毁伤元动态飞散区（杀伤区）的协调程度。引信启动区是指导弹在遭遇段接收到目标信号后，引

爆战斗部时目标中心所在点相对战斗部中心的所有可能位置的分布空域。导弹与目标的相遇及引战配合概念的图解说明如图 4.4.2 所示。导弹的制导系统决定战斗部相对目标在 2D 平面上脱靶量大小，即解决 2D 精度控制问题，而引战配合则解决空间第三维坐标即沿相对运动方向起爆点坐标的控制问题，也就是说引战配合相当于对目标的第二次瞄准。

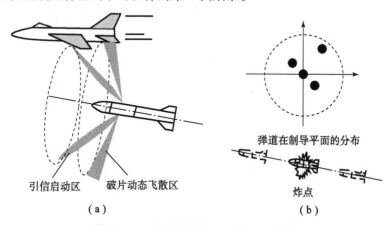

弹道在制导平面的分布

引信启动区　　破片动态飞散区

炸点

（a）　　　　　　　　　（b）

图 4.4.2　防空导弹弹目交会与引战配合

为使战斗部起爆后最大限度毁伤目标，引信启动区应尽可能与杀伤区重合。引信启动区和杀伤区相对于导弹而言其形状大致如图 4.4.3 所示，呈现对称于导弹纵轴的空心锥。若这两个区完全重合，如图 4.4.4（a）所示，引信与战斗部完全配合，战斗部杀伤区一定穿过目标。若这两区部分重合，如图 4.4.4（b）所示，表示引信启动后杀伤区有可能穿过目标。若这两个区完全不重合，如图 4.4.4（c）所示，则称引信与战斗部失调，它表明引信启动后，战斗部杀伤区一定不穿过目标。

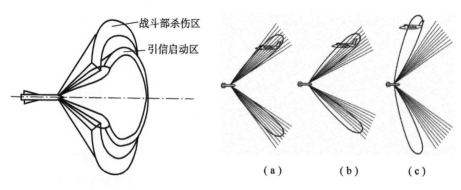

战斗部杀伤区

引信启动区

（a）　　　　（b）　　　　（c）

图 4.4.3　引信启动区与战斗部杀伤区　　　图 4.4.4　引战配合效果示意图

目前，引战配合的概念已不再局限于防空导弹、破片杀伤战斗部以及近炸引信的范畴，已经推广到其他类型弹药、战斗部及其相应的引战系统中[21,22]。对于耳熟能详的"钻地弹"、侵彻爆破战斗部，需要侵彻到深层工事、舰船等目标内部并在理想位置上爆炸，以获得最佳的毁伤效果。对于战斗部炸点位置的选择与控制，属于引战配合的范畴。对于聚能破甲战斗部，其终点作用原理决定其存在最佳炸高，炸高的控制既与弹药整体结构有关，也与引信的启动特性有关，对炸高的控制及其理想毁伤效果的获得是聚能破甲弹中的引战配合问题[23]。由于引战配合问题具有广泛性，不同类型的战斗部具有不同的引战配合形式，引战配合概念已经得到了拓展。在此给出广义引战配合的概念[24]：引信控制战斗部起爆时机的适时程度以及使战斗部毁伤效能发挥的程度。

4.4.2　引战配合效率

关于传统的防空导弹破片/杀伤战斗部和近炸引信的引战配合，一般采用引战配合效率[19,25]进行量化描述，并作为衡量引信和战斗部参数设计协调性的一个综合技术性能指标。这里的引战配合效率是指在给定的战斗部和目标交会条件下，引信适时起爆战斗部，使战斗部所产生的杀伤破片准确击中目标并尽可能毁伤目标的程度[9,26]。这样，引战配合效率就由基于一定引信启动特性和规律的战斗部毁伤目标效果所反映，并体现为一种统计量。由于多种因素都会对引战配合效率产生影响，如战斗部破片飞散速度、方向和飞散角、引信启动点位置、导弹运动速度和方向以及导引误差等，既包含确定因素也包含随机因素，因此引战配合效率是全面考虑这些因素并在参数可能散布条件的加权平均，需要采用统计量来衡量。

传统引战配合效率的定量指标有两种[9,27,28]：一种是确定脱靶量 ρ 及脱靶方位 θ 的条件下，战斗部对目标的条件杀伤概率（也称为坐标杀伤规律）$p_{df}(\rho,\theta)$；另一种是考虑导引精度，即脱靶量 ρ 及脱靶方位 θ 按一定命中规律随机分布条件下，战斗部对目标的单发杀伤概率 p_1。

1. 条件杀伤概率 $p_{df}(\rho,\theta)$

在相对速度坐标系 $Ox_ry_rz_r$ 下，弹目交会状态和脱靶参数如图 4.4.5 所示。其中，弹目相对运动轨迹平行于 x_r 轴，与之垂直的 Oy_rz_r 称为脱靶平面，相对运动轨迹与脱靶平面的交点 P 称为脱靶点；战斗部中心所处的相对运动轨迹离目标中心的最小距离 OP 称为脱靶量 ρ，脱靶平面 Oy_rz_r 上 OP 线与 y_r 轴所

夹的方位角 θ 称为脱靶方位。固定脱靶量 ρ 及脱靶方位 θ（弹目交会状态）的条件杀伤概率 $p_{df}(\rho,\theta)$ 表达式为

$$p_{df}(\rho,\theta) = p_f(\rho,\theta)\int_{x_{min}}^{x_{max}} p_d(x_r/\rho,\theta)\cdot f_f(x_r/\rho,\theta)\mathrm{d}x_r \qquad (4.4.1)$$

式中，$p_f(\rho,\theta)$ 为引信启动概率；x_{min} 和 x_{max} 分别为沿相对运动轨迹的引信启动点坐标 x_r 的最小值与最大值；$p_d(x_r/\rho,\theta)$ 为炸点为 $(x_r/\rho,\theta)$ 的战斗部对目标的毁伤概率，亦称三维坐标毁伤规律；$f_f(x_r/\rho,\theta)$ 为引信启动点沿 x_r 轴的分布密度函数。

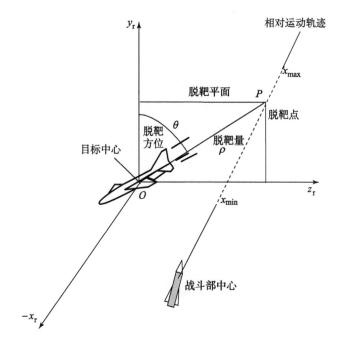

图 4.4.5　相对速度坐标系 $Ox_ry_rz_r$ 下的弹目交会状态和脱靶参数

采用条件杀伤概率量化描述引战配合效率具有以下特点：

（1）忽略了导引误差及弹道随机散布，可方便地在导弹系统方案设计阶段分别对导引精度和引战配合效率进行研究，用以研究引信与战斗部参数对配合效果的影响并可进行引信和战斗部参数的初步匹配设计。

（2）$p_{df}(\rho,\theta)$ 既反映了引信对给定目标的启动概率随距离和方位的变化以及启动点沿相对轨迹的散布，又反映了战斗部的威力、目标易损性等因素，因此可以充分体现脱靶条件为 (ρ,θ) 时引战配合的综合效果。

2. 单发杀伤概率 p_1

考虑导引精度即脱靶量 ρ 及脱靶方位 θ 按一定命中规律随机分布条件下，战斗部对目标的单发杀伤概率 p_1 既可作为引战配合效率的定量指标，也是武器弹药终点效能的表征参量之一，后面的第 6 章将会对此进行深入阐述。

单发杀伤概率 p_1 的表达式为

$$p_1 = \int_0^{2\pi} \int_0^{\rho_{\max}} p_{\mathrm{df}}(\rho,\theta) f_{\mathrm{g}}(\rho,\theta)\,\mathrm{d}\rho\mathrm{d}\theta \qquad (4.4.2)$$

式中，$p_{\mathrm{df}}(\rho,\theta)$ 意义同上，为条件杀伤概率；$f_{\mathrm{g}}(\rho,\theta)$ 为导引误差分布密度函数。

在此基础上，可通过引信实际起爆条件下的战斗部单发杀伤概率 p_1 与引信理想起爆条件下的战斗部单发杀伤概率 p_0 之比 K_{df}，来进一步衡量和分析引战配合效率或引战配合设计效果，K_{df} 表达式为

$$K_{\mathrm{df}} = p_1/p_0 \qquad (4.4.3)$$

这里，引信实际起爆条件下的单发杀伤概率是指对给定空域点、给定目标和误差散布时，按实际的引信启动性能计算或通过打靶统计得到的导弹单发杀伤概率 p_1；引信理想起爆条件是指引信在最佳起爆时刻引爆战斗部。最佳起爆时刻定义为：引信起爆战斗部时，战斗部破片的动态分散中心正好对准目标中心，使得破片或其他主要杀伤元最大程度覆盖目标要害区；或在该时刻起爆战斗部，可获得最大的单发杀伤概率。

用单发杀伤概率及基于此的概率比 K_{df} 描述引战配合效率有以下特点：

（1）需要考虑导引精度和引入制导误差分布函数，考虑问题更为全面，但要获得此函数和导引误差统计量，只有在导弹系统设计到达一定阶段才能较确切给出。

（2）概率比 K_{df} 突出反映了引信实际启动区变化对引战配合的影响。

现代引信的主要特点是对各种信息的综合利用，利用哪些信息以及如何建模实现理想的引战配合是首要问题之一，因此需要引入一定的指标来衡量信息利用效率或起爆控制模型效率。另外，由于引信固有参数的随机性影响起爆位置的散布，因此需要引入引信设计效率来衡量引信固有或潜在的效率，并反映引信的设计水平，引信设计效率不受交会条件和遭遇点参数的影响。

通过提高引信利用效率和优化起爆控制模型所得到的最优引信，可使战斗部单发杀伤概率 p_1 达到极大值，用 p_1^* 表示，p_1^* 强调的是战斗部单发杀伤概率与引信调整起爆位置的能力有关。在此引入起爆控制模型效率参数 i，通过

配装实际引信的战斗部单发杀伤概率与配装最优引信的战斗部单发毁伤概率之比 p_1/p_1^* 进行表达。理想引信是指理论上的起爆位置无散布且精准控制在最佳位置起爆的引信，只需从数学上来求解战斗部的最佳起爆时机并计算单发杀伤概率即可[29]。因此，配装理想引信的战斗部单发杀伤概率，是配装包括最优引信在内所有实际引信的战斗部单发杀伤概率所能达到的最大值。在此引入引信设计效率参数 a ，通过最优引信战斗部的单发毁伤概率 p_1^* 与理想引信战斗部的单发毁伤概率 p_0 之比 p_1^*/p_0 进行表达。最优引信和理想引信的根本区别在于是否考虑起爆点散布行为，实际引信与最优引信的不同在于最佳起爆位置控制能力的差别。于是，存在

$$K_{df} = \frac{p_1}{p_0} = \frac{p_1}{p_1^*} \cdot \frac{p_1^*}{p_0} = i \times a \tag{4.4.4}$$

由此可见，i 反映了实际引信起爆点的调整能力，a 反映了最优引信的散布大小及最优引信与理想引信的吻合程度。根据 a 值可评估引信设计效果，a 越大则引信的设计效果越好。

思　考　题

1. 解释现代引信概念并阐述主体关键词的引申含义。

2. 概述引信的四大功能。

3. 结合文献资料，阐述触发引信的工作原理。

4. 结合文献资料，阐述近炸引信的工作原理。

5. 解释引战配合和引战配合效率的概念。

6. 查阅相关文献资料，完成典型引战配合的建模与分析。

参 考 文 献

[1] 马宝华. 网络技术时代的引信 [J]. 探测与控制学报，2006，28（6）：1-6.

[2] 李世中. 引信概论 [M]. 北京：北京理工大学出版社，2017.

[3] 钱元庆. 引信系统概论 [M]. 北京：国防工业出版社，1987.

[4] 何光林，范宁军. 引信安全系统分析与设计 [M]. 北京：国防工业出版社，2016.

[5] 《中国大百科全书》编委会．中国大百科全书·军事 [M]．北京：中国大百科全书出版社，1989．

[6] 《兵器工业科学技术辞典》编委会．兵器工业科学技术辞典·引信 [M]．北京：国防工业出版社，1991．

[7] 《中国军事百科全书编委会》．中国军事百科全书 [M]．2 版．北京：军事科学出版社，1997．

[8] 周春桂，许爱国，郭光全，等．引信安全性模型的建立 [J]．中北大学学报（自然科学版），2007（03）：199 – 201．

[9] 崔占忠，宋世和，徐立新．近炸引信原理 [M]．北京：北京理工大学出版社，2005．

[10] 张怀伟，吕东升，杨理明．近炸引信篇 [J]．轻兵器，2003（8）：47．

[11] 牛文博．毫米波近炸引信信号处理技术研究 [D]．西安：西安电子科技大学，2009．

[12] 陈霞，刘来方，邓宏伟．数字调频式无线电近炸引信设计 [J]．电讯技术，2008（09）：92 – 94．

[13] 向正义，王旬．无线电近炸引信抗干扰方法 [J]．探测与控制学报，2009，31（S1）：4 – 7．

[14] 丁鹭飞，耿富录．雷达原理 [M]．西安：西安电子科技大学出版社，2002．

[15] 张祥金．脉冲激光近程定距系统设计理论及应用研究 [D]．南京：南京理工大学，2007．

[16] 徐伟，陈钱，顾国华，等．小型化激光近炸引信技术研究 [J]．兵工学报，2011，32（10）：1212 – 1216．

[17] 陈洪钧，石治国．激光近炸引信发展述评 [J]．四川兵工学报，2012，33（06）：36 – 38 + 54．

[18] 张志鸿．防空导弹引战配合技术的发展 [J]．制导与引信，2001，22（3）：28 – 34．

[19] 张志鸿，周申生．防空导弹引信与战斗部配合效率和战斗部设计 [M]．北京：宇航出版社，1994．

[20] 钱立新．防空导弹战斗部威力评定与目标毁伤研究 [R]．中国工程物理研究院总体工程研究所，GF – A0055529G，1998．

[21] 掌亚军，陈辛．反 TBM 及巡航导弹目标引战配合技术 [J]．战术导弹技

术，2011，22（5）：65-69.

[22] 曹柏桢. 飞航导弹战斗部与引信 [M]. 北京：宇航出版社，1995.

[23] 王树山. 终点效应学 [M].2版. 北京：科学出版社，2019.

[24] 王树山，卢熹，马峰，等. 鱼雷引战配合问题探讨 [J]. 鱼雷技术，2013，21（3）：224-229.

[25] 庄志洪，路建伟，涂建平，等. 基于制导信息利用的引战配合效率评定研究 [J]. 兵工学报，2001，22（3）：305-308.

[26] 李向东，唐晓斌，董平. 破片式反导导弹引战配合仿真与效率计算 [J]. 上海航天，2006，23（3）：11-15.

[27] 庄志洪，刘剑锋，李立荣，等. 引战配合效率分析 [J]. 兵工学报，2001（01）：41-44.

[28] 江振宇，张磊，王有亮，等. 战斗部虚拟试验多级模型集成方法研究 [J]. 系统仿真学报，2008（15）：4179-4181+4185.

[29] Williams C，Rasmussen C. Gaussian processes for regression [J]. Advances in Neural Information Processing Systems，1995，8：514-520.

第 5 章
战斗部威力评估与试验

5.1　战斗部威力评估基本原理

如前所述，战斗部威力是武器弹药的最本质属性和最核心的性能之一，与武器弹药的其他性能，如命中精度、引战配合以及弹目交会姿态等相结合，形成武器弹药最终的毁伤目标能力，即武器弹药的毁伤效能或终点效能。某种意义上说，战斗部威力代表了武器弹药所拥有的"绝对实力"，属于武器弹药作战效能的重要组成部分。由此可见，战斗部威力评估是武器弹药效能评估的基础，也是武器弹药终点毁伤评估的核心内容，并对战斗部研制与试验考核、防护工程设计与建设以及武器弹药火力规划与作战运用等具有重要的技术支撑作用[1,2]。

评估是指对事物或事物某种属性的评价与估量，评估的对象一般是可定量度量的，因此评估就是在一定的量化表征方法（原则）基础上，通过获取特征参量并进行相对比较的过程。然而，战斗部威力作为一种评估对象，其量化表征方法是很复杂的。一方面，战斗部种类繁多，不同类型战斗部的威力表征方式差异较大；另一方面，同一种战斗部有时难以用单一参量表征其威力，往往需要采用多个、多类型参量的组合形式进行表征。下面从共性和一般性的角度，通过战斗部威力表征与评估方法的结合，简要介绍战斗部威力评估的基本原理。

1. 战斗部威力表征

尽管战斗部威力的量化表征方式是复杂多样的，但总体上可归纳为两类，一种是通过战斗部总体参数、战斗部爆炸所产生的各种毁伤元参数等载荷（毁伤因素）参数进行表征；另一种是通过战斗部及毁伤元对目标实体、等效靶、效应物等的定量毁伤结果或毁伤效应参数进行表征。对于第一类，可称为载荷参数表征法，体现为数据及数据集合的形式，如破片速度、破片质量和破片数量，爆炸当量、冲击波超压、比冲量等。对于第二类，可称为效应参数表征法，一般通过载荷（毁伤因素）与目标特性与易损性相结合，所形成的一种耦合性和综合性的威力参数形式，如：穿甲弹（含破片）与一定目标结构等效靶（或效应物）相结合所形成的极限侵彻深度和贯穿弹道极限等，破片载荷（战斗部）与目标易损性（毁伤律）相结合所形成的密集（有效）杀伤半径、毁伤幅员[1,3]等。为了更清晰地认识战斗部威力表征方法及分类方式，通过图 5.1.1 给出进一步说明。

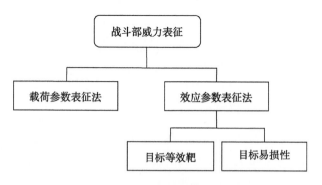

图 5.1.1 战斗部威力表征方法与分类

2. 战斗部威力评估方法

战斗部威力评估不考虑武器弹药的其他性能及与目标的实际遭遇状态，只是针对战斗部及其毁伤元的本征性能和固有能力的评估，可大致理解为对应某种"静态"作用条件的评估。如前所述，战斗部威力评估就是基于一定的威力定量表征方法（原则），获取威力表征参量并进行相对比较的过程。因此，根据获取威力表征参量的途径和手段的不同，可将战斗部威力评估方法区分为模型计算、数值仿真和试验三种方法。另外，依据评估性质和评估过程的不同，战斗部威力评估常分成预测评估和结果评估两类。一般地，模型计算和数值仿真方法多用于预测评估，而结果评估原则上需采用试验方法，战斗部威力评估类别与评估方法如图 5.1.2 所示。关于模型计算评估，可参考本书第 3 章提供的有关威力参量计算模型，通过数值仿真计算威力参量的方法亦可参考相关书籍，本书对此不再专门介绍。本章下面重点介绍测定威力参量的试验方法，包括试验原理与规程、载荷参数和效应参数的直接和间接测量以及数据处理方法等。

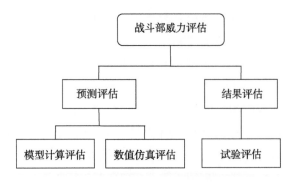

图 5.1.2　战斗部威力评估方法与分类

5.2　穿甲战斗部

5.2.1　穿甲威力表征

穿甲，一般指以一定速度运动的各种弹体（侵彻体）撞击靶体使其产生弹塑性变形或脆性断裂，并在其中强行开辟通路，利用高速冲击、侵彻与贯穿等效应，造成靶体损伤和破坏的动力学过程[4,5]。穿甲威力是针对所有运动弹体或侵彻体而言的，并不局限于穿甲弹（战斗部），也包含破片、箭矢等毁伤元。

最基本和典型的穿甲战斗部是穿甲弹弹丸（芯），依靠其强大的动能和断面比动能高速冲击、侵彻/贯穿目标装甲，最终造成目标的致命性毁伤。此外，打击坚固的混凝土工事、建筑设施以及地下深层目标等的半穿甲战斗部，也存在典型的穿甲侵彻过程以及对穿甲威力的要求。穿甲、半穿甲战斗部的穿甲威力，也包括破片等毁伤元的穿甲威力，既能通过载荷参数反映也能通过效应参数反映，因此理论上存在载荷参数和效应参数两种表征方法。例如，杆式穿甲弹依靠发射时火药所赋予弹芯的强大动能和高初速，使弹芯高速着靶，并利用自身的高强、高硬、高密度以及良好的弹形（头部形状和长径比），保证其具有足够的穿甲威力，其载荷参数主要包括速度、质量、杆芯材料与结构（形状）参数等，其效应参数主要包括（如第 3 章所述）有限厚度靶（装甲钢）的贯穿极限速度与侵彻极限厚度，或半无限靶（装甲钢）的侵彻极限深度等。半穿甲战斗部以及破片等毁伤元的载荷参数和效应参数表征也大致如此。

不难看出，穿甲载荷需要多参数联合表达，换句话说，穿甲威力是多因素、多参数综合作用的结果，对于某一种载荷参数不同的穿甲威力对比，需要在其他载荷参数都相同或相当时才有意义,因此尽管载荷参数能够反映穿甲威力,但用于定量表征与评估的实用性和可操作性并不好。穿甲效应参数可以有效避免这一问题,对同一靶体的贯穿极限速度或侵彻极限厚度,可以综合反映不同弹体/侵彻体的穿甲能力差异,恰当地表征与评估穿甲弹丸(战斗部)或毁伤元的穿甲威力,因此在工程上得到广泛采用,且采用贯穿极限速度即弹道极限居多。对于穿甲威力的效应参数来说,v_{50} 弹道极限最具特征性和标志性,适用范围最为广泛;对于穿甲弹丸,一般采用 v_{90} 弹道极限。下面对 v_{50}、v_{90} 弹道极限以及穿甲弹靶场威力试验等的基本原理和方法进行简单介绍。

5.2.2 穿甲威力试验

1. v_{50} 弹道极限试验方法

v_{50} 弹道极限的预测方法以及工程模型非常多,这也是穿甲力学和终点效应学的经典研究内容,在本书的第 3 章有所体现。尽管如此,由于普遍存在模型适用范围和计算精度不足的问题,因此试验是必不可少的,而且工程上相当多的情况下需要以试验结果为最终依据。v_{50} 弹道极限试验一般采用弹道枪/炮为发射和加载装置并采用规定的射击方法,得到一组完全贯穿数据和一组局部侵彻未穿透数据,然后按规定速度范围选取若干发局部侵彻未穿透的较高着速和同一数目完全贯穿的较低着速编成一组,求出平均值得到 v_{50} 弹道极限。任何一种弹 – 靶组合系统的弹道极限测试精度,基本上取决于所选取的射弹数和着速范围,下面介绍几种方法[1,6]。

1)两射弹方法

该方法由速度差在 15 m/s 范围内,一发完全贯穿、另一发局部侵彻的两发试验数据取算术平均值得到 v_{50} 弹道极限。显然,这种方法精度不高,一般在目标面积很小、射弹数量有限的情况下才采用。一旦得到一发在完全贯穿速度之下且相差不超过 15 m/s 的局部侵彻结果,试验即可停止。事实上,这个弹道极限更宜叫作两射弹弹道极限,而不宜称作 v_{50} 弹道极限。

2)六射弹方法

该方法根据在某一规定速度差值范围内的 3 发完全贯穿和 3 发局部侵彻未穿透数据获得弹道极限,称为六射弹弹道极限。这里的规定速度差值,可分别取 30 m/s、37.5 m/s 或 45 m/s,取值越小精度越高。一旦得到了规定速度差值范围内的 3 发完全贯穿和 3 发局部侵彻结果,试验即可停止。6 发试验有效数据结果取算术平均值,就得到 v_{50} 弹道极限。

3）十射弹弹道极限

该方法根据在某一规定速度差值范围内的 5 发完全贯穿和 5 发局部侵彻数据获得弹道极限，故称十射弹弹道极限，其数据处理方法与六射弹方法相同。这种弹道极限具有较高的精度，通常用于轻武器弹药威力或人员、装备防护试验。

4）弹道极限曲线

该方法需要在图纸上画出完全贯穿次数随着速的变化曲线，据此可得到v_{10}、v_{50} 和 v_{90} 弹道极限等。该方法只有发射大量射弹（150 发以上）时才能被采用，常用于建立人体、装备防护规范，并适用其他特种试验。弹道极限曲线如图 5.2.1 所示，图中曲线上的数字为着角，HP 为最高局部侵彻速度，横坐标参数 T、D 和 θ 分别为靶厚、弹径和着角。

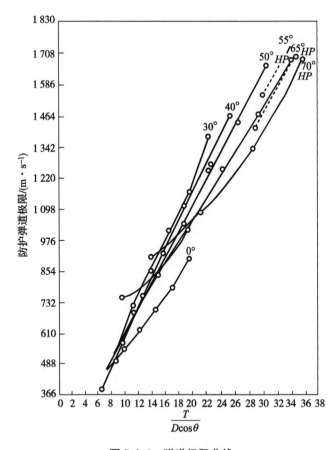

图 5.2.1　弹道极限曲线

在具体的试验操作过程中，一般采用增减发射药量的方法，调整射弹初速和着速。以速度差为 30 m/s 的十射弹 v_{50} 弹道极限试验为例，试验前先测量出靶板的厚度，估算完全贯穿靶板弹道极限并根据经验设置装药量。通常情况下，此时的发射药量远远小于药室容积，为保证发火，应在发射药上面装入一纸盖片或采取其他措施，将发射药限制在药筒底部靠底火一端。如果第一发射弹完全贯穿了靶板，第二发的速度应稍减，以求获得局部侵彻结果。反之，第一发为局部侵彻，应提高第二发速度，以获得完全贯穿结果。如此试验按"增""减"原则进行下去，直到在 30 m/s 范围内至少得到 5 发局部侵彻和 5 发完全贯穿结果为止，取算术平均值最终得到 v_{50} 弹道极限。

2. v_{90} 弹道极限试验方法

GJB 341—1987 给出了穿甲弹 v_{90} 极限穿透速度的试验方法[7]，一般采用弹道炮进行穿甲试验，靶前、靶后分别进行弹丸测速，射击、获取试验结果以及试验终止方案如下。

（1）第一发射击，若弹丸穿透靶板，弹体残余部分落于靶后附近或夹于靶内且弹孔直径接近弹丸直径，则减速 1%~2% 进行第二发射击，若不穿透取第一发着速作为 v_{90} 弹道极限速度；若再穿透，则再减速 1%~2% 进行射击直至不穿透且对靶形成凸起，则上一发的着速为 v_{90}；确定 v_{90} 后，按此速度复试 1~2 次，复试通过则试验终止。

（2）若第一发射击穿孔孔径较大，且剩余速度较大，则减速 2%~3% 进行第二次射击，直至与上面的情况衔接，然后按（1）进行。

（3）若第一发射击未穿过靶板，视靶板背面凸起情况增速 2%~3% 进行第二次射击，直至穿透，若未穿透与穿透着速差小于 2%，则穿透着速为 v_{90}；再按此速度复试 1~2 次，复试通过则试验终止。

3. 全概率弹道极限分析方法

众所周知，对于固定的弹 – 靶系统和射击条件，弹道极限总是存在一定的概率分布区间，也称为穿甲过渡带[8]，如图 5.2.2 所示。即由 100% 穿透概率的最小着速 v_{100} 和 0 穿透概率的最大着速 v_0 所构成的着速区间 $[v_0, v_{100}]$，在此区间上的任一着速 $v_i (0 \leqslant i \leqslant 100)$ 分别对应各自的穿透概率 $i\% (0 \leqslant i \leqslant 100)$。弹道极限 v_0 和 v_{100} 在工程上是很有意义的，例如从防护的角度更关心 v_0，而从威力的角度则更关心 v_{100}。下面介绍在获得 v_{50} 和 v_{90} 弹道极限试验数据的条件下，分析与计算全概率弹道极限 $v_i (0 \leqslant i \leqslant 100)$ 的方法[9]。

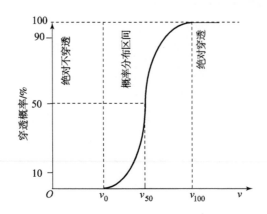

图 5.2.2　穿透概率随着速分布示意图

假设弹道极限 v_i 的穿透概率服从正态分布，由概率与数理统计理论可得到 v_i 与 v_{50} 的关系式

$$v_i = v_{50} + \beta_i\sigma \tag{5.2.1}$$

式中，β_i 为标准正态分布系数，可查标准正态分布表得到；σ 为正态分布标准差。

利用 v_{50} 和 v_{90} 试验数据通过式（5.2.1）可求得 σ，计算关系式为

$$v_{90} = v_{50} + 1.281\,8\sigma \tag{5.2.2}$$

对于概率分布区间的边界 v_0 和 v_{100}，由标准正态分布表可以看出，以 v_{50} $\mp 4\sigma$ 分别作为 v_0 和 v_{100} 的置信度可达 99.99% 以上，因此工程上 v_0 和 v_{100} 的计算公式可写作

$$v_0 = v_{50} - 4\sigma \tag{5.2.3}$$

$$v_{100} = v_{50} + 4\sigma \tag{5.2.4}$$

这样，在通过规范的试验方法获得 v_{50} 和 v_{90} 数据的基础上，可利用式（5.2.2）求得 σ，再通过式（5.2.1）、式（5.2.3）和式（5.2.4）求解 v_i（$0 \leqslant i \leqslant 100$），这样就形成了全概率弹道极限的分析与计算方法。

4. 穿甲弹靶场威力试验

GJB 2390—1995 给出了考核中、大口径脱壳穿甲弹威力的等效靶板以及相应的穿甲威力评定方法[10]，该标准适用于 85 mm 以上脱壳穿甲弹在工厂鉴定、设计定型、生产定型及出厂验收等阶段的威力考核与评定。其中，等效靶板包括单层均质靶板和双层靶板两种，分别如图 5.2.3 和图 5.2.4 所示。

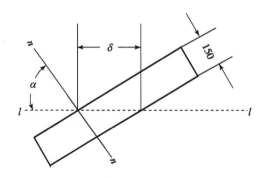

图 5.2.3　单层靶板（尺寸单位：mm）

α—靶板法向角（°）；l—l 水平线；δ—水平穿甲深度（mm）；n—n 法线

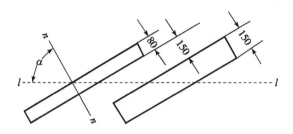

图 5.2.4　双层靶板（尺寸单位：mm）

α—靶板法向角（°）；l—l 水平线；δ—水平穿甲深度（mm）；n—n 法线

对于单层靶板，采用规格为 1 200 mm × 1 500 mm × 150 mm 的 52c 均质钢板，靶板法向角设置在 71° 以内。使用时，通过调整靶板法向角，使其最大抗弹能力等效于穿甲弹对均质装甲钢板的水平穿甲深度为 460 mm。

对于双层靶板，分别采用规格为 1 200 mm × 1 500 mm × 80 mm 的 603 均质钢板和 1 200 mm × 1 500 mm × 150 mm 的 52c 均质钢板各一块组成，薄板在前，厚板在后，两板平行设置，两板之间的距离为（150 ± 5）mm。使用时，通过调整靶板法向角，使得靶板的抗弹能力等效于穿甲弹对单层均质装甲钢板的水平穿甲深度为 450 ~ 700 mm 范围内。

当穿甲弹的威力相当于水平穿甲深度 460 mm 以下时，可选用单层均质靶板进行穿甲威力试验。靶板的抗弹能力与靶板法向角的关系见表 5.2.1。

表 5.2.1　单层均质靶板的抗弹能力

法向角/(°)	41.4	53.1	60	64.6	68	70.5	71
抗弹能力/mm	200	250	300	350	400	450	460

当穿甲弹的威力相当于水平穿甲深度在 450~700 mm 范围时，可选用双层靶板进行威力试验。靶板的抗弹能力与靶板法向角的关系式为

$$R = \frac{80 + 150}{\cos\alpha}(1 + k) \tag{5.2.5}$$

式中，R 为抗弹能力（mm）；α 为法向角；k 为间隙效应修正系数，k 常取值为 0.08~0.18。

试验所用火炮需为检验合格的堪用级以上火炮，身管剩余寿命要求大于 50%。对图 5.2.3 或图 5.2.4 的等效靶板进行脱壳穿甲弹的穿甲威力试验时，主要采用临界速度法或按规定检验速度的方法进行试验。

采用等效靶板进行穿甲威力试验时，应按战术技术指标或验收技术条件所规定的临界速度或着速选装发射药量，按弹丸批次分别进行穿甲威力试验。威力考核的弹丸数量为每批抽取 3 发，要求逐发测速和测量弹丸的章动角，要求采用两套测速仪同时测速，测速偏差不大于 0.5%。

采用等效靶板进行穿甲弹的生产验收试验时，3 发弹中有 2 发穿透靶板，则认为该批穿甲弹威力合格，通过验收。若 3 发中有 2 发不透，需进行第一次复试，第一次复试与第一次试验条件和判定方法相同，复试合格则通过验收。若复试试验结果仍不合格，则进行第二次复试，第二次复试采用与标准弹丸比较临界速度的方法进行，若试验弹丸临界速度小于标准弹丸临界速度的 102%，则该批弹合格，否则该批弹拒收。

5.3　破甲战斗部

5.3.1　破甲威力表征

如前所述，破甲战斗部和穿甲战斗部均主要用于打击和摧毁装甲、混凝土结构等坚硬、坚固目标，但二者的结构和作用机理不同。穿甲战斗部主要依靠发射平台所赋予的高速和强大动能侵彻和毁伤目标，其穿甲行为属于固

体力学范畴。破甲战斗部采用特定的装药结构，抵达目标时战斗部爆炸产生超高速的聚能（金属）射流，将炸药的化学能转化为聚能（金属）射流的动能，由聚能（金属）射流侵彻和毁伤目标。有别于弹体/侵彻体的穿甲，将聚能射流的侵彻过程称为破甲。聚能射流除超高速（头部速度可达 10 000 m/s 以上）的突出特点外，其破甲过程还具有高温、高压和高应变率的"三高"特征，因此破甲行为属于流体力学范畴[1,11]。

破甲战斗部主要依靠金属射流毁伤目标，金属射流是破甲战斗部的最核心毁伤元，破甲战斗部的载荷参数体现为射流参数。根据与射流侵彻/破坏能力的相关性，射流载荷参数主要包括射流材料密度、射流（头部）速度、射流拉伸长度（断裂前）、射流直径等，这些载荷参数能够从不同角度和不同程度上反映射流的侵彻/破坏能力即破甲威力。比如，射流材料密度越高、射流拉伸长度越长，侵彻深度越大；射流直径越大、射流（头部）速度越高，相应的穿孔孔径也越大。与穿甲威力类似，破甲威力也是多因素、多参数综合作用的结果，分析一种载荷参数不同所造成的穿甲威力差异，需要其他载荷参数都相同或相当时才有意义，因此尽管载荷参数能够反映破甲威力，但不适于定量表征与评估破甲威力。

考虑到破甲过程是金属射流（载荷）对装甲等目标结构的超高速冲击与侵彻/贯穿作用，因此针对基于目标特性和易损性的等效靶或效应靶，通过破甲效应参数表征与评估威力是合理的和实用的。表征破甲威力的效应参数主要有破甲深度（厚度）、孔径和孔容积，此外还有破甲后效等。破甲后效指的是射流穿透规定靶板后剩余射流的侵彻与破坏作用，以及装甲背部崩落和剩余射流断裂所形成的"二次破片"效应等[1,6]。破甲威力表征最核心、最常用的效应参数是破甲深度，定义为射流对一定材质半无限靶的侵彻深度，有时采用绝对值，有时采用相对值，如侵彻深度与装药口径之比。相对破甲深度代表了聚能战斗部设计与技术水平，一般 10 倍装药口径以上被认为是高水平。工程实践中，一般以"一定着角穿透规定材质的装甲厚度"作为破甲威力指标，有时还要附加上后效指标或要求。采用穿透厚度耦合后效联合表征与评估破甲威力非常有实际意义，这主要是由于射流毁伤是一种综合性作用（见 2.4.3 节），穿孔毁伤只是其中一种形式，破甲深度或穿透厚度并不能全面反映射流的毁伤能力。破甲孔径是表征与评估破甲威力的另一个重要效应参数，例如，对于复合串联战斗部的前级聚能开孔装药，破甲孔径就是最核心的威力指标和性能要求；对于水下反潜鱼雷聚能战斗部，破甲深度和破甲孔径同等重要，前者实现开孔，后者决定进水流量和损管难度，二者共同决定了战斗部威力。

与穿甲弹（战斗部）不同，破甲战斗部威力考核与评估试验有静破甲和动破甲之分，原因是显而易见的。穿甲弹（战斗部）只有在发射后的飞行和运动状态下才具有毁伤能力即威力，因此只能是"动穿甲"；破甲战斗部则不同，可以分别进行静态爆炸威力试验和动态飞行作用试验。静破甲试验的条件和状态一致性和可控性好，试验结果稳定可靠，有利于客观反映战斗部的固有能力和真实威力，主要用于战斗部的威力指标考核与评估。动破甲试验需要通过实弹射击使弹药处于飞行状态下作用，反映的是战斗部与全弹结合后的威力性能，考核的是全弹威力而不单单是战斗部的威力。破甲战斗部技术的发展与时俱进，应用领域和范围不断扩展，破甲战斗部威力考核与评估试验的实际操作方法不一而足，经常根据指标要求和研制需要而一事一议。但不管怎么说，其基本原理万变不离其宗，下面介绍基本和传统的破甲威力试验原理和方法。

5.3.2　破甲威力试验

1. 聚能射流的脉冲 X 光摄影试验

脉冲 X 光摄影是研究聚能射流形成和测试射流参数的重要试验手段之一[11,12]，其基本原理是利用金属药型罩和装药（爆轰产物）具有较大的密度差，通过多个（至少 2 个）脉冲 X 光发生装置并设置脉冲闪光的时间间隔，拍摄到从装药起爆后不同时刻的药型罩变形和射流形状，脉冲闪光的时间控制精度可达到 0.1 μs 以下。为保证安全，试验需要在有混凝土和铅板防护墙并留有 X 光管入口的爆炸洞（塔）内进行。在爆炸洞（塔）中心设置试验弹（战斗部），在出光口与爆炸洞（塔）中心连线的法向设置 X 光底片，底片盒需要有效和可靠防护，典型的试验场地布置和试验现场[13]分别如图 5.3.1 和图 5.3.2 所示。试验需要使试验弹和脉冲 X 机同步触发，并根据具体情况设置延期拍摄时间和拍摄时间间隔。对于同步触发方法，一般选择在试验弹上环绕粘贴两根漆包线并使断口平行，将漆包线接入 X 光机启动开关，这样试验弹爆炸产生的电离作用使两根漆包线导通，从而产生启动信号以保证 X 光与试验弹的同步触发。根据预先设置的 2 个 X 光管的闪光时间，可一次试验得到 2 张不同时刻的 X 光照片。

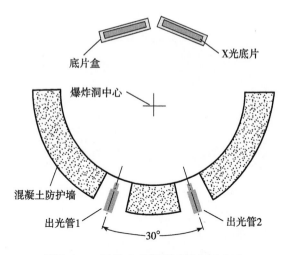

图 5.3.1　射流 X 光摄影试验场地布置

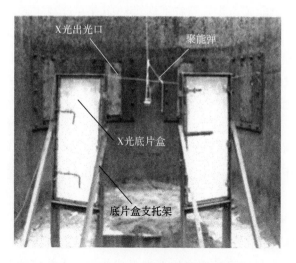

图 5.3.2　射流 X 光摄影试验现场照片

试验获得的典型试验图片如图 5.3.3 所示[13]。在进行影像处理时，需根据影像放大系数进行数据处理，放大系数由 X 光管、拍摄对象和底片的相对位置决定。由图 5.3.3 可以看出，基于试验所拍摄的射流图片，由射流头尾标记线给出的距离差、预设的拍摄时间差以及放大系数，可得到射流在该时间段的平均速度。

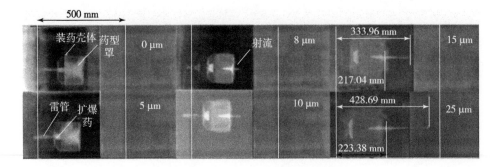

图 5.3.3　试验 X 光照片与数据处理

2. 静破甲威力试验

在破甲战斗部处于一定炸高并于静止状态引爆的条件下，测定破甲威力的试验统称为静破甲试验[9,14]。这里的"静止状态"特指试验弹（战斗部）爆炸瞬间无轴向速度或动能，没有轴向运动而存在绕弹轴旋转的情况也属于静破甲，因此静破甲试验包含无旋转静破甲和有旋转静破甲两种情况。静破甲（尤其是无旋转静破甲）试验比较普遍，科学研究和产品研制等都经常需要进行静破甲试验。

1）试验目的

（1）测定一定炸高和无着速条件下破甲战斗部对给定靶体的破甲深度等效应参数，并作为威力考核与评估的基础数据；

（2）为破甲弹（战斗部）方案论证、结构设计和性能优化等提供试验依据。

2）试验原理与方法

试验用靶体主要由钢锭及钢垫板组成，其中钢锭直接用于测定被试战斗部的破甲深度，一般由直径或边长不小于装药口径 1.5 倍的热轧圆钢或方钢（钢的牌号 45～60GB699）锯切而成。整个钢锭一般由一块厚钢锭和 2～4 块薄钢锭叠合组成，各块钢锭的端面应平整并与轴线垂直，无毛刺。钢垫板位于钢锭与地面之间，用于放置钢锭。钢垫板的尺寸要求：小口径弹不小于 60 mm×600 mm×750 mm；中大口径弹不小于 80 mm×600 mm×750 mm。

如前所述，静破甲试验分无旋转和有旋转两种情况，下面分别进行介绍。

（1）无旋转静破甲。

被试品以绝对静止状态头部向下垂直靶面引爆，以获得破甲弹（战斗部）

无旋转或零转速下的静破甲垂直穿深。试验应辅以支架，将破甲弹（战斗部）置于靶面上，采用并通过支撑筒控制炸高。在装药中的引信预定位置装入假引信，并放入与装药匹配的扩爆药柱，在扩爆药柱中心插入起爆雷管，雷管底面紧贴扩爆药柱药表面。按起爆雷管的类型不同，或以导爆索、或以导火索、或以电起爆器等，在安全地点进行起爆操作。

（2）有旋转静破甲。

被试品以一定转速旋转的静破甲试验可以考核弹丸（战斗部）转速对破甲威力的影响，或用于研究旋转条件下射流的产生、发展过程。有旋转静破甲试验的基本原理和方法如图 5.3.4 所示，这种试验适用于为提高密集度而低速旋转的尾翼稳定破甲弹。该试验方法按弹 – 靶的相对位置关系分为垂直侵彻试验和斜侵彻试验两种情况，又按弹轴方向分为竖直试验和水平试验两种情况。

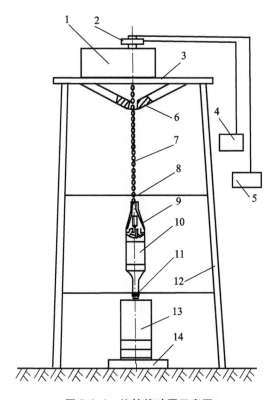

图 5.3.4　旋转静破甲示意图

1—旋转装置；2—传感器；3—横梁；4—计数器；5—起爆器；6—防护板；7—导线；
8—上定位环；9—锥形套；10—被试弹；11—下定位环；12—支架；13—钢锭；14—钢垫板

3）试验记录与数据处理

破甲弹（战斗部）爆炸后，回收钢锭并测量各段钢锭的破孔入口和出口尺寸，最后得到总的射流侵彻深度即破甲深度。同一种产品在相同条件下试验时，试验结果并不完全相同，有的产品跳动量大、有的跳动量小，跳动量越小表示破甲稳定性越好。因此，静破甲试验需要在同一试验条件（如相同炸高）下，进行一组多发（一般为 5 发）试验，得出平均破甲深度和最大跳动量。破甲弹（战斗部）静破甲的威力性能，需要通过平均破甲深度及破甲稳定性综合体现。

3. 动破甲威力试验

动破甲威力试验属于综合性的靶场试验[9,15]，包含了对引信作用可靠性、聚能装药作用正确性、着靶姿态正确性、爆炸完全性以及全弹破甲威力性能等的考核。为了对破甲弹威力做出全面评价，产品在设计定型试验中，往往还要考察弹丸（战斗部）的着速适应能力、法向角适应能力以及针对附加钢甲诱发聚能装药提前作用的抗干扰能力等。

1）试验目的

用于考核与评定在规定条件射击时，破甲弹对装甲目标的破甲威力和毁伤性能。

2）试验原理与方法

破甲弹（战斗部）动破甲威力试验的靶场布置与穿甲弹靶场威力试验基本相同，射距一般为 50~100 m，也可在降低破甲威力的最大转速所对应的射距上加严考核破甲威力指标。对于存在最佳抗旋转速的破甲弹，可选择该转速所对应的射距上布靶，以便做出全面的破甲威力评定。

靶板系统是按战技指标规定的一定厚度的均质靶板和法向角，或与规定装甲车辆目标的防护装甲具有等效防护能力的靶板系统。

试验用靶架结构（与穿甲弹威力试验的靶架结构相比）较为简单，为确保试验安全，靶架结构应牢固地固定在水平地基上。靶架结构可采用仰式或俯式安放，靶板紧固于靶架，并采取有效措施避免因爆炸冲击振动而使靶板脱离靶架。

无论单层均质厚靶板（100~200 mm）还是复合结构靶板，其性能尺寸都应符合技术要求。安装靶板时，调试法向角的精度要求为：法向角大于 30°的安装误差应小于 8 mil；法向角小于 30°时的安装误差小于 3 mil。

试验弹为实弹、真引信，射前应进行外观检查和称量质量。如配用压电引信，还应检查其两条回路是否导通。此外，发射药与试验数量也应符合技术要求。

3）试验测试与观察

生产验收试验以全装药在规定射程上射击时，一般不需要测定试验弹速度。产品设计定型试验则要求设置天幕靶或线圈靶测定弹丸速度，选择的测距应使测速误差小于 1%。对于测定射流穿靶后残余射流速度的测速靶（或高速摄影法），测速误差应小于 5%。

试验中，用计时仪测定自弹丸着靶开始至光敏传感器接收到爆炸闪光信号为止的起爆延期时间。除必要的仪器测试外，靶前应有专门的观察人员，对爆炸情况作观察和记录。

4）试验结果记录与评定

动破甲试验不允许有爆炸不完全情况发生，为此每发试验都要通过仪器记录和观察判定试验弹是否起爆正常、爆炸完全。

详细记录每发弹的穿孔入口与出口的纵、横最大尺寸，对于未穿透孔，除测量入口尺寸外还需用符合测量规定的细杆量出孔的实际深度，同时测量靶板背部凸起高度。每发弹孔应写上编号，以便记录和评定是否有射击重孔。动破甲试验需要统计破甲率，即命中靶面（有效区）的穿透靶板发数与试验有效发数（符合规定数量）的百分比。

4. 破甲后效试验

破甲后效通常指剩余射流和二次破片对模拟坦克内部的弹药、油料、设备和人员的毁伤效应，一般通过试验进行考核或考察。针对破甲后效作用主要采用两种试验方法[9,16]：一是模拟坦克目标法，这种方法一般只在专门的破甲后效综合试验或专项试验时采用；二是后效靶板模拟法，这是目前国内外均比较常用的方法，多与动破甲试验相结合，有时静破甲和穿甲后效试验也采用。

1）试验目的

主要用于考核破甲弹在规定射击条件下的破甲后效性能，也用于破甲战斗部和穿甲弹后效的试验检验。

2）试验原理与方法

试验用目标靶由靶板与靶架两部分组成，其中靶板由主靶板和后效靶板两部分组成，北约"米兰"反坦克导弹动破甲威力试验给出的典型目标靶如图 5.3.5 所示。其中，主靶板的厚度、材质及其他技术要求应符合被试弹产品图样的规定，后效靶材料一般采用符合国标要求的 Q235A 钢，厚度为 10 mm，宽度和层数根据试验具体情况即产品图样规定确定。靶架采用仰式，并牢固固定在水平地基上，靶板紧固在靶架上。主靶板与各后效靶板之间互相平行，主靶板背面与后效靶正面的间距为（50±5）mm 或（660±20）mm，各后效靶板面之间的间距一般为（10±2）mm 或（25±2）mm，具体间距根据被试弹产品图样规定选择。

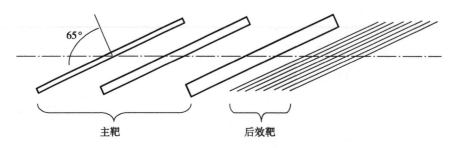

图 5.3.5 "米兰" 反坦克导弹威力试验三层靶与后效靶

试验场地要求平整且满足靶距及安全需要，火炮或发射器各部件安全可靠且身管磨损不超出被试弹产品图样规定。被试弹为全备弹，靶距符合被试弹产品图样规定，若产品图样无具体规定时，主靶板应设置在距炮口 1.5~3 个章动波长范围内且攻角接近 0°的位置上。靶板法线与射向之间的夹角符合被试弹产品图样规定，偏差不超过 1°。

3）试验测试与观察

向主靶板预定位置进行射击，每次击发后，在各破甲孔、凹坑及麻点处涂上标记，测量并记录以下数据：主靶板上破孔进出口长、短轴尺寸；主靶板上破甲孔的实际深度；穿透后效靶板的层数；每层后效靶板的破甲孔个数；每层后效板靶上的凹坑以及麻点等。

4）试验数据处理

试验采用分组射击方式，每组要达到产品图样规定的有效发数。至少有一个穿孔的后效靶计入穿透层数，若后效靶上所有凹坑深度累计大于 30 mm 时也计为穿透层。对一组试验的每发有效弹穿透后效靶层数进行加和，取算术平均值作为该组的后效威力。

5.4　破片/杀伤战斗部

5.4.1　杀伤威力表征

破片/杀伤战斗部威力包括载荷参数表征和效应参数表征两种方法，前者只关系到战斗部及爆炸产生的毁伤元即破片载荷，后者既与破片载荷有关又与目标特性及易损性相联系。破片/杀伤战斗部威力的载荷表征参数主要有破片质量及形状、破片速度及空间分布（不同距离的破片存速）、破片数量及空间分布（飞散范围和分布密度）等，表现为多参数的数据集合形式。破片/杀伤战斗部的效应表征参数主要有：一定距离处破片穿透等效靶厚度和穿孔数量/密度、密集杀伤半径与有效杀伤半径以及杀伤面积与毁伤幅员等，一般选择其一并呈现出单一性和综合性特征。

通过载荷参数及集合的形式表征威力的好处是对战斗部威力性能的描述比较直观，缺点是不方便进行战斗部威力大小的相对比较，比如破片数量多而速度低相比于破片数量少而速度高的战斗部（其他条件相同）、破片质量小而数量多相比于破片质量大而数量少的战斗部（其他条件相同）等，就难以对比分析威力大小。因此，破片载荷参数可以间接反映毁伤目标的能力，基于此的评估结果多半是定性的，难以从定量的角度对比分析不同战斗部对同一目标以及同一战斗部对不同目标的毁伤能力差别。显然，采用效应参数表征威力更具有优势，但需要有目标特性与易损性的研究基础和数据支撑，具体操作有时存在一定困难，并且需要与时俱进和不断发展完善。

破片/杀伤战斗部威力载荷表征参数的有关概念和定义已在第 3 章进行了介绍，在此不再赘述。下面对效应表征参数：杀伤威力半径、密集杀伤半径与有效杀伤半径以及杀伤面积与毁伤幅员等，进行重点介绍和说明。

1. 杀伤威力半径

破片/杀伤战斗部一般为二维回转体结构，因此沿战斗部周向的破片载荷参数和对目标的毁伤能力可近似看作均匀和一致的，而沿战斗部径向向外则是不断降低的，因此在战斗部轴线垂直于水平地面的静爆条件下，破片载荷参数和目标毁伤概率随距战斗部轴线（爆心）的距离或半径而变化。杀伤威力半径特指在与战斗部轴线垂直的截面上、以爆心为同心圆的一种特征半径，在该半径处破片威力性能或效应参数达到特定要求，如破片能够穿透特定厚度的等效靶、或特定厚度和尺度等效靶上达到一定的穿孔数量（密度）等[1]。

杀伤威力半径常简称为杀伤半径，常用于表征与评估导弹、火箭弹等的破片/杀伤战斗部威力。作为一种颇具代表性的效应参数，杀伤半径也是武器弹药（战斗部）最重要的战技指标之一。杀伤半径的内涵和确定，主要取决于武器弹药及战斗部的作战对象和打击目标。例如，对于比较常规的飞机、导弹、车辆等装备、技术兵器目标，首先需要规定一定几何尺度的目标等效靶，等效靶的材质和厚度取决于目标特性与易损性，等效靶的外形一般为矩形，具体尺寸设定还要考虑破片散飞特性和布设半径等；然后根据不同半径处等效靶的破片穿孔数量或穿孔密度情况，取不小于规定要求的最大半径为杀伤威力半径。杀伤威力半径能够反映具体战斗部一定破片性能和散飞特性条件下，对目标的毁伤作用结果，可以一定程度上定量区分同一战斗部对不同目标以及不同战斗部对同一目标的毁伤能力差别。

事实上，杀伤威力半径是根据武器弹药作战任务和使命需求以及在弹药毁伤效能或作战效能的系统分析基础上，最后分解出来的对战斗部毁伤能力的具体要求。另外，等效靶的破片穿孔数量和穿孔密度与目标毁伤律模型相结合，很容易得到目标毁伤概率，因此杀伤威力半径实质上也是对应一定目标毁伤概率的特征半径。杀伤威力半径对战斗部威力的表征与评估简明直观，尤其在工程上，可以使威力试验考核变得简单和易操作。

2. 密集杀伤半径和有效杀伤半径

密集杀伤半径多用于榴弹、迫弹等的弹丸威力表征与评估，其定义是：在以爆心为圆心的同心圆周上，对于立姿人形靶：高 1.5 m、宽 0.5 m、厚 25 mm 标准松木板（一般为针叶松并经过晾干处理）的破片穿孔数量的数学期望为 1 的圆周半径[1,3,17]。由此可见，密集杀伤半径处，对于立姿人形靶的破片穿孔密度的数学期望为 $1/(1.5 \times 0.5) = 1.333$ 枚$/m^2$。若把嵌入 25 mm 厚标准松木板中的破片均视为对人体目标具有毁伤作用的有效破片，嵌入破片数量的 1/2 与穿孔数量之和的数学期望为 1 的圆周半径，定义为有效杀伤半径[1,3,17]。显而易见，有效杀伤半径是密集杀伤半径的一种扩展，有效杀伤半径大于密集杀伤半径。在此需要指出，密集杀伤半径和有效杀伤半径是针对人员目标而言的，可认为是杀伤威力半径或杀伤半径的一种或一个特例，除人员目标外的其他任何目标都不存在密集杀伤半径和有效杀伤半径概念。

对于面向爆心的立姿人体，其暴露面积 S 一般取 1.45 m × 0.35 m。这样，对于迎面站立的人体，密集杀伤半径处能够对其造成杀伤的破片命中数量的

数学期望为

$$\bar{N} = \frac{1.45 \times 0.35}{1.5 \times 0.5} = 0.677 \tag{5.4.1}$$

若对密集杀伤半径处迎面站立人体目标的毁伤概率进行求解，有

$$p = 1 - e^{-0.677} = 0.492 \tag{5.4.2}$$

考虑到立姿人体目标随机站立情况，人体模型尺寸取 $1.45\text{ m} \times 0.35\text{ m} \times 0.18\text{ m}$，因此其平均暴露面积为

$$\bar{S} = \frac{2(1.45 \times 0.35 + 1.45 \times 0.18)}{\pi} = 0.489\text{ m}^2 \tag{5.4.3}$$

这样，密集杀伤半径处的命中杀伤破片数的数学期望为

$$\bar{N} = \frac{0.489}{1.5 \times 0.5} = 0.652 \tag{5.4.4}$$

同理，毁伤概率为

$$p = 1 - e^{-0.652} = 0.479 \tag{5.4.5}$$

由此可见，密集杀伤半径对应着命中人体目标的杀伤破片（穿透 25 mm 厚标准松木靶）的破片分布密度和毁伤概率，其中对应的破片分布密度约为 1.333 枚/m^2，对应的迎面站立和面向随机站立人体的毁伤概率分别为 0.492 和 0.479。

3. 杀伤面积和毁伤幅员

经典终点效应学给出杀伤面积 A_L 的定义[1,6]：战斗部在地面爆炸条件下，预期杀伤目标的数量 N_t 与单位面积目标数量 δ_t（目标分布密度）的比值为杀伤面积。杀伤面积 A_L 的数学表达式为

$$A_L = \frac{N_t}{\delta_t} = \iint p(x,y)\,\mathrm{d}x\mathrm{d}y \tag{5.4.6}$$

式中，$p(x,y)$ 为地面某一位置 (x,y) 处的目标毁伤概率，可通过战斗部载荷参数与毁伤律模型相结合得到。由于 A_L 具有面积的量纲，所以称为杀伤面积。

式（5.4.6）表明，杀伤面积 A_L 是针对杀伤战斗部地面爆炸并考虑二维平面威力场结构时，目标毁伤概率对面积的积分或毁伤概率与面积微元的乘积加和，相当于毁伤概率为 1 的折算面积。杀伤面积 A_L 由目标分布和毁伤目标数量的角度引出，代表了杀伤战斗部的本征或固有毁伤能力，可以综合反映不同战斗部对同一目标以及同一战斗部对不同目标的毁伤能力差别。

不妨对杀伤面积概念进行扩展，引出"毁伤幅员"的概念，毁伤幅员定义为破片/杀伤战斗部威力场通过概率加权得到的毁伤概率为 1 的等效空

域[1,3]。毁伤幅员 E_S 的数学描述为

$$E_S = \iiint p(x,y,z)\mathrm{d}x\mathrm{d}y\mathrm{d}z \qquad (5.4.7)$$

式中，$p(x,y,z)$ 为威力场中某一点 (x,y,z) 的目标毁伤概率。

毁伤幅员 E_S 综合考虑了整个威力场以及处于威力场中的目标易损性（毁伤律），而且可根据 E_S 值的大小定量描述战斗部综合威力的高低。对于空中爆炸和考虑三维立体威力场结构时，E_S 具有体积的量纲；对于地面爆炸和考虑二维平面威力场结构时，E_S 具有面积的量纲，也就是杀伤面积 A_L。另外，毁伤幅员可扩展到聚能破甲和动能穿甲战斗部等一维线性威力场结构，并可以细致区分不同穿深条件下的毁伤概率并统一考虑进去，能够定量反映穿深提高对毁伤能力的贡献，此时具有长度的量纲。

5.4.2 杀伤威力试验

1. 破片速度测试

测试破片速度的方法有很多种，但基本原理几乎是相同的，即通过记录破片飞过某一预设测量距离所需时间或测量预设时间间隔的飞行距离，然后用距离除以时间得到一定距离或时段的破片平均速度。

1）通、断靶法

通靶和断靶均可视为一种速度传感器，能够给出破片到达时的电路导通或断开信号。典型的通靶由两层金属箔夹一个薄的绝缘材料（如塑料薄膜）层制成，类似"三明治"结构，平时金属箔之间处于绝缘状态，如图 5.4.1（a）所示。典型的断靶由一根细金属丝（通常用漆包线）编织或缠绕成网状，并黏附于硬纸板上制成，平时处于导通状态，如图 5.4.1（b）所示。通靶或断靶分别通过导线连接到数字时间记录仪上，在测试仪器和传感器之间形成通电回路，数字时间记录仪可通过选择性开关选择通靶或断靶测试。在金属破片穿透通靶的过程中，金属的导电性使测试回路导通，给出破片到达信号。当破片撞击断靶时，造成一处或多处金属丝网断开，导致测试回路断开，从而给出破片到达信号。

2）光幕靶和天幕靶法

光幕靶和天幕靶均属于采用光学原理的速度传感器，可用于监测破片的出现。光幕靶主要由自带光源和接收器组成，如图 5.4.2（a）所示，利用破片对光线的遮挡获得破片到达信息，光线既可以是可见光，也可以是红外线

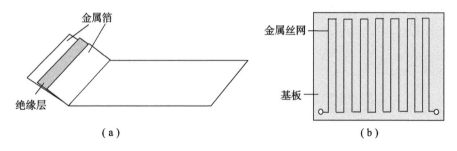

图 5.4.1 通靶和断靶示意图

（a）通靶；（b）断靶

等。天幕靶是一种自然光接收器，如图 5.4.2 （b） 所示，当破片进入视场时，通过光通量的变化感知破片的出现。光幕靶既可以在室内使用，也可以在室外使用，而天幕靶则主要在室外和光线足够强的条件下使用，若在室内使用通常需要外加光源。光幕靶和天幕靶的优点是测试精度高且可以实现多个破片或破片群速度的测试；缺点是造价相对较高，对于外场和破坏性较强的恶劣爆炸环境，其使用受到一定局限。

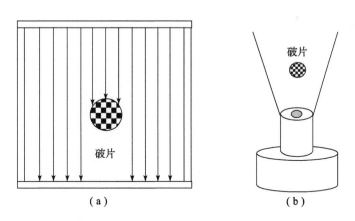

图 5.4.2 光幕靶和天幕靶工作原理示意图

（a）光幕靶；（b）天幕靶

3） 破片初速 v_0 和衰减系数 α 测试

利用滑膛弹道枪加载发射单个破片，采用通靶或断靶方法测试破片初速 v_0 和衰减系数 α 的试验原理如图 5.4.3 所示，破片在飞行过程中使每一个通靶或断靶启动，从而测出破片通过靶距 Δx_i 的时间 Δt_i。于是，破片在靶距 Δx_i

之间的平均速度 $v_i = \Delta x_i / \Delta t_i$ ，并作为枪口至靶距中点距离 x_i 处的破片速度。

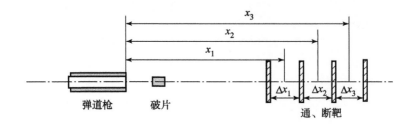

图 5.4.3　通、断靶测速布局示意图

依据破片速度衰减公式 $v_x = v_0 e^{-\alpha x}$ ，应用最小二乘法原理，可求出破片初速 v_0 和速度衰减系数 α ，计算公式为

$$\ln v_0 = \frac{\sum x_i^2 \sum \ln v_i - \sum x_i \sum (x_i \ln v_i)}{n \sum x_i^2 - \left(\sum x_i\right)^2} \tag{5.4.8}$$

$$\alpha = \frac{\sum x_i \sum \ln v_i - n \sum (x_i \ln v_i)}{n \sum x_i^2 - \left(\sum x_i\right)^2} \tag{5.4.9}$$

对于弹丸或战斗部爆炸形成大量破片的测试，可在战斗部周围布置如图 5.4.3 所示的 3～5 路测速靶，每路测速靶数量至少 4 个，由此可测得每一路的破片初速 v_0 和速度衰减系数 α ，再分别取平均值作为最终结果。应当指出，采用通靶和断靶方法进行测速基于以下两种理想化条件：一是破片弹道为直线弹道；二是击穿每一路测速靶的破片为同一破片。因此，在实际靶场测试时，测速靶的尺寸和面积选择并不相同，距爆心最近的测速靶最小，随布设半径的增大而逐级放大，以尽可能保证击穿第一个测速靶的破片能够通过后续各测速靶。对于弹丸/战斗部爆炸的破片速度测试，最大的不足之处在于所得测试结果是通过测速靶的若干破片的最大速度，因此测试结果大于所有破片的平均初速。另外，因测速靶时间响应的不一致以及不能绝对保证击穿各测速靶的破片为同一破片等，通靶和断靶也会存在一定误差，再有弹丸/战斗部爆炸形成的破片本身就存在着质量和初速散布，因此实测结果只是一种平均值。

2. 弹体爆炸破碎性试验

破片质量（形状）和数量（空间分布密度）是表征破片/杀伤战斗部威力的重要载荷参数，对于预制和半预制破片战斗部来说，破片的质量（形状）

和数量可以认为是已知和确定的，破片的空间分布密度可根据数量和飞散角求得。对于自然破片战斗部来说，战斗部爆炸形成大量形状不一、质量不等的破片，破片数及随质量的统计分布规律，既是表征战斗部威力的重要载荷参数，也是战斗部威力评估的基础数据。对于总质量不太大的自然破片战斗部如榴弹、迫弹等，常通过弹体爆炸破碎性试验获得破片数量及随质量分布数据，下面予以简要介绍。

1）试验原理

弹体爆炸破碎性试验就是采用适宜的爆炸环境进行弹丸/战斗部的实爆试验，通过回收爆炸后的破片进行称重和数据处理，最终得到破片质量与数量的分布，其中沙坑试验和水中爆炸试验是比较常规的试验方法。弹体爆炸破碎性试验通常是把弹丸/战斗部放在一定的中空容器的中央，容器周围放置使破片减速的介质，爆炸后回收破片并按质量分组，从而得到在不同质量范围内的破片数。

中空容器的尺寸大小可直接影响回收破片的质量分布结果，尺寸过小可能阻碍破片在冲击减速介质之前的"自发"分离，使回收的破片不能反映真实情况，尺寸越大回收的破片质量分布越精确。受试验场地和空间的限制，中空容器的尺寸也不可能无限大，一般取容器直径为 6 倍弹径时即可满足要求。中空容器的高度也需参照弹药直径方向上的尺寸确定。根据减速介质的不同，容器材料可用纸板、薄塑料板或马粪纸等。

在中空容器外面放置减速介质，以使高速破片的速度逐渐衰减。为使试验结果真实，要求破片在减速介质中不产生二次破碎。因此减速介质的性质以及减速介质层的厚度都直接影响着试验的准确性。目前世界各国所用的减速介质有三种：砂子、木屑（锯末）和水。砂子的密度为 $1\,500 \sim 2\,400\ \text{kg/m}^3$，木屑的密度为 $200 \sim 300\ \text{kg/m}^3$，水的密度是 $1\,000\ \text{kg/m}^3$，如采用木屑作减速介质并适当加厚介质层的厚度，导致二次破碎的可能性最小；使用鼓风和磁力（对钢破片）的方法使破片与木屑分离，所需劳动量较小。试验证明，用砂子作减速介质可使破片产生二次破碎；另外，试验前后砂子都要过筛（筛孔尺寸一般为 $0.002\ \text{m} \times 0.002\ \text{m}$）以使砂与破片分离，所需劳动强度很大、条件艰苦。用水作介质时，破片可用纱网收集，磁性与非磁性破片均可收集且回收率也较高，回收后破片不需清洗，更重要的是大大降低了劳动强度。

破碎性试验后将所得破片进行清理，然后进行称重分级。我国在破碎性试验中所统计的最小破片质量为 0.4 ~ 1.0 g，国外统计的最小破片质量为 0.1 g，反飞机高射弹药为 0.3 g。国外的杀伤标准主要考虑破片动能，所以对一些小破片也进行统计。

2）沙坑试验

沙坑试验的布局如图 5.4.4 所示，正规沙坑四周铺设装甲钢板，内置直径和高度不等的两个圆筒，由厚纸板、三合板或马粪纸支撑，其中内圆筒相当于上文的中空容器，内、外圆筒之间装填减速介质（细砂或锯末屑等），其厚度需保证回收到全部破片。

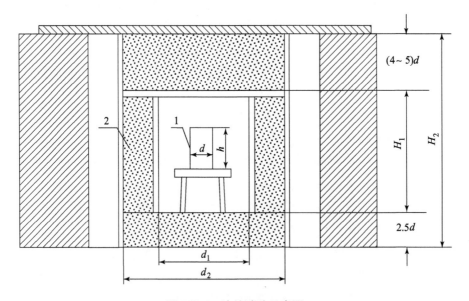

图 5.4.4　沙坑试验示意图

1—战斗部；2—减速介质

沙坑试验的内、外圆筒的直径和高度，取决于试验弹的直径 d 和长度 h，常采用的经验数据为：

内筒直径

$$d_1 = (4 ~ 5)d \qquad (5.4.10)$$

内筒高度

$$H_1 = h + 2d \qquad (5.4.11)$$

外筒直径

$$d_2 = d_1 + 2\delta \qquad (5.4.12)$$

式中，δ 为减速介质厚度，由下式确定：

$$\delta = \eta \sqrt{W} \qquad (5.4.13)$$

式中，W 为装药质量（kg）；η 为与炸药类型有关的系数，对于 TNT，$\eta = 0.4 \sim 0.5$。在此条件下，δ 的单位为 m。

外筒高度

$$H_2 = H_1 + (4 \sim 5)d + 2.5d \qquad (5.4.14)$$

3）水中爆炸弹体破碎试验

水中爆炸弹体破碎试验如图 5.4.5 所示，为圆柱形水井，井壁和井底铺设钢板，上下部分均用型钢加固以防变形，井底在钢板下面建筑一定厚度的钢筋混凝土。为保护水井减轻冲击波作用、延长使用寿命，可对井底与井壁增加缓冲结构，如由聚苯乙烯泡沫、薄钢板和沙砾三层组成的减震复合结构，也有在井壁周向通入压缩空气，形成一定厚度的气幕等。试验时，试验弹置于空气室内，空气室壁由聚氯乙烯塑料制成，室顶为木板，空气室直径为弹径的 $4 \sim 5$ 倍，需要保持空气室密封。空气室挂在网栏的中心，网栏的下半部是带底的尼龙网，网眼不大于 0.5 mm，上半部由塑料丝编织而成。试验弹爆炸后，为避免空气氧化，将收集到的破片装入有丙酮溶液的收集瓶里，然后吹干并按质量分级统计。

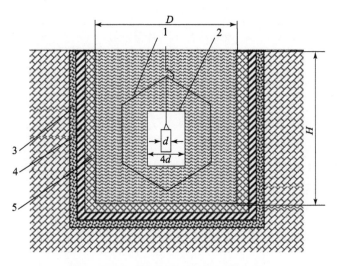

图 5.4.5　水中爆炸弹体破碎试验示意图

1—尼龙网；2—空气室；3—沙砾；4—薄钢板；5—泡沫塑料

3. 扇形靶试验

1）适用范围

扇形靶试验适用于榴弹、迫弹等的破片/杀伤弹丸、杀伤爆破弹丸以及火箭弹等的破片/杀伤、杀伤爆破战斗部的静爆试验[17]，主要用于测定密集杀伤半径和有效杀伤半径，进一步可得到"杀伤面积"。（注：这里的"杀伤面积"概念不同于 5.4.1 节的杀伤面积 A_L，是对杀伤区域和范围的一种描述。）

2）试验设备、装置及要求

（1）扇形靶：所用木材应为干燥的三等松木板，厚度为（25±1）mm，长度不小于 1.5 mm；不应有较大面积的连续虫孔或腐蚀，在个别木板上允许有活节子和腐朽透孔以及小于 3 mm 宽的纵向裂纹，但其长度不能贯通整块木板。

（2）每块扇形靶的扇面弧长，等于各扇形靶所处圆周的 1/6 或 1/12 弧长，高度为 3 m，各块木板间的缝隙不大于 3 mm。

（3）靶架设计制造应牢固，不应有扭挠和松动，同一靶面用以嵌钉木板的各支柱间的距离不大于 2 m，靶架、靶板应能承受爆炸时的冲击波。

（4）扇形靶按照被试弹口径分为大扇形靶和小扇形靶两种，选择原则如表 5.4.1 所示。

表 5.4.1　扇形靶的布置

弹径/mm	靶型	靶面块数	靶分布角	靶面距离/m
≥76	大扇形靶	6	60°	10，20，30，40，50，60
<76	小扇形靶	6	30°	4，8，12，16，20，24

（5）靶板应牢固地嵌钉在靶架的支柱、板框上，各靶板底边均应在同一水平上，并由此测量靶板高度。

（6）爆桩上端面应平齐，用起爆器起爆。

3）试验准备

按图 5.4.6 所示进行场地布置，具体操作步骤如下：

（1）选择爆点，以爆点为圆心按表 5.4.1 进行布靶，小扇形靶允许在 180° 内布设；

（2）设置爆桩；

（3）在每块扇形靶面的 1/2 高度划一水平中心线，使其与被试弹丸/战斗部质心位置等高，在每块靶面划分 1.5 m×0.5 m 的标准靶板分区标志线，并对标准靶板编号；

（4）检查靶面，将靶面易误判处加以标记；

（5）安装改装引信或起爆雷管，将弹丸/战斗部竖直放置在爆桩上并使其质心距地面 1.5 m。

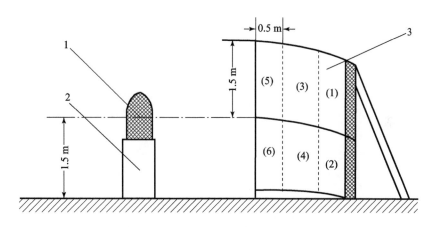

图 5.4.6　扇形靶试验场地布置示意图

1—弹丸/战斗部质心；2—爆桩；3—扇形靶

4）试验程序

起爆被试弹丸/战斗部；起爆后 5 min 进行检靶，统计击穿靶板的破片数量与卡入靶板的破片数量；将击穿破片数和卡入靶板数分别按各扇形靶汇总制表。

5）试验数据处理

设密集杀伤半径和有效杀伤半径分别为 R_0 和 R_1，扇形靶的杀伤破片（穿透）数和有效破片（穿透与嵌入一半之和）数为 N_0 和 N_1；考虑到 R_0 和 R_1 处的圆周长分别为 $2\pi R_0$ 和 $2\pi R_1$，相当于标准人形靶（宽度为 0.5 m）个数分别为 $4\pi R_0$ 和 $4\pi R_1$（R_0 和 R_1 的量纲为 m）；又由于扇形靶高度为 3 m、弧长为 1/6 圆周（$\pi/3$ 圆心角），而标准人形靶高度为 1.5 m，因此，$4\pi R_0$ 和 $4\pi R_1$ 对应的杀伤破片数和有效破片数分别为 $6N_0/2 = 3N_0$ 和 $6N_1/2 = 3N_1$。根据密集杀伤半径和有效杀伤半径的定义，可知

$$N_0 = \frac{4}{3}\pi R_0 \tag{5.4.15a}$$

$$N_1 = \frac{4}{3}\pi R_1 \tag{5.4.15b}$$

　　这样，靶场试验时，可对不同半径处扇形靶进行杀伤破片和有效破片的统计，按图5.4.7所示，通过作图可得到密集杀伤半径 R_0 和有效杀伤半径 R_1，分别对应图中的 A 点和 B 点。

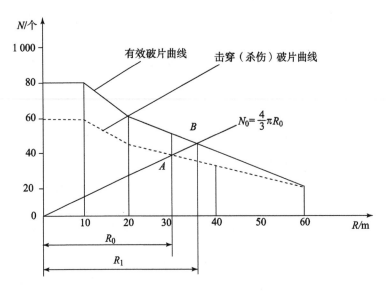

图5.4.7　杀伤破片和有效破片与半径的关系曲线

5.4.3　综合威力评估

　　破片/杀伤战斗部爆炸，破片的飞散与分布空间构成破片威力场，破片威力场综合了破片的载荷性能和散飞特性，是战斗部威力的最全面反映。杀伤威力半径、密集杀伤半径和有效杀伤半径等均属于破片威力场性能的一种代表性和标志性特征，能够从特定角度或层面上表征与评估战斗部威力，但由于未考虑威力场全部及杀伤半径内外可能存在的特异性，因此也就无法实现战斗部威力的整体和全面评估，甚至可能使评估结果存在偏颇。杀伤面积或毁伤幅员的表征与评估方法可较好地解决这一问题，即利用式（5.4.5）和式（5.4.6）通过破片载荷参数与目标毁伤律相结合、求解破片威力场空间微元的目标毁伤概率，再对整个威力场进行积分或对空间微元进行概率加权求和，最终得到杀伤面积或毁伤幅员。另外，破片/杀伤战斗部多用于打击多种目标，打击同一目标的任务也可由不同的破片/杀伤战斗部完成，因此经常需要定量对比分析同一战斗部对不同目标以及不同战斗部对同一目标的毁伤威力，从而全面认识战斗部毁伤能力差异及对目标的适应性，鉴于杀伤半径自身存在的局限性，选择毁伤幅员（杀伤面积）进行表征与评估更具有科学性和合理性。

以毁伤幅员（杀伤面积）为表征参量，对同一战斗部毁伤不同目标以及不同战斗部毁伤同一目标的威力评估等，在此统称为综合威力评估。如前所述，常规的扇形靶试验只能获得针对人员目标的密集杀伤半径和有效杀伤半径，类似的测定杀伤威力半径的静爆试验则主要用于考核技术指标，均无法达到综合威力评估的目的。若采用模型计算的方法进行综合威力评估，则现有工程模型的适用性、计算精度以及结果可靠性等都难以达到希望的程度。采用模型计算和试验相结合的方法是一种合理有效的途径，首先进行合理的试验设计，然后依据试验数据对模型进行校验，最后通过模型计算获得评估结果，下面给出示例[1,3]。

在一定工程背景条件下，以同一弹种、两种装药和结构的破片/杀伤弹丸为例进行综合威力评估，其中一个是新型大威力弹，另一个原型制式弹，以下分别称为甲弹和乙弹。该型弹的主要作战对象和打击目标是有生力量、军用车辆和技术兵器等，实际评估时，选择人体目标、普通军用车辆和轻型装甲车辆为三种典型目标。

该型弹为轴对称二维回转体结构，对于地面静爆并考虑二维威力场条件下，假设圆周方向的破片威力参数是均匀的，那么毁伤幅员或杀伤面积的计算模型为

$$E_s = \int 2\pi r p(r) \, \mathrm{d}r \qquad (5.4.16)$$

式中，$p(r)$ 为周向 $r\mathrm{d}r$ 微元环的目标毁伤概率。

破片对人体目标的毁伤律模型通常采用有效破片命中数量的泊松分布概率函数，即

$$p(r) = 1 - \mathrm{e}^{-\varepsilon(r)S} \qquad (5.4.17)$$

式中，S 为目标迎风暴露面积；$\varepsilon(r)$ 为杀伤破片分布密度。有效破片是指能够达到人体杀伤能量标准（78~98 J）的破片，或以是否穿透标准 25 mm 松木板为标准进行核定。

破片对车辆目标的毁伤律采用线性分布概率函数和穿透破片密度准则，具体形式为

$$p(r) = \begin{cases} 0, & \varepsilon(r) = 0 \\ \dfrac{\varepsilon(r)}{\varepsilon_c}, & 0 < \varepsilon(r) < \varepsilon_c \\ 1, & \varepsilon(r) \geqslant \varepsilon_c \end{cases} \tag{5.4.18}$$

式中，$\varepsilon(r)$ 为穿透车辆目标等效靶的破片密度；ε_c 为毁伤判据，一般取值 3 ~ 5 枚/m²。

在这里，破片毁伤律模型统一采用了杀伤破片密度或等效靶穿孔密度 $\varepsilon(r)$ 的函数形式，建立或获得杀伤破片密度或等效靶穿孔密度 $\varepsilon(r)$ 所代表的威力场模型，即可根据式 (5.4.16)~式 (5.4.18)，求解毁伤幅员或杀伤面积，威力场模型 $\varepsilon(r)$ 在此略去。

为了校验威力场模型并保证综合威力评估结果的有效性，设计并完成了两种弹的静爆试验，试验布场如图 5.4.8 所示。弹丸置于场地中心、头部朝下并使弹轴与地面垂直，质心距地面高度 1.5 m。在试验场地内距爆心不同距离布设人体目标、普通军用车辆和轻型装甲车辆目标等效靶，分别为 25 mm 厚标准松木板（高度 3 m，弧长对应 π/6 圆心角，距离爆心分别在 20 m、30 m 和 40 m 各布一组，互不遮挡）、6 mm 厚 Q235 钢板（高 2 m、宽 1 m）

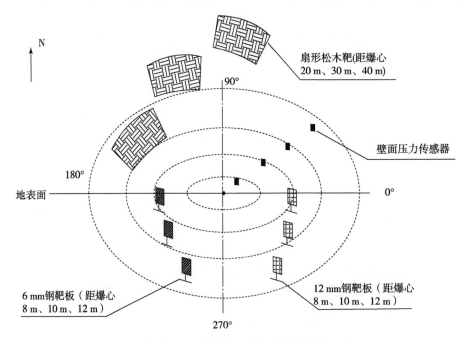

图 5.4.8　综合威力试验布场示意图

和 12 mm 厚 Q235 钢板（高 2 m、宽 1 m），两种厚度的 Q235 钢板各布设 3
块，距爆心距离均分别为 8 m、10 m、12 m。另外，在试验场地地面布设 2 路
壁面压力传感器测试冲击波超压（用于其他问题分析），每路 4 个测点，测点
距爆心距离分别为 3 m、5 m、7 m 和 9 m。

　　试验获得的不同作用半径的各种等效靶的破片穿孔密度与威力场模型
$\varepsilon(r)$ 计算结果对比如图 5.4.9 所示，可以看出两者符合良好，威力场模型
$\varepsilon(r)$ 可用于后续计算与分析。

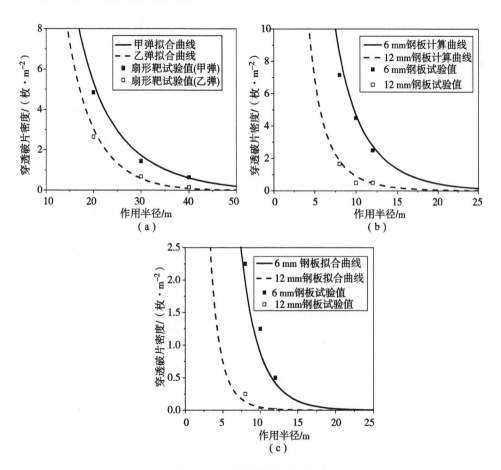

图 5.4.9　等效靶破片穿孔密度

（a）标准松木板；（b）Q235 钢板（甲弹）；（c）Q235 钢板（乙弹）

　　利用式（5.4.17）和式（5.4.18）并结合威力场模型 $\varepsilon(r)$，通过计算得
到战斗部威力场内三种典型目标的毁伤概率分布曲线，如图 5.4.10 所示。其

中，由图 5.3.10（a）可以看出，甲弹和乙弹对于立姿迎面站立人体的毁伤概率为 0.492 的作用距离（即密集杀伤半径）分别为 32.5 m 和 25 m，即采用模型计算的密集杀伤半径，与由杀伤半径获得试验数据按 GJB 3197—1998 规定的方法进行数据处理所得到的密集杀伤半径相比，两者吻合度非常好。

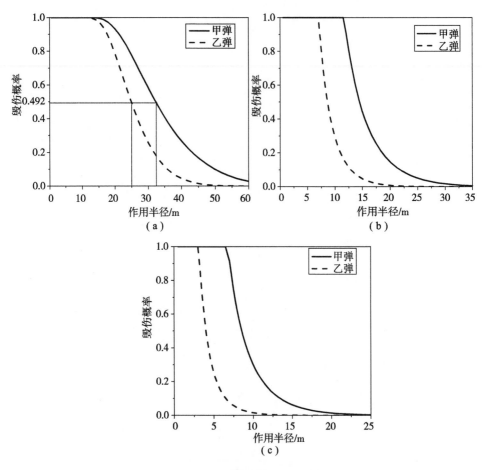

图 5.4.10 毁伤概率分布曲线

（a）人体目标；（b）普通军用车辆；（c）轻型装甲车辆

　　采用式（5.4.16）计算二维威力场结构的毁伤幅员，也就是杀伤面积，所得结果示于表 5.4.2。由此可见，通过毁伤幅员进行表征、利用威力场模型和目标毁伤律模型相结合进行求解，是杀伤战斗部综合威力评估的一种好方法，可定量评定与分析不同战斗部对同一目标以及同一战斗部对不同目标的毁伤能力及其差别，对于其他破片/杀伤战斗部也采用类似原理和方法进行威力表征与评估。

表 5.4.2　两种弹对不同目标的毁伤幅员

弹种及对比	毁伤幅员/m²		
	人体目标	普通军用车辆	轻型装甲车辆
甲弹	4 004.5	859.1	315.8
乙弹	2 283.3	305.0	71.9
甲弹比乙弹提高比例	75.4%	181.7%	339.2%

5.5　爆破战斗部

5.5.1　炸药威力

1. 炸药威力表征

无论在何种爆炸环境（空气、水和岩土中）条件下，爆破战斗部的威力都主要取决于炸药自身所具备的威力性能。炸药威力属于炸药性能范畴，是炸药的自有属性，不同于爆破战斗部具体装药和实际爆炸条件下的威力。炸药威力通过一定的性能指标进行描述，主要有爆炸能量（爆热）、猛度和做功能力等。炸药爆炸是一种极为剧烈的能量释放与转换现象，在极短的时间内释放出大量的热，单位质量炸药所释放出的热量称为爆热，一般用定容爆热 Q_v 表示。爆热是炸药产生巨大做功能力的能源，也是炸药重要的爆轰性能参数。炸药爆炸时，对与其接触介质的破坏作用，一般是由炸药与介质边界上的初始或最大压力所决定，该压力正比于爆轰波压力。炸药爆炸粉碎与其接触的物质或介质的能力称为猛度，炸药爆轰压力越大，猛度越大。与炸药猛度原理不同，炸药的做功能力是指炸药爆炸产物对周围介质总的做功能力，一方面决定了对周围介质总的破坏能力，另一方面还决定了在各种近距离上的破坏程度。炸药的做功能力能够较全面地体现炸药爆炸威力大小，一般来讲，对于单质炸药，炸药做功能力越强、猛度越大；对于含铝炸药，由于铝粉的后燃效应，会出现做功能力强但猛度较小的情况。

炸药在不同的环境中爆炸，所产生的共性也是最基本的载荷是冲击波，关于冲击波的相关概念已在本书的第 2 章、第 3 章都有所介绍，在此不再赘述。本节下面重点介绍测量炸药三个威力性能参数：爆热 Q_v、猛度和做功能力的试验原理与方法，以及测试爆炸冲击波的试验原理与方法。爆炸冲击波参数是爆破战斗部威力的基础数据，也是战斗部威力试验的核心测量内容。

2. 爆热测定试验

1）方法原理

对于一般的猛炸药，爆热的测定需要将炸药试样置于特制的爆热弹中爆炸，并通过特定的热量计进行测量[18]。利用已知热值的量热标准物质如苯甲酸测出爆热热量计的热容量，在同一爆热热量计中进行试样的爆热测定；在爆热弹内无氧环境下引爆炸药试样，以蒸馏水为测温介质，测定水温升高；根据热量计的热容量及温升值，求出单位质量试样在给定条件下的爆热。爆热测定方法主要包括绝热法和恒温法两种，二者原理相同，试验装置略有差别，图 5.5.1 为绝热法测定爆热装置的示意图。

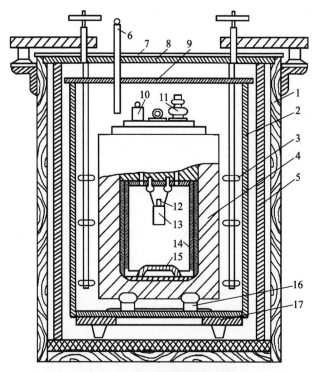

图 5.5.1 爆热测量装置示意图

1—木桶；2—量热桶；3—搅拌桨；4—量热弹体；5—保温桶；6—贝克曼温度计；

7，8，9—盖；10—电线接线柱；11—抽气口；12—电雷管；13—药柱；

14—内衬桶；15—热块；16—支撑螺栓；17—底托

常用的爆热弹弹体质量 137.5 kg，直径 270 mm，高 400 mm，内部体积 5.8 L，可测定不大于 100 g 炸药试样的爆热。如图 5.5.1 所示，爆热弹置于一个不锈钢制的量热桶中，桶内装有恒温定量的蒸馏水，其内外表面均应抛光。量热桶外是钢制的保温桶，桶的内部抛光镀铬。最外层是木桶，在木桶和保温桶之间填充泡沫塑料，以隔绝与外部的热交换。

2）试验步骤

在实验室，将待测炸药样品 25 ~ 30 g 压制成直径 25 ~ 30 mm 的药柱，并留有 10 mm 雷管孔；将雷管和炸药固定在一起，悬挂在弹盖上，盖好弹盖；由抽气口抽出弹内的空气，再用氮气置换弹内剩余的气体，并再次抽空；用吊车将爆热弹放入量热桶中，注入温度为室温的蒸馏水，直至爆热弹全部淹没为止，注入的蒸馏水要准确称量；在保持恒温 1 h 左右时，记录桶内的水温 T_0；引爆炸药，反应放热使水温不断升高，记录水所达到的最高温度 T。

3）数据处理

根据试验数据，爆热值的计算公式为

$$Q_v = \frac{c(M_W - M_I)(T - T_0) - q}{M_E} \quad (kJ/kg) \quad (5.5.1)$$

式中，c 为水的比热容［kJ/（kg·℃）］；M_W 为注入的蒸馏水质量（kg）；M_I 为仪器的水当量（kg），可用苯甲酸进行标定而求得；q 为雷管空白试验的热量（kJ）；M_E 为炸药样品的质量（kg）；T_0 为爆炸前测量的桶中水温（℃）；T 为爆炸后测量的桶中最高水温（℃）。

3. 猛度测定试验

试验测定炸药猛度的方法主要有铅柱压缩法、猛度摆法等，这里介绍铅柱压缩法试验[19]。铅柱压缩装置如图 5.5.2 所示，铅柱高为 60 mm，直径为 40 mm。钢片厚为 10 mm，直径为 41 mm，其作用在于将炸药的能量均匀传递给铅柱，使铅柱不易被击碎。

炸药爆炸后，铅柱被压缩成蘑菇形，高度减小。用铅柱压缩前后的高度差 Δh 即可表示炸药的猛度。显然，炸药猛度越大，则 Δh 值越大，因此可以用 Δh 来比较不同炸药猛度的大小。

4. 做功能力测定试验

评定炸药做功能力的试验方法有很多，包括铅壔法、做功能力摆（威力摆）法及圆筒试验法等。在这里主要介绍铅壔法[19]，铅壔法是一种用对介质的爆炸作用结果直接表征炸药做功能力的方法，也是目前最简单、最常用的

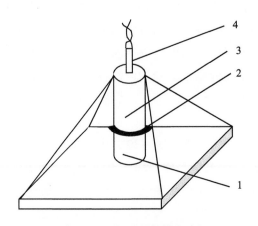

图 5.5.2 铅柱压缩装置示意图
1—铅柱；2—钢片；3—炸药；4—雷管

一种方法。一定量的炸药在铅墙中爆炸，按照爆炸气体产物所引起的铅墙孔的体积扩张数值大小来判断和比较炸药的做功能力，如图 5.5.3 所示。铅墙为圆柱体，由精炼铅铸成。铅墙中央具有高 125 mm、直径 25 mm 的圆柱孔。

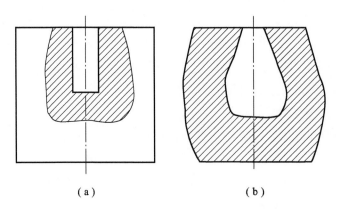

（a）   （b）

图 5.5.3 爆炸前后铅墙内部空腔变化示意图
（a）爆炸前；（b）爆炸后

试验时，取炸药（10 ± 0.01）g 放在用锡箔卷成的圆筒（直径 24 mm）内，装上雷管后放到铅墙的圆柱孔内。用筛选、干燥的石英砂自由填入铅墙孔内上部剩余的空隙，以减少爆轰产物向外飞散。后来改进为压制炸药为体积 10 ml 的药包，再装入铅墙中。

炸药爆炸后，铅墙的圆柱孔扩大为梨形，测出爆炸前、后铅墙内孔的体积差，用该差值来表示炸药做功能力的大小。体积差越大，则炸药做功的能力越强。

5. 爆炸冲击波测试试验

爆炸冲击波测试的基本原理如图 5.5.4 所示，冲击波压力信号作用于传感器时，传感器将输出一个电压信号或电流信号，信号经过传输电缆到达放大器中，最后传输到记录仪器并被记录下来[20]。测试爆炸冲击波压力的传感器主要包括压阻传感器和压电传感器两种，试验测得的典型空气中爆炸冲击波的压力 – 时间（p – t）曲线如图 5.5.5 所示。

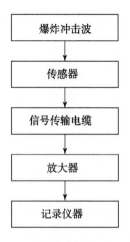

图 5.5.4 爆炸冲击波测试原理框图

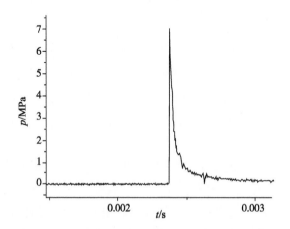

图 5.5.5 典型空气中爆炸冲击波的压力 – 时间曲线

对于锰铜压阻传感器，最基本的工作原理即电阻元件的压阻效应，即压力引起电阻元件的电阻率的变化，通过压阻效应间接反映压力的变化。对于幅度较低的动态压力（如 1 MPa ~ 1 GPa）的测量，需要用低压力量程的压阻法测试系统来测量。在这种测压系统中，把锰铜压阻传感器接入电桥测量电路（或双恒流电路等），配置适当增益的运算放大器（锰铜压阻应力仪）和记录仪器，即可实现低压力量程的冲击波压力测量。对高动态压力（0.1 ~ 50 GPa）的测量，需要低阻值的锰铜压阻传感器，用脉冲恒流源作为放大器，接入记录仪器，形成完整的测试系统。应用压阻式传感器可实现爆炸冲击波从近场到远场的压力测量，但由于压阻传感器布置安装相对较为复杂且容易被破坏，在测量自由场爆炸压力的试验中，普遍使用压电式传感器。

与压阻式传感器相类似，压电传感器最基本的工作原理为压力敏感元件的压电效应。凡是由绝缘体或半导体制成的压力敏感元件，在外界压力的作用下都会产生电荷效应，并使负载元件获得有用的电流或电压信号，利用这种效应制成的传感器称为压电传感器。在压电法中，压电电流法和固体的冲击极化效应用于高压测量，如压力大于 1 GPa；压杆式压电压力传感器、膜片式压电压力传感器和自由场压电传感器等用于中、低压测量；利用 PVDF 压电薄膜制作的压力传感器既可测量低压，又可测量高压。炸药爆炸威力测试试验中，一般采用自由场压力传感器，放大器选择电压放大器和电荷放大器均可，再配置适当的记录仪器，组成完整的自由场爆炸压力测试系统。

5.5.2　战斗部空气中爆炸威力

1. 空气中爆炸威力表征

爆破战斗部在空气介质中爆炸的毁伤威力可采用载荷参数表征和效应参数表征两种方法，其中载荷参数表征除了采用爆破战斗部主要毁伤元——冲击波的相关参数外，还采用爆炸 TNT 当量来综合表征。效应参数表征需要将爆炸冲击波和目标易损性进行耦合分析，一般采用基于一定毁伤准则与判据的毁伤/破坏距离来表征。

如第 3 章所述，描述爆炸空气冲击波的基本参量有峰值超压 Δp_+、正压作用时间 τ_+ 和比冲量 i_+，这些参量能够从不同侧面分别反映冲击波毁伤能力及差异，但孤立的冲击波参量尚不足以反映整个战斗部的威力，战斗部威力还需要全面考察冲击波参量的空间分布即整个爆炸场。爆炸场中的各种目标破坏是一个极其复杂的问题，不仅与冲击波载荷特性有关，也与目标特性及某些随机因素有关。对于特定目标，爆炸空气冲击波对目标的毁伤程度与 Δp_+、τ_+ 和 i_+ 均有关，Δp_+ 相同而 i_+ 不同则毁伤效果不同，反之亦然。因此，即使单纯考察冲击波的毁伤能力，也不能简单地选择超压、正压作用时间或比冲量之一进行度量和评估，需要综合考虑冲击波的波形结构（主要受对比距离和炸药类型影响）。另外，不同的冲击波波形结构使对目标的毁伤破坏呈现出不同特点，例如，Δp_+ 大而 τ_+、i_+ 相对小的冲击波，局部毁伤破坏作用更强，特别是对于较大尺度的目标来说，体现出严重的局部破坏特征；τ_+、i_+ 大而 Δp_+ 相对小的冲击波，则往往使目标呈现出大范围、大面积的整体性破坏。鉴于此，对于爆破战斗部威力的载荷参数表征来说，采用爆炸 TNT 当量更为全面和综合，但直观性差一些。采用 TNT 当量表征的好处主要有三个方面：一是通过爆炸理论和工程模型可求解爆炸场的冲击波参数，因而考虑了整个爆炸场并涵盖了冲击波；二是基于能量相似原理的药量换算，可实现不同类型炸药的威力等效与评估；三是可根据装药当量进行战斗部威力的简明对比分析。

对于效应参数表征，由于不同目标、不同结构对冲击波毁伤响应特性不尽相同，难以用一个统一的效应参量精确表征与评估不同战斗部对不同目标结构的毁伤能力，但在工程上，可以用毁伤距离与安全距离粗略地表征空气中爆炸冲击波的毁伤特性。爆炸对目标造成破坏的距爆心最大距离，定义为破坏距离，用 r_a 表示；对目标不造成破坏的距爆心最小距离，定义为安全距离，用 r_b 表示。

破坏距离和安全距离近似计算公式为

$$r_a = k_a \sqrt{W_{TNT}} \tag{5.5.2}$$

$$r_b = k_b \sqrt{W_{TNT}} \tag{5.5.3}$$

式中，k_a、k_b 为与目标有关的系数，$k_b \approx (1.5 \sim 2)k_a$；$W_{TNT}$ 为装药 TNT 当量（kg）；r_a、r_b 的单位为 m。表 5.5.1 给出了常规炸药爆炸一些目标的 k_a 值，表 5.5.2 为核爆炸地面建筑物的 k_a 值。

表 5.5.1　常规炸药爆炸的各种目标 k_a 值

目标	k_a	破坏程度
飞机	1	结构完全破坏
舰艇	0.44	舰面建筑物破坏

续表

目标	k_a	破坏程度
非装甲船舶	0.375	船舶结构破坏，适用于 $W_{TNT} < 4\,000$ kg
装配玻璃	7~9	破碎
木板墙	0.7	破坏，适用于 $W_{TNT} > 250$ kg
砖墙	0.4	形成缺口，适用于 $W_{TNT} > 250$ kg
砖墙	0.6	形成裂缝，适用于 $W_{TNT} > 250$ kg
不坚固的木石建筑物	2.0	破坏
混凝土墙和楼板	0.25	严重破坏

表 5.5.2　地面核爆炸的建筑物 k_a 值

k_a	冲击波超压/MPa	破坏程度
15~10	0.01~0.02	建筑物部分破坏
9~7	0.02~0.03	建筑物有显著破坏
4.5~4	0.06~0.07	钢骨架和轻型钢筋混凝土建筑物破坏
3.5	0.10	钢筋混凝土建筑物破坏或严重破坏
2.8~2.5	0.15~0.20	抗震钢筋混凝土建筑物破坏或严重破坏
2.5~2.0	0.20~0.30	钢架桥移位

2. 战斗部静爆威力试验

通过试验测定炸药爆热，再结合能量相似原理和采用一定的工程计算模型，可获得战斗部空气中爆炸的 TNT 当量并用于评估战斗部威力，不过这属于理论设计值和预测评估值。工程上，需要通过实际战斗部的静止爆炸试验，直接测试冲击波参数并应用爆炸相似律和相应计算模型间接得到 TNT 当量，并作为实测值和终定值用于评定和考核战斗部的威力。战斗部静爆威力试验包括冲击波测试及冲击波 TNT 当量计算两部分内容，是评估爆破战斗部威力最直接的试验方法，也是战斗部工程研制过程中最重要的考核手段[21,22]。

1）方法原理

按 5.5.1 节所述的爆炸冲击波测试的基本原理，一般采用自由场压力传感器进行冲击波参数的测量。通过压力传感器，将战斗部爆炸后产生的爆炸冲击波压力信号转换成电信号，再通过信号调理仪输入数据记录仪器。对获得的压力信号，通过压力传感器的灵敏度、信号传输和记录仪器的放大倍数，得到冲击波超压时程（$p-t$）曲线，并确定峰值超压。根据各测点的峰值超压和位置（爆距）等数据，采用经典的爆炸相似律工程模型计算战斗部爆炸的 TNT 当量，从而获得战斗部爆破威力定量表征数据。

2）靶场布置

靶场平面布置如图 5.5.6 所示，将战斗部和传感器固定于空中，一般以高度不受地面反射波影响测量为原则，一般不低于 3m。自由场压力传感器感应面原则上应与冲击波传播方向平行，测量掠过的入射冲击波超压。根据战斗部特性，一般选择 3~6 个爆心距离布置传感器，同一距离布置 1~2 个，具体也可根据试验实际需求和试验目的等因素合理调整。固定传感器一般用钢制支架，支架需具有足够的强度和刚度，并固定牢靠。

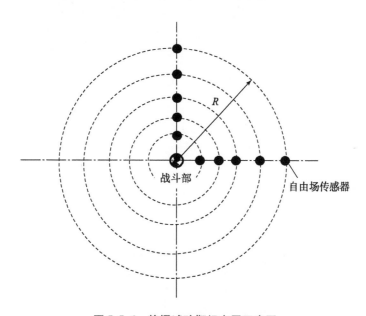

图 5.5.6　静爆试验靶场布置示意图

3）试验数据处理

通过试验可得到不同自由场压力传感器测得的压力时程（$p-t$）曲线，基于试验数据，读出入射冲击波峰值超压 Δp_+，应用空气中爆炸冲击波超压计算的经典经验公式，得到比例距离 $\bar{R}$。各冲击波测点对应的 TNT 当量 W_{TNT} 的计算公式为

$$W_{TNT} = \left(\frac{R}{\bar{R}} \right)^3 \tag{5.5.4}$$

式中，R 为压力传感器距战斗部爆心的距离（m）；W_{TNT} 为冲击波测点对应的 TNT 当量（kg）。

冲击波有效测点对应的 TNT 当量 W_{TNT} 取算术平均值作为战斗部爆破威力，即

$$\bar{W}_{TNT} = \frac{1}{n} \sum W_{TNT} \qquad (5.5.5)$$

式中，$\bar{W}_{TNT}$ 为战斗部爆破 TNT 当量（威力）（kg）；n 为有效数据个数。

5.5.3 战斗部水中爆炸威力

1. 水中爆炸载荷与威力场结构

装药水中爆炸的载荷形成、目标结构响应及毁伤机理非常复杂。如图 5.5.7 所示，装药水中爆炸所产生的毁伤载荷按形成和加载时间顺序可分解为直接载荷和派生载荷两部分，其中，直接载荷包括爆炸冲击波和爆轰产物（气泡），派生载荷包括水锤、水射流与气泡溃灭流以及脉动（二次）压力波与脉动水流等[1]。

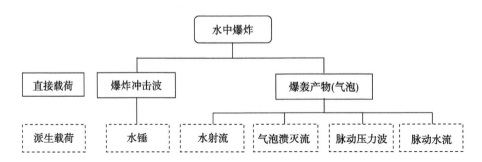

图 5.5.7 水中爆炸的毁伤载荷

水中爆炸实际作用于目标结构的毁伤载荷类别及目标结构响应特性，既因爆距（或比例距离）的不同而不同，也与爆炸中心与目标结构的相对位置以及水域边界等有关。这里的爆距是指装药几何中心（或爆心）距目标表面的最近距离，即需要考虑装药几何尺寸的影响。依据不同爆距（或比例距离）条件下载荷形成与作用以及结构力学响应特性的差别等，工程上常常针对水中爆炸场进行划界和区分。因研究背景和研究工作者视角的不同，存在多种水中爆炸的场界划分原则和方法，本书主要从作用于目标结构的毁伤载荷特性以及威力场结构的角度，将水中爆炸场划分为接触爆炸、近场爆炸和远场

爆炸三种[1]。

如图 5.5.8 所示，接触爆炸针对爆距等于装药半径或装药与目标结构表面零距离接触情况，此时作用于目标的毁伤载荷包括接触爆炸冲击波、爆轰产物以及水射流、气泡溃灭流；近场爆炸对应装药爆距大于装药半径且不大于水射流形成最大爆距的情况，此时作用于目标的毁伤载荷包括水中冲击波、水射流和气泡溃灭流；远场爆炸对应爆距大于水射流形成最大爆距情况，此时作用于目标的毁伤载荷包括水中冲击波、脉动（二次）压力波和脉动水流。远场爆炸条件下，目标结构的毁伤响应特性与比例距离与目标结构的形状和尺度有关，若目标为细长体结构时且比例距离相对于目标长度较小时，脉动水流作用下目标可产生鞭状效应；若目标为非细长体结构或比例距离相对于目标长度较大时，目标主要产生冲击振动效应。

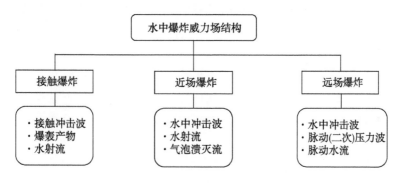

图 5.5.8　水中爆炸的威力场结构

以上主要是从爆距角度探讨水中爆炸威力场结构以及作用于目标的载荷问题，除此之外，爆炸中心或炸点与目标结构的相对位置也具有重要影响。如对于爆炸中心位于目标结构正下方的远场爆炸，当携带足够能量的上浮气泡到达目标结构底部时，仍会形成近场爆炸条件下的水射流和气泡溃灭流载荷，即出现远场爆炸载荷和近场爆炸载荷的耦合效应。当然，这并不意味这种远场爆炸比近场爆炸因作用载荷更丰富而使毁伤威力得到增强，因为近场爆炸的每种毁伤载荷强度都比远场大得多。然而这恰恰说明，实现战斗部装药在目标正下方爆炸，能够使爆炸能量得到充分利用从而提高毁伤效能，这一点对水中兵器总体设计、弹道和引战配合控制等，尤其具有意义。

2. 水中爆炸威力表征

水中爆炸威力本质上是指装药水中爆炸对目标的毁伤能力，也就是能否造成处于一定距离处的特定目标达到某种毁伤程度（等级），或使目标达到一定毁伤程度（等级）的作用范围。由于水中爆炸载荷形成和载荷作用过程十分复杂，目标受载情况受爆距等因素的影响显著，接触爆炸、近场爆炸以及远场爆炸之间的差别巨大；另外，目标（结构）类型及其对毁伤载荷的响应千差万别，并受某些随机因素的影响。因此，试图只通过孤立的爆炸载荷参数定量表征水中爆炸威力是非常困难的，甚至是难以做到的。

对于远场爆炸，采用水中爆炸场中的冲击波参数：超压、比冲量和能流密度等表征水中爆炸威力，可以视为一种简单和实用的方法。然而对于接触和近场爆炸，除了冲击波还要考虑气泡载荷的作用，气泡及相关派生载荷的威力的评价都离不开最基本的气泡脉动参数：最大气泡半径、脉动周期和气泡能；另外，在气泡派生载荷中二次压力波的峰值压力也是在水下爆炸研究中不可忽视的重要载荷参数。鉴于水中爆炸载荷及其作用的复杂性，迄今为止始终未形成科学合理和行之有效的威力表征与评定方法，常常采用实际装药的水中爆炸 TNT 当量作为威力标志量，这样可以把各种毁伤载荷统一考虑进去，并可使非理想炸药在爆轰产物膨胀和脉动过程的能量释放及其对派生载荷的贡献得到体现，尤其在接触和近场爆炸没有更好选择的情况下，或可从总体或一定程度上反映装药水中爆炸的综合毁伤能力。

水中爆炸的 TNT 当量一般不采用基于能量相似原理的爆热换算方法进行计算和预估，内涵与表达方式也与空气中爆炸有所不同。水中爆炸 TNT 当量一般通过水下实爆试验，分别获得冲击波能、气泡能和加和后的总能量，再分别与同等条件下的标准 TNT 爆炸相比，分别得到冲击波能、气泡能和总能量的 TNT 当量以及求比值后的当量系数。近场爆炸采用水中爆炸 TNT 当量表征毁伤威力有其突出意义，但由于不考虑爆炸载荷与目标作用细节，所以难以实现针对目标毁伤程度（等级）的定量预测和分析。由于水中爆炸满足相似规律，所以远场爆炸基本上可实现装药水中爆炸 TNT 当量和爆炸冲击波参数两种威力表征方法的统一。另外，由水中爆炸相似律可知，冲击波能流密度以 W_{TNT}^{γ}/R 为相似因子，其中 W_{TNT} 和 R 分别为水中爆炸 TNT 当量和爆距，γ 为相似指数，常用高能炸药的 γ 值略小于且非常接近 $1/2$[23]。于是，工程上统一将 γ 取值 $1/2$，这就形成了一种非常重要的表征水中爆炸威力的导出量——冲击因子 $SF = \sqrt{W_{TNT}}/R$。采用冲击因子表征水中爆炸威力并用于舰船毁伤度量的实用性和有效性，已被历次海战资料统计所证实，毫无疑问其对远场爆炸是十分适用的，但对近场和接触爆炸则存在着较大争议。综上所述，水中爆炸威力主要通过装药水中爆炸 TNT 当量、爆炸波参数（超压、比冲量和能量），气泡参数（最大气泡半径、脉动周期及气泡能）以及冲击因子等进行表征和度量，均属于载荷参数表征法。

3. 水中爆炸 TNT 当量试验

具体炸药的水中爆炸 TNT 当量需要通过试验测定，同步测得冲击波能、气泡能以及加和得到的总能量。若已知装药的水中爆炸 TNT 当量，即可导出不同爆距的冲击因子等。水中爆炸冲击波能测定试验的核心在于冲击波压力 – 时间曲线测试，由冲击波压力 – 时间（$p - t$）曲线可直接读取冲击波峰值压力或超压，通过进一步的数据处理可得到比冲量和能流密度等。

水中爆炸冲击波的测试方法有多种，基本原理均相同，如图 5.5.9 所示，主要由炸药装药、起爆装置、冲击波压力传感器、信号适调仪和数据采集仪等组成。试验过程中，起爆装置输出起爆信号并起爆被测装药，同时通过同步器或触发探针启动数据采集仪，冲击波压力传感器获得压力信号并经低噪声信号电缆传输至信号适调仪，再传输至数据采集仪并存储起来。冲击波压力传感器一般布设多个，以获得不同爆距以及同一爆距不同观测点的冲击波压力信号，从而得到更为丰富的冲击波场信息，同时提高测试精度和数据可靠性。

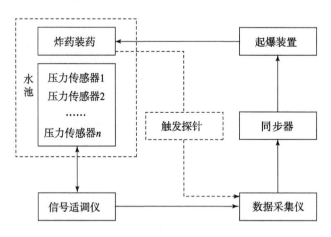

图 5.5.9　水中爆炸冲击波测试原理

试验获得的典型冲击波的压力波形即压力 – 时间曲线如图 5.5.10 所示，由此即可直接读取冲击波峰值压力 p_m 或峰值超压 Δp_m。

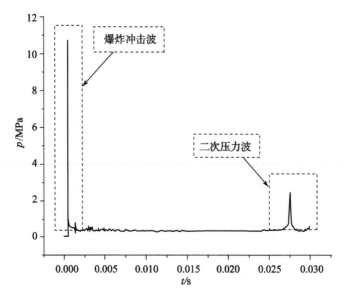

图 5.5.10　水下爆炸试验压力 – 时间曲线

由测得的冲击波波形即压力 – 时间曲线，可得到比冲量 i，计算公式为

$$i = \int_{t_a}^{\tau} p(t)\,\mathrm{d}t \tag{5.5.6}$$

式中，t_a 为波阵面到达时刻；$\tau = t_a + 6.7\theta$，θ 为时间衰减常数，θ 为 p_m 下降到 p_m/e（e 为自然对数的底数）的时间[24]。

由测得的压力波形即压力 – 时间曲线，可得到爆距为 R 处的比冲击波能（单位质量）E_s 为[24]

$$E_s = \frac{4\pi R^2}{\rho_w C_w W} \int_{t_a}^{\tau} p^2(t)\,\mathrm{d}t \tag{5.5.7}$$

式中，ρ_w 为水的密度；C_w 为水的声速；W 为装药质量（kg）；E_s 的单位为 MJ/kg。

气泡能 E_b 通过测得的气泡第一次脉动周期 T_b：第一次气泡脉动压力峰值（二次压力波）与冲击波到达的时间差，采用经验公式计算得到，公式形式为

$$E_b = \frac{0.684\,2p_0^{5/2}\rho_w^{-3/2}T_b^3}{W} \times 10^{-6} \tag{5.5.8}$$

式中，p_0 为装药中心静水压和大气压力之和（Pa）；ρ_w 为水的密度；W 装药质量（kg）；E_b 和 T_b 的单位分别为 MJ/kg 和 s，气泡脉动周期由试验压力时间曲线得到，T_b 即为第一次气泡脉动压力峰值对应时间与冲击波到达时间之差。

水中爆炸释放的总能量 E 为初始冲击波能 E_{s0} 和气泡能 E_b 之和，即

$$E = E_{s0} + E_b = \mu E_s + E_b \tag{5.5.9}$$

式中，μ 为冲击波修正因子，与爆距和装药爆轰 CJ 压力有关，具体数值可按 Bjarnholt 经验公式[25]进行计算，即

$$\mu = 1 + 0.133\,28 p_{CJ} - 6.577\,5 \times 10^{-3} p_{CJ}^2 + 1.259\,4 \times 10^{-4} p_{CJ}^3 \tag{5.5.10}$$

式中，p_{CJ} 为装药爆压（GPa）。

由装药水中爆炸试验所得到的总能量 E、初始冲击波能 E_{s0} 和气泡能 E_b，与符合规定装药条件要求的 TNT 装药并行试验的实测 E_T、初始冲击波能 E_{Ts0} 和气泡能 E_{Tb}（或手册数据）相结合，可得到待测炸药的 TNT 当量系数

$$\begin{cases} \eta = \dfrac{E}{E_T} \\[2mm] \eta_s = \dfrac{E_{s0}}{E_{Ts0}} \\[2mm] \eta_b = \dfrac{E_b}{E_{Tb}} \end{cases} \tag{5.5.11}$$

式中，η、η_s 和 η_b 分别为待测炸药的总能量当量系数、冲击波能当量系数和气泡能当量系数。

由此可见，水中爆炸的 TNT 当量系数包括三种，即总能量当量系数 η、冲击波能当量系数 η_s 和气泡能当量系数 η_b，一般选择总能量当量系数 η 换算得到的水中爆炸 TNT 当量 W_{TNT}，即 $W_{TNT} = \eta W$。然而，分别关注冲击波能当量系数 η_s 和气泡能当量系数 η_b 也就是能量输出结构十分重要，如远场爆炸和毁伤鱼雷等高速机动目标的情况下，气泡能效用不显著或不起作用，这时冲击波能当量系数 η_s 比总能量当量系数 η 更能体现炸药装药的威力性能。因此，水中战斗部的炸药选型与应用既应该考虑总能量当量系数 η，也需要分别考虑冲击波能当量系数 η_s 和气泡能当量系数 η_b，关注能量输出结构的基本思想在工程上非常具有实际意义。

5.5.4　战斗部岩土中爆炸威力

由于岩土介质的多样化及相关测试手段有限等原因，很难用爆炸冲击波载荷参数直接表征战斗部岩土中的爆炸威力。战斗部在岩土介质中爆炸，最直接的作用结果就是爆炸之后形成爆腔（爆炸空穴）和爆破漏斗（抛掷漏斗或松动漏斗），因此一般采用效应参数来表征，根据标准爆破威力试验得到爆

坑容积大小并用于表征战斗部威力[26]。

岩土中爆破威力试验需要在平坦的、土石介质均匀的场地开展，用取土器垂直于地平面钻孔取土，钻孔的直径大于弹径 10 mm，孔的轴线倾角不得大于 2°，孔深度的确定公式为

$$h = \left(\frac{m_{\mathrm{W}}Q_v}{KQ_{\mathrm{T}}}\right)^{\frac{1}{3}} + L \tag{5.5.12}$$

式中，h 为弹孔深度（m）；m_{W} 为装药质量（kg）；Q_v 为被试弹丸（或战斗部）装药的爆热（kJ/kg）；K 为取决于土质性质的抛掷系数（kg/m³），见表5.5.3；$Q_{\mathrm{T}} = 4\,187$ kJ/kg，为 TNT 炸药的爆热；L 为弹丸（或战斗部）质心到孔底部的距离（m）。

表 5.5.3　不同土质抛掷系数

土石介质	K	土石介质	K
黏土	1.0～1.1	石灰岩、流纹岩	1.4～1.5
黄土	1.1～1.2	石英砂岩	1.5～1.7
坚实黏土	1.1～1.2	辉长岩	1.6～1.7
泥岩	1.2～1.3	交质砾岩	1.6～1.8
风化石灰岩	1.2～1.3	花岗岩	1.7～1.8
坚硬砂岩	1.3～1.4	辉岗岩	1.8～1.9
石英斑岩	1.3～1.4		

用线绳将被试弹丸（或战斗部）与托弹支架捆扎牢固，被试弹准备与安放状态如图 5.5.11 所示。将捆扎后的被试弹丸（或战斗部）头朝下缓缓沉入钻孔底部，稳定后人员撤场后起爆被试弹丸。爆炸后，清除爆坑中松土，从爆坑底部到地平面分层测量各层的坑深和对应的截面直径。分层测量坑深时，依据爆坑深度确定层数，一般当坑深大于 2 m 时，层数取 6～8 层，坑深不大于 2 m 时，层数取 5 层。各层的坑深值应以三次测量数据的平均值为最终结果。不同截面直径测量应沿圆周每 120° 测量一组数据，每组数据应在相互垂直的截面直径处测量两次取平均值，以三组数据的平均值作为该层深截面直径的最终结果。

爆坑容积按下式处理：

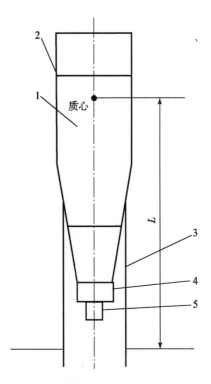

图 5.5.11　被试弹（战斗部）状态示意图
1—被试弹丸；2—线绳；3—托弹支架；4—改装引信；5—起爆雷管

$$\begin{cases} V_i = \dfrac{1}{3}\pi(h_i - h_{i-1})(R_i^2 + R_i \cdot R_{i-1} + R_{i-1}^2) \\ V = \displaystyle\sum_{i=1}^{n} V_i \end{cases} \quad (5.5.13)$$

式中，V_i 为爆坑 i 层体积（m^3）；V 为爆坑的总容积（m^3）；h_i 为第 i 层爆坑深度（m）；R_i 为爆坑 i 层水平面平均直径（m）；n 为爆坑深度测量分层数。

接下来，计算平均爆坑容积：

$$\bar{V} = \frac{1}{m}\sum_{j=1}^{m} V_j \quad (5.5.14)$$

式中，$\bar{V}$ 为平均爆坑容积（m^3）；m 为静爆试验发数；V_j 为第 j 发弹爆坑的总容积（m^3）。

思 考 题

1. 战斗部威力表征方法主要有哪两种？二者之间的差异和联系有哪些？

2. 自选穿甲弹（战斗部）典型实例，分析其毁伤性能与威力表征参量。

3. 阐述破甲战斗部与穿甲战斗部威力表征与试验方法的不同之处。

4. 静破甲试验和动破甲试验的目的和考核内容有何不同？

5. 分别阐述并对比分析杀伤战斗部的载荷表征与效应表征方法。

6. 对比分析杀伤威力半径、密集杀伤半径和有效杀伤半径的概念内涵。

7. 用流程图表述杀伤战斗部的综合杀伤威力评估。

8. 简述炸药威力的表征与试验方法。

9. 对比分析爆破战斗部空气中爆炸与水中爆炸的毁伤载荷和威力表征的异同。

10. 自行查阅相关文献资料，分析讨论水深对水中爆炸威力评估结果的影响。

参 考 文 献

[1] 王树山. 终点效应学 [M]. 2 版. 北京：科学出版社，2019.

[2] 王树山，王新颖. 毁伤评估概念体系探讨 [J]. 防护工程，2016，38（5）：1 – 6.

[3] 王树山，韩旭光，王新颖. 杀伤爆破弹综合威力评估方法与应用研究 [J]. 兵工学报，2017，38（7）：1249 – 1254.

[4] 钱伟长. 穿甲力学 [M]. 北京：国防工业出版社，1984.

[5] 陈小伟. 穿甲/侵彻力学的理论建模与分析 [M]. 北京：科学出版社，2019.

[6] [美] 陆军装备部. 终点弹道学原理 [M]. 王维和，李惠昌，译. 北京：国防工业出版社，1988.

[7] GJB 341—1987. 穿甲弹穿甲试验方法 [S]. 1987.

[8] 彭刚，王梅，冯家臣. 弹道极限速度 v_{50} 在材料抗弹性能评价中的应用研究 [J]. 警察技术，2011，27（2）：12 – 15.

[9] 翁佩英，任国民. 弹药靶场试验 [M]. 北京：兵器工业出版社，1996.

［10］GJB 2390—1995. 穿甲弹威力鉴定靶板及评定方法［S］.1995.

［11］［美］威廉·普·沃尔特斯，乔纳斯·埃·朱卡斯. 成型装药原理及其
　　　应用［M］. 王树魁，贝静芬，译. 北京：兵器工业出版社，1992.

［12］北京工业学院八系《爆炸及其作用》编写组. 爆炸及其作用（下册）
　　　［M］. 北京：国防工业出版社，1979.

［13］夏明，徐春雨，李永忠，等. 对射流成型干扰装置作用机制的 X 光试验
　　　研究［J］. 中国测试，2016，42（10）：90 - 94.

［14］GJB 3197—1998. 炮弹试验方法，方法 406：静破甲［S］.1998.

［15］GJB 3197—1998. 炮弹试验方法，方法 409：动破甲［S］.1998.

［16］GJB 3197—1998. 炮弹试验方法，方法 410：破甲后效［S］.1998.

［17］GJB 3197—1998. 炮弹试验方法，方法 403：扇形靶［S］.1998.

［18］GJB 772A—1997. 炸药试验方法，方法 701.1：爆热—恒温法和绝热法
　　　［S］，1997.

［19］金韶华，松全才. 炸药理论［M］. 西安：西北工业大学出版社，2010.

［20］黄正平. 爆炸与冲击电测技术［M］. 北京：国防工业出版社，2006.

［21］GJB 5412—2005. 燃料空气炸药（FAE）类弹种爆炸参数测试及爆炸威
　　　力评级方法［S］.2005.

［22］GJB 6390.3—2008. 面杀伤导弹战斗部静爆威力试验方法，第三部分：
　　　冲击波超压测试［S］.2008.

［23］Keil A H. The response of ships to underwater explosions［J］. SNAME，
　　　1961，（69）：366 - 410.

［24］GJB 7692—2012. 炸药爆炸相对能量评估方法——水中爆炸法，2012.

［25］Bjarnholt G. Suggestions on Standards for Measurement and Data Evaluation in
　　　the Underwater Explosion Test［J］. Propellants and Explosives，1980，5：
　　　67 - 74.

［26］GJB 3197—1998. 炮弹试验方法，方法 405：爆破威力［S］.1998.

［27］杨小林，王震宇. 矩阵仿真法与战斗部威力评估［J］. 火力与指挥控
　　　制，2010，35（03）：86 - 88.

［28］丁振东，王团盟. 鱼雷战斗部威力评估技术现状与发展［J］. 鱼雷技
　　　术，2016，24（01）：37 - 42.

［29］钱立新，刘彤，杨云斌. 防空导弹战斗部威力与目标毁伤［C］∥中国工
　　　程物理研究院科技年报（1998）：中国工程物理研究院科技年报编辑

部, 1998: 156 – 157.

[30] Pack D C, Evans W M. Penetration by high – velocity (Munroe') jets: 1 [J]. Proc. Phys. Soc. , 1951, B64: 298.

[31] 周权. 聚能装药破甲侵彻深度与穿孔直径多目标优化设计研究 [D]. 南京: 南京理工大学, 2007.

[32] [俄] Л П 奥尔连科, 等. 爆炸物理学 [M]. 孙承纬, 译. 北京: 科学出版社, 2011.

[33] Jarrett D E. Derivation of British explosives safety distances. Annals of the New Academy of Science, 152, Article 1, 1968, 18 – 35.

[34] Взрывные явления. Оценка и последействие Кн. 2, Вейкер У. , Кокс П. , Уэстайн П. идр. , Пер. с англ. – М. : Мир, 1986.

[35] James C, Joseph E. 3 – 340 – 02 Unified Facilities Criteria [S]. Washington, DC, USA: Dept. of the Army, the NAVY and the Air Force, 2008.

第 6 章

武器弹药终点效能评估

6.1　武器弹药终点效能/战斗部毁伤效能的量度

武器弹药终点效能即战斗部毁伤效能，是指目标无对抗、系统无故障条件下，战斗部按预定的命中精度到达目标附近，在引信正常启动和战斗部正常作用条件下，战斗部对目标的毁伤效能，因此也称为武器系统终端效能。武器弹药终点效能/战斗部毁伤效能是武器系统效能、作战效能或射击效能的核心，反映的是战斗部固有能力与武器系统相结合的实际发挥效果。战斗部毁伤效能有别于战斗部威力，战斗部威力是战斗部一种固有的性能和能力，不需要考虑与武器系统的终点状态，如弹目交会、引信启动和炸点的随机散布等。武器弹药终点效能/战斗部毁伤效能评估的目的在于给出武器系统作战能力在一定约束条件下的量化描述，并获得末端弹道特性、命中精度、引信启动规律以及战斗部威力性能对武器系统作战效能的影响规律。

系统效能可采用多种类型的度量指标进行量化表征，战斗部毁伤效能通常采用概率型指标，一般以单发毁伤概率作为量度。单发毁伤概率定义为武器系统（弹药）在无对抗和无故障工作条件下，单发弹药毁伤目标达到某种等级或程度事件发生的概率。战斗部毁伤效能另一个较为常用的量度指标是用弹量，定义为达到某种毁伤等级或程度并达到预定毁伤概率所需消耗弹药数量的数学期望，即平均所需发射的弹药数量。在目标要素已知和射击方式确定的情况下，用弹量与作战目的和任务紧密关联，因此用弹量是火力规划和弹药实战运用的核心依据之一。在已知单发毁伤概率的条件下，若每发弹药独立射击，不考虑弹药之间的毁伤累积和叠加，目标期望毁伤概率下的用弹量与单发毁伤概率的关系为

$$\bar{n} = \text{Int}\left(\frac{\ln(1 - p_d)}{\ln(1 - p_1)}\right) + 1 \qquad (6.1.1)$$

式中，$\bar{n}$ 为平均用弹量；p_d 为期望毁伤概率；p_1 为单发毁伤概率。

"单发毁伤概率"和"期望毁伤概率的用弹量"是目前主流的战斗部毁伤效能定量表征指标，很适合于精确制导武器（弹药）对点目标射击的相关问题研究，然而对于火炮等压制武器和离散集群目标等，仍需在此基础上进行拓展。例如，对于目标离散分布的火炮阵地、集群车辆、集结部队等，单发毁伤概率已不适合，毁伤目标比例或数量不同则相同期望概率的用弹量差别非常大；对于实现目标全部毁伤并到达通常的期望毁伤概率则用弹量巨大，甚至难以想象。另外，对于登陆破障、开辟通路等作战的离散分布轨条砦目标、地雷场等，若不设定合理的清除目标比例或数量，将使战斗部毁伤效能评估无法进行。因此，对于压制武器弹药和离散集群目标来说，需要增加一个"毁伤目标数量或比例"的前提条件，即采用"毁伤一定目标数量或比例的期望毁伤概率的用弹量"作为相应的定量表征指标。

影响战斗部毁伤效能和单发毁伤概率的因素主要包括命中精度、引信启动规律、末端弹道特性、战斗部威力和目标易损性等，其中命中精度和引信启动规律共同决定战斗部的炸点分布规律，因此战斗部毁伤效能评估可以把上述因素综合起来进行考量，可展现相关因素和性能参数对单发毁伤概率的影响规律，并可实现以战斗部毁伤效能为目标函数进行武器系统（弹药）性能参数的优化匹配设计。

6.2 基本原理

6.2.1 计算原理与理论基础

1. 简单的统计试验方法

战斗部毁伤效能计算的理论基础是概率论与数理统计，图 6.1.1 示意了一种飞盘投掷统计试验原理[1]，代表了一种简单的毁伤效能统计试验与求解计算方法，其中飞盘的中间圆形区域，称为"杀伤面积"。该"杀伤面积"是武器弹药、目标和毁伤律模型的函数，其实就是把命中概率和毁伤概率结合起来考虑，从而得到的毁伤概率为 1 的等效折算面积，即目标中心位于这一区域就意味着目标 100% 毁伤，这样就把问题简化为命中问题。图 6.1.1 的圆形区域的半径和面积对应特定的武器弹药、目标和毁伤等级的组合，这里组合是：武器弹药为小牛飞弹（AGM65D）、目标为 T－72 坦克以及毁伤级别为 K 级（不可修复）。

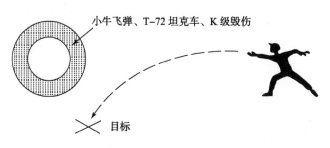

图 6.1.1　简单效能飞盘试验原理与统计方法示意图

　　如图 6.1.1 所示，如果飞盘投掷后，代表目标的十字中心落在中间圆形区域内，则认为目标被毁伤；否则，目标存活。投掷者位于目标一定距离处，瞄准目标，扔出飞盘，重复这个过程 N（比如 100）次，记录目标十字中心落在圆盘中间区域或被毁伤次数 N_k 以及总的投掷次数 N，则毁伤概率的计算公式为

$$p_k = \frac{N_k}{N} \tag{6.2.1}$$

式中，p_k 表示试验所给出的预测结果，即多次试验毁伤目标的可能性。p_k 不能给出某次试验是否成功或失败，即目标是否被毁伤，只会给出成功（毁伤）的期望值。p_k 的本质含义是：一是多次试验成功的比例，二是单次试验成功的概率。

　　上面所做试验称为蒙特卡洛（Monte－Carlo）模拟，即模拟真实的物理攻击，然后多次重复，从结果中获取数据。试验的次数越多，结果的精确度就越高，但试验花费的时间也越长，因此，要在结果的精确性和计算需要的时间之间进行权衡。

　　这样的试验所获得的数据通常采用统计方法表示，如：平均成功次数，并可以通过移动投掷者靠近（提高精度）或远离（减少精度）目标来模拟武器系统精度的变化。同样，也可以通过使用更大孔的飞盘模拟武器杀伤力/目标易损性的增加，大孔表示武器的战斗部更大、更有效。当然，上述只是简单地介绍了基于单发毁伤概率指标的毁伤效能计算原理，在真正的应用中会因战斗部威力和目标易损性的复杂性使计算过程更为复杂。

2. 全概率公式

如果综合考虑武器（弹药）的终点条件，情况将十分复杂，一般采用全概率公式计算单发毁伤概率。在假设目标无对抗、系统无故障的条件下，根据全概率公式，单发武器（弹药）对目标的毁伤概率即战斗部毁伤效能表示为

$$p_1 = \iiint G(x, y, z) \varphi(x, y, z) \mathrm{d}x\mathrm{d}y\mathrm{d}z \qquad (6.2.2)$$

式中，$G(x, y, z)$ 为坐标杀伤规律，也称为条件杀伤概率；$\varphi(x, y, z)$ 为炸点分布密度函数。

如图 6.2.2 所示，坐标杀伤规律 $G(x, y, z)$ 由弹药配置的战斗部威力参数、目标易损性和战斗部爆炸时与目标的相对位置（炸点）所决定；炸点分布密度 $\varphi(x, y, z)$ 由命中规律和引信启动规律所决定，其中命中规律根据命中精度和末端弹道特性确定。针对具体战斗部毁伤效能的评估计算，$G(x, y, z)$ 和 $\varphi(x, y, z)$ 有不同的形式。

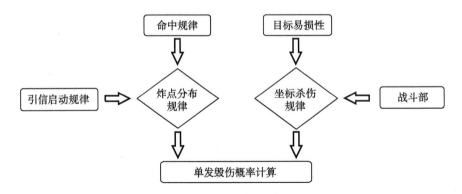

图 6.2.2 全概率公式计算单发毁伤概率原理

在采用式（6.2.2）计算单发毁伤概率和评估战斗部毁伤效能时，一般已做好了战斗部威力性能和目标易损性的相关准备工作，即坐标杀伤规律模型已经确立，因此问题就转移到炸点分布规律模型的建立或随机炸点的求解。对于随机炸点的求解，首先假设末端弹道为直线；然后在各种不同坐标系下的与末端弹道垂直的平面（立靶平面、制导平面、脱靶平面）或地面上，依据命中精度获得弹道落点的二维坐标，再通过坐标系转换，得到目标坐标系的随机弹道；接着根据引信启动规律在目标坐标系的随机弹道上获得炸点的第三维坐标。这样就可以依据命中规律和引信启动规律采用蒙特卡洛（Monte -

Carlo）模拟方法进行仿真试验获得随机炸点，结合坐标杀伤规律模型就可以获得一次抽样的目标被毁伤或不被毁伤的结果，毁伤记为 1、不毁伤记为 0。当抽样次数足够多时，就可以通过数据统计得到单发杀伤概率，并获得满意的计算精度。

6.2.2　直接命中和间接命中

作为战斗部毁伤效能评估理论基础和基本原理的全概率公式，可直观理解为命中概率与条件杀伤概率的乘积，这里的命中既包括直接命中目标，也包括命中目标附近且命中符合精度要求情况，这里称间接命中。对于直接命中问题相对比较简单，对于间接命中问题则相对复杂些，这时需要考虑战斗部的威力场，通过威力场模型计算作用于目标上的毁伤元参数，再结合目标毁伤律得到条件杀伤概率。

1. 直接命中

针对打击目标的不同以及武器（弹药）总体匹配的需要，战斗部有很多种类型。各种类型战斗部配置于武器（弹药）上，对目标的作用基本上可分为直接命中和间接命中两种情况，其中直接命中只有战斗部直接命中目标才能毁伤目标，如：穿甲弹等动能打击弹药毁伤装甲类目标，半穿甲战斗部、攻坚弹等毁伤地面坚固工事、大型建筑物以及地下深层目标以等，聚能战斗部毁伤坦克等重型装甲目标等，都属于这类情况。该类战斗部毁伤目标需要直接命中，但命中并不等于目标一定被摧毁或达到预定的毁伤级别，这和战斗部威力、命中位置以及目标易损性有关，这时既需要考虑命中概率也需要考虑命中后的条件毁伤概率，即通过命中概率与单发命中的条件毁伤概率的乘积得出单发毁伤概率，并可以在此基础上得到达到预期毁伤概率所需要的命中弹药数。当然，若战斗部命中后其威力足以造成目标的可靠毁伤，即命中后的条件毁伤概率为 1，那么目标的毁伤概率就取决于战斗部命中概率，即单发毁伤概率等于命中概率。

2. 间接命中

对于以破片杀伤、爆破毁伤类型为代表的面杀伤战斗部，即使战斗部没有直接命中目标，只要目标处于战斗部威力场内，也可能造成目标毁伤并对应一定的毁伤概率，如：破片杀伤战斗部毁伤空中的飞机、导弹类目标以及地面的人员、技术兵器等目标。间接命中毁伤目标的概率与战斗部炸点坐标相对于目标的位置有关，也与战斗部威力场特性和目标毁伤律有关，这里需要针对具体的战斗部和目标建立坐标杀伤规律或条件毁伤概率模型。同时，依据末端弹道特性、命中精度和引信启动规律通过抽样或模拟方法获得随机炸点，通过炸点坐标与坐标杀伤规律或条件毁伤概率模型相结合，获得一次抽样或模拟射击的毁伤概率。

6.3 命中精度与随机弹道

6.3.1 命中精度模型

通过以上阐述，可知武器（弹药）的命中精度是战斗部毁伤效能的核心要素和重要影响因素之一。命中精度作为战斗部毁伤效能评估的输入，直接关系到随机炸点的确定问题。依据不同的武器（弹药）类型以及弹目交会状态，命中精度的表征方式也不尽相同，较为常用的有地面和立靶密集度（非制导弹药）以及圆概率偏差（CEP）和脱靶量（制导弹药）等。

1. 射击误差的形成

常规弹药通常按是否进行弹道控制而分为制导弹药和非制导弹药两大类。对于非制导弹药，其飞行弹道是一种理论上的预设，条件是弹药自身和发射条件完全一致、飞行环境和气象条件相同且绝对稳定。对于弹药加工误差所导致的质量、质心和转动惯量的不一致、发射条件的随机差别以及飞行环境和气象条件的变化和随机扰动等，必然导致实际弹道偏离理论弹道，从而形成射击误差。对于制导弹药，需要根据制导模式不间断地测量各个控制项目的参数，并实时解算出弹道修正量，由制导系统发出修正和补偿指令，使控制执行系统工作，操纵弹药的运动。由于测量、解算、执行中都必然存在误差，所以制导弹药也一样存在着射击误差。

1）非制导误差

非制导误差主要是指由于弹药自身、发射和飞行环境和气象条件等因素干扰，所产生的射击误差，主要包括瞄准误差、初速或然误差（炮口扰动）或发动机冲量误差、弹道条件误差、气象条件误差、地理误差等。其中瞄准误差属于武器系统误差层面，取决于目标探测与定位精度。非制导误差普遍存在，与是否制导弹药无关。对于非制导弹药，这些误差导致实际弹药与理论弹道或实际命中点与期望命中点的偏离。非制导误差通常表现为对弹药飞行弹道的干扰，如果弹药没有中间制导和末制导功能的话，这些干扰所造成的误差不能在射前处置和修正。

2）制导误差

制导误差是制导系统在内部噪声和外部因素的干扰下，由于测量精度、解算精度、响应能力的制约所形成的误差，其结果会造成制导弹药落点偏差，制导误差中主要包括：

（1）工具误差即硬件产生的误差。

如惯性测量仪器自身误差和测量误差，其中加速度计误差和惯性基准误差对弹着偏差的影响较大，约占整个制导误差的90%。

（2）方法误差即软件产生的误差。

主要由弹药制导方案的不完善，控制模型的简化，解算的近似等原因造成，其影响较工具误差小得多，且可通过对软件的升级而消除或减小。在制导误差中，包括了系统和随机两种分量，通过补偿和校正，可以消除部分或大部分系统误差分量。但对于随机分量，则仅仅用补偿和校正的方法是无能为力的，只能通过改善硬件和软件的精度来解决。

2. 射击精度的表征与度量

实际射击条件下，弹着点一般围绕一个几何中心散布，这个散布中心有可能与瞄准点或期望命中点存在着距离上的偏差，这种偏差属于系统误差层面，通过准确度进行表征和度量；弹着点围绕散布中心的分布范围大小或密集程度，通过密集度进行表征与度量，这主要由随机误差造成。因此，射击精度包括准确度和密集度两个方面，需要通过准确度和密集度相结合进行表征和度量。对于战斗部毁伤效能评估来说，基于目标无对抗、系统无故障的假设或前提条件，因此一般不考虑准确度而只考虑密集度，因此这里的命中精度就是指密集度。当然，在准确度已知的情况下一样可以进行毁伤效能评估，但这通常属于弹药射击效能或作战效能评估层面。

图 6.3.1 给出了关于射击准确度和密集度的示意和图解说明，以目标 T 的几何中心为瞄准点并以相同条件发射 N 发弹药情况下，实际弹着点为 $C_i(i=1,2,\cdots,N)$。以目标几何中心（靶心）或瞄准点 O 为坐标原点，建立空间直角坐标系 $O-xyz$。在该坐标系中，任一发弹药的实际落点 $C_i(i=1,2,3,\cdots,N)$ 在 $O-yz$ 平面上偏离靶心的距离，可通过坐标 (y_i,z_i) 进行表示。由于实验射击中存在射前不可预知的系统误差，因此根据射击结果，可以求出其平均落点 $C_0(y_0,z_0)$，即

$$
\begin{cases}
y_0 = \dfrac{\sum\limits_{i=1}^{N} y_i}{N} \\[4mm]
z_0 = \dfrac{\sum\limits_{i=1}^{N} z_i}{N}
\end{cases}
\tag{6.3.1}
$$

在图 6.3.1 中，从 O 指向 C_0 的向量 $\overrightarrow{OC_0}$ 即系统偏差向量，记为 $\Delta \vec{s}_0$，可用于表征和度量射击准确度。对于 N 次实验射击来说，平均落点 C_0 就意味着射击密集度的基准中心，即命中点或落点的散布中心。由 C_0 指向任一发弹药实际落点 $C_i(i=1, 2, \cdots, N)$ 的向量 $\overrightarrow{C_0C_i}$ 即落点随机偏差向量，记为 $\Delta \vec{r}_i$，对多个 $\Delta \vec{r}_i$ 进行统计处理，可用于表征和度量射击密集度。

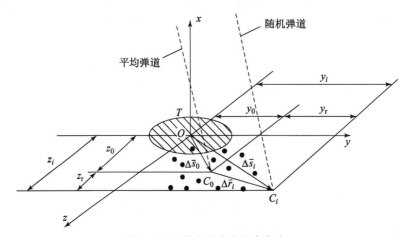

图 6.3.1 射击准确度和密集度

对于 N 发弹药独立射击来说，$\Delta \vec{r}_i(i=1, 2, \cdots, N)$ 可认为是一种关于落点散布的随机变量，同理任意一发的落点相对于瞄准点的 $\Delta \vec{s}_i(i=1, 2, \cdots, N)$ 也是一种关于落点散布的随机变量，前者涉及密集度、后者涉及准确度。显而易见，$\Delta \vec{s}_i(i=1, 2, \cdots, N)$ 是 $\Delta \vec{s}_0$ 和 $\Delta \vec{r}_i(i=1, 2, \cdots, N)$ 的合成，即 C_i 相对于瞄准点的偏差向量为

$$
\Delta \vec{s}_i = \Delta \vec{s}_0 + \Delta \vec{r}_i
\tag{6.3.2}
$$

设 C_0 与 O 之间的偏差为 y_0 和 z_0，C_i 与 C_0 之间的偏差分别为 y_r 和 z_r，则式（6.3.2）可写成标量表达形式

$$
\begin{cases}
y_i = y_0 + y_r \\
z_i = z_0 + z_r
\end{cases}
\tag{6.3.3}
$$

3. 命中精度的表征与度量

如前所述，战斗部毁伤效能评估中的命中精度对应射击精度中的密集度，因此命中精度沿用射击密集度的表征与度量方法。依发射方式、弹药类型和弹目交会状态的不同，命中精度的度量指标有多种，概括起来主要包括密集度和概率偏差两类。其中，密集度多用于身管武器发射方式和非制导弹药，概率偏差多用于各种投送方式的制导弹药。本书重点介绍密集度中的立靶密集度和地面密集度以及概率偏差中的圆概率偏差（CEP，Circular Error Probable）和脱靶量。

1）立靶密集度和地面密集度

火炮等身管武器发射弹药的命中精度，通常采用射击密集度进行表征，一般以弹着点或落点偏离散布中心的距离均方差作为表征与度量指标。其中，对于小口径高炮和坦克炮穿甲弹等直瞄射击方式，通常采用立靶密集度；对于大口径火炮等间瞄射击方式，通常采用地面密集度。立靶密集度和地面密集度指标需要由射击试验获得，并作为弹药或武器系统的性能参数之一，前者以水平射击方式对与地面垂直的平面立靶进行射击，后者以曲射方式对水平地面进行射击。

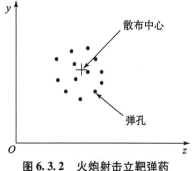

图 6.3.2　火炮射击立靶弹药命中点散布示意图

（1）立靶密集度的度量指标。

对于一组弹药对立靶进行射击时，靶板（立靶平面）上的命中点坐标体现为一组随机数 (y_i, z_i)，$i = 1, 2, \cdots, N$，N 为一组射击弹药数量，y_i 和 z_i 分别为命中点高低和方向（左右）的坐标，如图 6.3.2 所示。

根据数理统计知识，当 N 较大即大样本量时，立靶平面上命中点散布坐标的均方差为

$$
\begin{cases}
\sigma_y = \sqrt{\dfrac{\sum\limits_{i=1}^{N} (y_i - \bar{y})^2}{N}} \\[4ex]
\sigma_z = \sqrt{\dfrac{\sum\limits_{i=1}^{N} (z_i - \bar{z})^2}{N}}
\end{cases}
\tag{6.3.4}
$$

式中

$$\begin{cases} \bar{y} = \dfrac{1}{N} \displaystyle\sum_{i=1}^{N} y_i \\[3mm] \bar{z} = \dfrac{1}{N} \displaystyle\sum_{i=1}^{N} z_i \end{cases}$$

(6.3.5)

当 N 较小即小样本量时，均方差为

$$\begin{cases} \sigma_y = \sqrt{\dfrac{\displaystyle\sum_{i=1}^{N} (y_i - \bar{y})^2}{N-1}} \\[6mm] \sigma_z = \sqrt{\dfrac{\displaystyle\sum_{i=1}^{N} (z_i - \bar{z})^2}{N-1}} \end{cases}$$

(6.3.6)

通常情况下，立靶密集度试验时，为节约费用常取小样本量计算立靶密集度。这样，采用 $\sigma_y \times \sigma_z$ 形式（或高低 σ_y、方向 σ_z）表征立靶密集度，并作为立靶密集度的指标。显而易见，σ_y 和 σ_z 越小、命中精度越高。

（2）地面密集度的度量指标。

地面密集度一般采用概率误差 E 处理弹药地面落点测量数据的随机误差，其定义为

$$\frac{M}{N} = \Phi\left(\frac{E}{\sigma}\right) = 0.5$$

(6.3.7)

式中，M 为 $N/2$ 发弹药落在区间 $[-E, E]$ 之间的次数；N 为一组射击的试验次数；$\Phi(E/\sigma)$ 为正态分布概率积分；σ 为均方差。查正态分布概率积分函数表，可得 $\Phi(E/\sigma) = 0.5$ 时，$E/\sigma = 0.674\,5$，于是

$$E = 0.674\,5\sigma$$

(6.3.8)

这样，地面弹药落点弹散布坐标的纵向（距离）和横向（方向）的概率误差与均方差之间的关系分别为

$$\begin{cases} E_y = 0.674\,5\sigma_y \\ E_z = 0.674\,5\sigma_z \end{cases}$$

(6.3.9)

将均方差表达式代入式（6.3.8），得

$$\begin{cases} E_y = 0.674\ 5\ \sqrt{\dfrac{\displaystyle\sum_{i=1}^{n}\ (y_i - \bar{y})^2}{N-1}} \\[3em] E_z = 0.674\ 5\ \sqrt{\dfrac{\displaystyle\sum_{i=1}^{n}\ (z_i - \bar{z})^2}{N-1}} \end{cases} \tag{6.3.10}$$

对于一组 N 发弹药射击，其地面落点散布坐标随机数为 $(y_i,\ z_i)$，$i=1$，2，$\cdots$，N，y_i 表示纵向（距离）散布坐标，z_i 表示横向（方向）散布坐标。按照式（6.3.5）和式（6.3.8）计算原理，得到纵向（距离）散布概率误差 E_y 和方向（方向）散布概率误差 E_z。若该组射击的射程平均值为 Y，则地面密集度表示为

$$\begin{cases} \dfrac{1}{A} = \dfrac{E_y}{Y} \\[1.5em] \dfrac{1}{B} = \dfrac{E_z}{Y} \end{cases} \tag{6.3.11}$$

式中，$1/A$ 和 $1/B$ 称为变异系数，采用分子为 1 的分数表示，如 1/300、1/400 等，分别表示纵向（距离）和横向（方向）密集度。

习惯上，横向（方向）密集度常用概率角度的形式表示，即 E_z/Y，单位为"弧度"（rad）。该角度很小，一般小于 0.005 rad，因此为了使用方便，该角度常用单位"密位"（mil）表示。前苏联按 6 000 等分 2πrad 圆心角，因此 1 mil $=2\pi/6\ 000$ rad；欧美按 6 400 等分 2πrad 圆心角，1 mil $=2\pi/6\ 400$ rad；我国采用前苏联体制。

采用"密位"（mil）作为角度单位，有以下两个主要优点：

①精度较高，日常用的角度单位是"度、分、秒"，"度"的单位太大（1/360 圆心角），另外"分""秒"都采用 60 进位，计算、下达口令和进行操作都很不方便，而 1 mil 只有 1/6 000 圆心角，既精细，又不存在 60 进位的问题；

②便于换算，使用方便。采用"密位"（mil）很容易计算弧长和角度的关系，便于观测和修正射击偏差。

2）圆概率偏差和脱靶量

对于精确制导武器（弹药），一般依据概率偏差及其分布函数，求解出特征概率分位点的距离偏差值作为命中精度的表征与度量指标，其中对地射击武器（弹药）多采用圆概率偏差（CEP），对空射击武器（弹药）多采用脱

靶量。

（1）圆概率偏差。

大量实验表明，对地攻击的精确制导武器（弹药），其实际命中点与期望命中点（瞄准点）的距离偏差服从正态分布。需要特别注意的是，如图6.3.3 所示，这个距离偏差是指制导平面也就是垂直于末端弹道（假设为直线）平面上的 r，并不是实际地面上的距离偏差 R。在制导平面上，随机弹道的落点分布近似为圆形，由于落角（末端弹道与水平面的夹角）的关系，地（海）面上的落点分布近似为椭圆形。显然，当落角为 90° 即末端弹道与地（海）面垂直时，随机弹道在地面上的落点与制导平面上的落点是一致的。当落角较大时，其距离和方向的正态分布标准差 σ_Y 与 σ_Z 相差不太悬殊，随机弹道的地（海）面落点也可以视为圆形分布，地（海）面上的距离偏差。

近似为制导平面上的距离偏差圆概率偏差 CEP 是指，随机弹道在制导平面 $O - yz$ 上的落点 (y_i, z_i) 与理论弹道落点的距离偏差服从正态分布条件下，50% 概率分位点对应的偏差值。也就是说，在制导平面 $O - yz$ 上，随机弹道落入以 CEP 为半径的圆内的概率为 50% 。因此，CEP

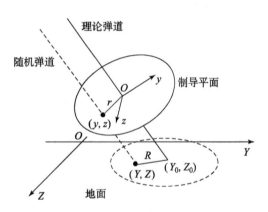

图 6.3.3 随机弹道在制导平面和地面落点示意图

可以理解一种落点圆形散布的特征半径，记为 $R_{0.5}$。在工程实际中，有时并不刻意强调 CEP 是指制导平面上的概率偏差，而是把地面的弹着点分布近似处理为圆形，这时 CEP 就是指地面上的概率偏差。

根据 CEP 定义，弹着点落入半径 $R_{0.5}$ 的圆内（记为 $C_{0.5}$）的概率为 0.5，于是

$$p(r = R_{0.5}) = \iint_{C_{0.5}} f(y,z)\,\mathrm{d}y\mathrm{d}z = 0.5 \qquad (6.3.12)$$

式中，p 为概率；r 为落点分布圆半径；$f(y, z)$ 为正态分布概率密度函数。

基于战斗部毁伤效能评估本身以及目标无对抗、系统无故障的前提条件，命中精度不考虑准确度，只关注密集度，因此在制导平面上的 $y_0 = z_0 = 0$ ，即

落点坐标正态分布的均值为 0。对于武器（弹药）的命中问题，可以假设 y 和 z 相互独立，并取落点坐标（y，z）正态分布的标准差 $\sigma_y = \sigma_z = \sigma$。这样，可得到落点坐标（$y$，$z$）的双变量圆形正态分布（其实是瑞利分布）概率密度函数[1,2]

$$f(y,z) = \frac{1}{2\pi\sigma^2}\exp\left(-\frac{y^2 + z^2}{2\sigma^2}\right) \tag{6.3.13}$$

将式（6.3.12）换算为极坐标（r，θ）形式[1]

$$f(r,\theta) = \frac{r}{2\pi\sigma^2}\exp\left\{-\frac{r^2}{2\sigma^2}\right\} \tag{6.3.14}$$

因此

$$f(r) = \int_0^{2\pi} f(r,\theta)\,\mathrm{d}\theta = \frac{r}{\sigma^2}\exp\left(-\frac{r^2}{2\sigma^2}\right) \tag{6.3.15}$$

进一步

$$p(r = R_{0.5}) = \frac{1}{\sigma^2}\int_0^{R_{0.5}}\exp\left(-\frac{r^2}{2\sigma^2}\right)r\mathrm{d}r = 1 - \exp\left(-\frac{R_{0.5}^2}{2\sigma^2}\right) \tag{6.3.16}$$

式（6.3.11）和式（6.3.14）相结合，有

$$\exp\left(-\frac{R_{0.5}^2}{2\sigma^2}\right) = 0.5 \tag{6.3.17}$$

两边取对数

$$-\frac{R_{0.5}^2}{2\sigma^2} = 0.693\ 147 \tag{6.3.18}$$

最终可得到圆概率偏差 CEP 即 $R_{0.5}$ 与标准差 σ 关系

$$\begin{cases} \mathrm{CEP} = R_{0.5} = 1.177\ 4\sigma \\ \sigma = 0.849\ 3\mathrm{CEP} = 0.849\ 3R_{0.5} \end{cases} \tag{6.3.19}$$

战斗部毁伤效能评估的关键之一是随机炸点的模拟计算，其中需要根据命中精度指标获得制导平面上的二维炸点坐标。式（6.3.18）给出了圆概率偏差 CEP 与落点坐标正态分布标准差 σ 的关系式，为随机炸点的计算和模拟创造了条件，因而非常有用。

（2）脱靶量。

精确制导武器（弹药）对空攻击与对地攻击相比，弹目交会增加了一个空间维度，即需要在三维空间内描述交会状态。对地攻击条件下，基于制导平面上的实际命中点以期望命中点（瞄准点）为中心圆形分布且距离偏差服从圆形正态分布的合理化假定（并已被大量试验所证实），于是采用圆概率偏

差 CEP($R_{0.5}$）作为命中精度的表征与度量指标。对空攻击条件下，弹目存在相对运动速度且速度方向基本上不属于同一平面，因此制导平面上的距离偏差并不等于实际弹目交会的脱靶距离，只有武器（弹药）末端弹道与目标弹道平行时是个例外。对空攻击的脱靶距离仍可以理解为二个维度脱靶距离的合成，并且有理由把二个维度的脱靶距离均视为正态分布，于是对空攻击的脱靶距离或距离偏差仍然服从双变量圆形正态分布。对于双变量圆形正态分布，当二个均值均为零、方差相等时，就转换为瑞利分布。

对空攻击条件下，精确制导武器（弹药）的命中精度采用脱靶量进行表征与度量，在武器（弹药）的脱靶距离 ρ（期望命中点或目标几何中心距末端弹道的最小距离）服从瑞利分布条件下，95% 概率分位点所对应的脱靶距离定义为脱靶量，简称为"瑞利分布 95% 脱靶距离"，以符号 $\rho_{0.95}$ 表示。换言之，实际弹目交会的脱靶距离 ρ 小于或等于 $\rho_{0.95}$ 的概率为 95%。工程上，常用 3σ 脱靶距离表示命中精度，对应的概率 98.9%。需要强调的是，脱靶量不属于描述 CEP 的制导平面，需要建立新的坐标系并确定其所属平面，该坐标系就是相对速度坐标系，脱靶量所属的平面称为脱靶平面。

相对速度坐标系是分析对空武器（弹药）对目标毁伤效能的一种特有的坐标系，通常用于建立相对弹道模型、描述脱靶量、脱靶方位、引信启动和战斗部动态杀伤区等参数。如图 6.3.4 所示，相对速度坐标系的原点 O 通常设在目标中心，x 轴与弹目相对速度 $\vec{v}$ 方向一致，y 轴取在垂直平面内、向上为正，z 轴按右手坐标系确定。在相对速度坐标系中，脱靶平面为通过目标中心所作的垂直于武器（弹药）与目标相对运动轨迹的平面，即 $O - yz$ 平面；

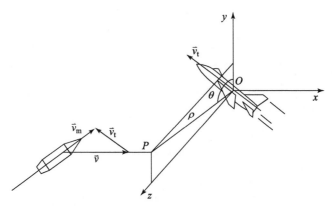

图 6.3.4　相对速度坐标系及有关参数

末端弹道落点为相对运动轨迹与脱靶平面的交点 P，$\overline{OP}$ 是脱靶距离 ρ，即武器（弹药）中心沿相对运动轨迹运动时距目标中心的最小距离；$\overline{OP}$ 在脱靶平面上的方位角 θ 称为脱靶方位角。

如前文所述，战斗部毁伤效能评估以"目标无对抗、系统无故障"等为前提条件，系统误差为零，且 σ_y，σ_z 相互独立，$\sigma_y = \sigma_z = \sigma$。瑞利分布的概率密度函数为

$$f(\rho) = \frac{\rho}{\sigma^2}\exp\left(-\frac{\rho^2}{2\sigma^2}\right) \tag{6.3.20}$$

其积分形式即脱靶平面上的末端弹道在脱靶距离 ρ 内的概率为

$$F(\rho) = \int_0^\rho f(\rho)\,\mathrm{d}\rho = 1 - \exp\left(-\frac{\rho^2}{2\sigma^2}\right) \tag{6.3.21}$$

按脱靶量定义，有

$$F(\rho) = 1 - \exp\left(-\frac{\rho_{0.95}^2}{2\sigma^2}\right) = 0.95 \tag{6.3.22}$$

于是

$$-\frac{\rho_{0.95}^2}{2\sigma^2} = \ln 0.05 \tag{6.3.23}$$

最终得到脱靶量 $\rho_{0.95}$ 与标准差 σ 关系

$$\begin{cases} \rho_{0.95} = 2.448\sigma \\ \sigma = 0.408\,5\rho_{0.95} \end{cases} \tag{6.3.24}$$

若取 3σ 的脱靶量 $\rho_{0.989}$ 表征命中精度，则

$$\begin{cases} \rho_{0.989} = 3\sigma \\ \sigma = \rho_{0.989}/3 \end{cases} \tag{6.3.25}$$

6.3.2　随机弹道方程

1. 身管武器弹药随机弹道方程

1）直瞄射击

直瞄射击的随机弹道方程十分简单，依据立靶密集度指标 $\sigma_y \times \sigma_z$ 在立靶平面 $O-yz$ 按均匀分布抽样，得到随机落点坐标 (y_i, z_i)，由此即得到立靶平面上的随机弹道方程

$$\begin{cases} y = y_i \\ z = z_i \end{cases} \tag{6.3.26}$$

直瞄射击条件下，目标坐标系 $O - x_t y_t z_t$ 的原点一般取瞄准点或目标几何中心，并使 $O - y_t z_t$ 平面与立靶平面 $O - yz$ 重合，x_t 轴取射击方向的相反方向，因此目标坐标系下的随机弹道落点坐标 $Y_t = y_i$、$Z_t = z_i$，相应的随机弹道方程为

$$\begin{cases} y_t = Y_t \\ z_t = Z_t \end{cases} \tag{6.3.27}$$

2）间瞄射击

对于身管武器间瞄地对地射击非制导弹药，一般固定瞄准点，所以依据命中精度指标——地面密集度抽取地面上的随机落点坐标，然后得到随机弹道方程。目标坐标系 $O - x_t y_t z_t$ 的原点一般取瞄准点或固定目标的几何中心，x_t 轴垂直于地面向上，y_t 轴为弹药速度水平分量的相反方向，z_t 按右手坐标系确定。弹药末端弹道通过方位角 λ 和落角 θ 两个角度确定，对于身管武器间瞄地对地射击来说，可以认为方位角 λ 为 0，于是随机弹道在目标坐标系 $O - x_t y_t z_t$ 的方向矢量为（$\sin\theta$，$\cos\theta$，0）。在地面 $O - y_t z_t$ 上依据地面密集度指标和射程 Y 由式（6.3.10）可得到概率误差 E_y 和 E_z，再由式（6.3.8）得到地面落点坐标均方差 σ_y 和 σ_z，按均匀分布抽样可得到随机弹道的落点坐标（y_i，z_i）。因此，间瞄地对地射击弹药的随机弹道点向式方程为

$$\frac{x_t}{\sin\theta} = \frac{y_t - y_i}{\cos\theta} = \frac{z_t - z_i}{0} \tag{6.3.28}$$

令 $\dfrac{x_t}{\sin\theta} = \dfrac{y_t - y_i}{\cos\theta} = \dfrac{z_t - z_i}{0} = t$，可得随机弹道参数式方程为

$$\begin{cases} x_t = t\sin\theta \\ y_t = t\cos\theta + y_i \\ z_t = z_i \end{cases} \tag{6.3.29}$$

2. 精确制导弹药随机弹道方程

1）对地射击

对地射击精确制导弹药的末端随机弹道需要首先在以瞄准点为坐标原点、速度方向的反方向为 x 轴以及与 x 轴垂直的制导平面 $O - yz$ 所组成的坐标系 $O - xyz$ 内考虑，该坐标系与目标坐标系 $O - x_t y_t z_t$ 的关系如图 6.3.5 所示。

依据命中精度指标 CEP（$R_{0.5}$）由式（6.3.18）可得到制导平面 $O - yz$ 上的随机落点坐标正态分布的标准差 σ，然后按正态分布抽取随机落点（y_i，z_i），因此 $O - xyz$ 坐标系下的随机弹道方程为

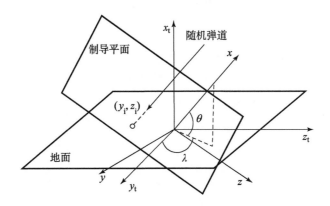

图 6.3.5 制导平面与目标坐标系

$$\begin{cases} y = y_i \\ z = z_i \end{cases} \tag{6.3.30}$$

由图 6.3.5 可以看出，$O-yz$ 制导平面上的随机落点在 $O-xyz$ 坐标系中的坐标为 $(0, y_i, z_i)$，因此该坐标系下随机弹道方程方向矢量为 $(-1, 0, 0)$。这样，通过坐标变换可得到目标坐标系 $O-x_t y_t z_t$ 中的随机弹道方程，由 $O-xyz$ 坐标系向目标坐标系 $O-x_t y_t z_t$ 的转换矩阵 M_t 为

$$M_t = M_x\left[\frac{\pi}{2} - \lambda\right] \cdot M_y\left[\frac{\pi}{2} - \theta\right] \tag{6.3.31}$$

式中，λ 和 θ 分别为末端弹道方位角和落角；M_x 和 M_y 分别为坐标系绕 x 轴和 y 轴旋转的矩阵。

对于任意旋转角度 δ，空间向量旋转矩阵为

$$\begin{cases} M_x[\delta] = \begin{bmatrix} 1 & 0 & 0 \\ 0 & \cos\delta & \sin\delta \\ 0 & -\sin\delta & \cos\delta \end{bmatrix} \\[4mm] M_y[\delta] = \begin{bmatrix} \cos\delta & 0 & -\sin\delta \\ 0 & 1 & 0 \\ \sin\delta & 0 & \cos\delta \end{bmatrix} \\[4mm] M_z[\delta] = \begin{bmatrix} \cos\delta & \sin\delta & 0 \\ -\sin\delta & \cos\delta & 0 \\ 0 & 0 & 1 \end{bmatrix} \end{cases} \tag{6.3.32}$$

因此，制导平面 $O-yz$ 上的随机弹道落点坐标 (y_i, z_i) 相当于相对速度

坐标系的 $(0, y_i, z_i)$，向目标坐标系的坐标 (X_t, Y_t, Z_t) 的转换关系式为

$$\begin{bmatrix} X_t \\ Y_t \\ Z_t \end{bmatrix} = \begin{bmatrix} 1 & 0 & 0 \\ 0 & \sin\lambda & \cos\lambda \\ 0 & -\cos\lambda & \sin\lambda \end{bmatrix} \begin{bmatrix} \sin\theta & 0 & -\cos\theta \\ 0 & 1 & 0 \\ \cos\theta & 0 & \sin\theta \end{bmatrix} \begin{bmatrix} 0 \\ y_i \\ z_i \end{bmatrix}$$

$$= \begin{bmatrix} \sin\theta & 0 & -\cos\theta \\ \cos\lambda\cos\theta & \sin\lambda & \cos\lambda\sin\theta \\ \sin\lambda\cos\theta & -\cos\lambda & \sin\lambda\sin\theta \end{bmatrix} \begin{bmatrix} 0 \\ y_i \\ z_i \end{bmatrix} \tag{6.3.33}$$

随机弹道在相对速度坐标系的方向矢量为 $(-1, 0, 0)$，转换到目标坐标系的方向矢量 (x_d, y_d, z_d) 为

$$\begin{bmatrix} x_d \\ y_d \\ z_d \end{bmatrix} = \begin{bmatrix} \sin\theta & 0 & -\cos\theta \\ \cos\lambda\cos\theta & \sin\lambda & \cos\lambda\sin\theta \\ \sin\lambda\cos\theta & -\cos\lambda & \sin\lambda\sin\theta \end{bmatrix} \begin{bmatrix} -1 \\ 0 \\ 0 \end{bmatrix} = \begin{bmatrix} -\sin\theta \\ -\cos\lambda\cos\theta \\ -\sin\lambda\cos\theta \end{bmatrix} \tag{6.3.34}$$

于是，可得到目标坐标系中随机弹道的点向式方程

$$\frac{x_t - X_t}{-\sin\theta} = \frac{y_t - Y_t}{-\cos\lambda\cos\theta} = \frac{z_t - Z_t}{-\sin\lambda\cos\theta} \tag{6.3.35}$$

令 $\dfrac{x_t - X_t}{-\sin\theta} = \dfrac{y_t - Y_t}{-\cos\lambda\cos\theta} = \dfrac{z_t - Z_t}{-\sin\lambda\cos\theta} = t$，可得到目标坐标系中随机弹道的参数式方程

$$\begin{cases} x_t = -t\sin\theta + X_t \\ y_t = -t\cos\lambda\cos\theta + Y_t \\ z_t = -t\sin\lambda\cos\theta + Z_t \end{cases} \tag{6.3.36}$$

2）对空射击

关于对空射击的精确制导弹药，需要首先在脱靶平面上抽取随机弹道落点，然后得到相对速度坐标系中随机弹道方程，最后转换为目标坐标系下的随机弹道方程。这一过程比较复杂，涉及三个坐标系：地面坐标系、相对速度坐标系和目标坐标系。为了简化问题，后续的分析不考虑目标和弹药的攻角和侧滑角，下面给出各坐标系及相关参数的定义。

地面坐标系 $O - x_g y_g z_g$ 如图 6.3.6 所示，用来确定弹体和目标的位置、速度和姿态等运动参数，坐标原点 O 一般为弹药发射点或地面跟踪站中的某一固定的基准点。在如图 6.3.6 中，弹药速度矢量 $\vec{v}_m$ 在地面坐标系中的方向由弹道偏航角 ϕ_m 和弹道倾角 θ_m 两个角度来确定。

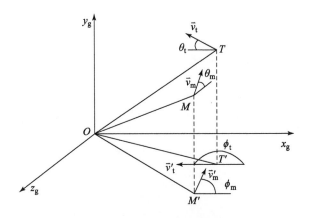

图 6.3.6 地面坐标系和速度矢量

在已知 ϕ_m 和 θ_m 条件下，可以通过下面的坐标转换关系式确定弹药速度 $\vec{v}_m$ 在地面坐标系中的三个分量：

$$\begin{bmatrix} v_{mxg} \\ v_{myg} \\ v_{mzg} \end{bmatrix} = M_y[-\phi_m]M_z[-\theta_m]\begin{bmatrix} v_m \\ 0 \\ 0 \end{bmatrix} \tag{6.3.37}$$

同理，目标速度矢量 $\vec{v}_t$ 在地面坐标系中的三个分量：

$$\begin{bmatrix} v_{txg} \\ v_{tyg} \\ v_{tzg} \end{bmatrix} = M_y[-\phi_t]M_z[-\theta_t]\begin{bmatrix} v_t \\ 0 \\ 0 \end{bmatrix} \tag{6.3.38}$$

弹药与目标相对运动速度矢量 $\vec{v}$ 为：

$$\vec{v} = \vec{v}_m - \vec{v}_t \tag{6.3.39}$$

相对运动速度矢量 $\vec{v}$ 在地面坐标系中的三个分量为：

$$\begin{bmatrix} v_{xg} \\ v_{yg} \\ v_{zg} \end{bmatrix} = \begin{bmatrix} v_{mxg} - v_{txg} \\ v_{myg} - v_{tyg} \\ v_{mzg} - v_{tzg} \end{bmatrix} \tag{6.3.40}$$

相对运动速度值 v 为

$$v = \sqrt{v_{xg}^2 + v_{yg}^2 + v_{zg}^2} \tag{6.3.41}$$

如图 6.3.7 所示，相对速度矢量 $\vec{v}$ 在地面坐标系中的方向通过相对速度偏航角 ϕ 和相对速度倾角 θ 来表示，即

$$\tan\phi = -\frac{v_{zg}}{v_{xg}} \qquad (-\pi \leqslant \phi \leqslant \pi) \qquad (6.3.42)$$

$$\sin\theta = -\frac{v_{yg}}{v} \qquad \left(-\frac{\pi}{2} \leqslant \theta \leqslant \frac{\pi}{2}\right) \qquad (6.3.43)$$

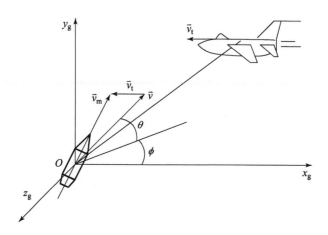

图 6.3.7　地面坐标系和相对速度矢量

依据命中精度指标：脱靶量（$\rho_{0.95}$），由式（6.3.23）可得到脱靶平面 $O-yz$（参见图 6.3.4）上的随机落点坐标的正态分布标准差 σ，按正态分布抽取随机落点（y_i，z_i），就可得到相对速度 $O-xyz$ 坐标系中的随机弹道方程

$$\begin{cases} y = y_i \\ z = z_i \end{cases} \qquad (6.3.44)$$

相对速度坐标系 $O-xyz$ 向目标坐标系 $O-x_t y_t z_t$ 的转换矩阵为

$$M_t = M_z[\theta_t] M_y[\phi_t - \phi] \cdot M_z[-\theta] \qquad (6.3.45)$$

由此，可以将相对速度坐标系 $O-xyz$ 中脱靶平面上的随机落点坐标（0，y_i，z_i）转换到目标坐标系 $O-x_t y_t z_t$ 的坐标（X_t，Y_t，Z_t）：

$$\begin{bmatrix} X_t \\ Y_t \\ Z_t \end{bmatrix} = \begin{bmatrix} \cos\theta_t & \sin\theta_t & 0 \\ -\sin\theta_t & \cos\theta_t & 0 \\ 0 & 0 & 1 \end{bmatrix} \begin{bmatrix} \cos(\phi_t-\phi) & 0 & -\sin(\phi_t-\phi) \\ 0 & 1 & 0 \\ \sin(\phi_t-\phi) & 0 & \cos(\phi_t-\phi) \end{bmatrix}$$

$$\begin{bmatrix} \cos\theta & -\sin\theta & 0 \\ \sin\theta & \cos\theta & 0 \\ 0 & 0 & 1 \end{bmatrix} \begin{bmatrix} 0 \\ y_i \\ z_i \end{bmatrix} \qquad (6.3.46)$$

在相对速度坐标系 $O-xyz$ 中的随机相对速度方向矢量为（1，0，0），经

过坐标转换可得到目标坐标系中的相对速度方向矢量 (x_d, y_d, z_d):

$$\begin{bmatrix} x_d \\ y_d \\ z_d \end{bmatrix} = \begin{bmatrix} \cos\theta_t & \sin\theta_t & 0 \\ -\sin\theta_t & \cos\theta_t & 0 \\ 0 & 0 & 1 \end{bmatrix} \begin{bmatrix} \cos(\phi_t - \phi) & 0 & -\sin(\phi_t - \phi) \\ 0 & 1 & 0 \\ \sin(\phi_t - \phi) & 0 & \cos(\phi_t - \phi) \end{bmatrix}$$

$$\begin{bmatrix} \cos\theta & -\sin\theta & 0 \\ \sin\theta & \cos\theta & 0 \\ 0 & 0 & 1 \end{bmatrix} \begin{bmatrix} 1 \\ 0 \\ 0 \end{bmatrix} \tag{6.3.47}$$

于是,可得目标坐标系中的随机弹道的点向式方程为

$$\frac{x_t - X_t}{x_d} = \frac{y_t - Y_t}{y_d} = \frac{z_t - Z_t}{z_d} \tag{6.3.48}$$

令 $\dfrac{x_t - X_t}{x_d} = \dfrac{y_t - Y_t}{y_d} = \dfrac{z_t - Z_t}{z_d} = t$,可得随机弹道的参数式方程为

$$\begin{cases} x_t = tx_d + X_t \\ y_t = ty_d + Y_t \\ z_t = -tz_d + Z_t \end{cases} \tag{6.3.49}$$

6.4　引信启动规律

如前文所述,由命中精度指标及模型可确定立靶平面、地面、制导平面或脱靶平面上的随机落点二维坐标,进而得到相应坐标系中的随机弹道方程,最后通过坐标变换得到目标坐标系下的随机弹道方程。显而易见,战斗部的炸点位于随机弹道上,炸点的第三维坐标将由引信的启动特性与规律所决定。也就是说,命中精度决定了武器(弹药)相对于目标在二维坐标系上的脱靶距离大小,而引信的起爆控制则决定了炸点沿相对运动方向的第三维坐标,因此某种意义上说,引信的作用相当于实现对目标的"第二次瞄准"。

当引信感应或探测到目标,发火控制过程开始启动,启动瞬时武器弹药在目标坐标系 $O - x_t y_t z_t$ 中所处的空间位置,在本书中称为引信启动点。引信启动点和战斗部炸点并不一定一致,但二者都一定在随机弹道上。对于启动后瞬时发火的引信,其启动点可视为战斗部炸点,对于启动后延期发火的引信则启动点不是炸点,需要将延期时间和弹药速度相结合才能得到战斗部炸点。所谓引信启动点模型,是指根据引信类型和工作原理,在目标坐标系 $O - x_t y_t z_t$ 的随机弹道上确定引信启动点第三维坐标 (x_t) 的数学模型。

6.4.1 触发引信启动点模型

对于触发引信，引信的启动点就是随机弹道与目标表面（或地面）的交点，可通过随机弹道方程与目标表面曲面方程联立求得，以下进行简单示例。

1. 身管武器弹药直瞄射击

按6.3.2节的目标坐标系 $O - x_t y_t z_t$ 的选取方法，随机弹道与立靶平面的交点即为触发引信启动点，因此很容易写出引信启动点模型

$$x_t = 0 \tag{6.4.1}$$

显而易见，对于触发瞬发引信，战斗部的炸点坐标为 $(0, y_i, z_i)$。对于多采用触发延期引信的攻坚弹、半穿甲弹等，需要通过侵彻弹道方程结合延期时间计算出侵彻行程，然后得到炸点坐标。

2. 身管武器弹药间瞄射击

与直瞄射击相类似，引信启动点为随机弹道与地面或目标表面的交点。按6.3.2节的目标坐标系 $O - x_t y_t z_t$ 选取方法，引信启动点模型为

$$x_t = X_t \tag{6.4.2}$$

式中，X_t 为随机弹道与地面或目标表面交点的 x_t 轴坐标值，$X_t = 0$ 表示随机弹道与地面相交。对于触发瞬发引信，引信启动点即为炸点。

6.4.2 近炸引信启动点模型

应用于各种类型武器弹药平台的近炸引信，其目标探测体制和炸点控制策略多种多样，本书不一一探讨，仅从近炸引信典型作用环境的角度，给出最为常见和具有代表性的近炸引信启动点模型，其他可以此为参考。

1. 对地射击近炸引信

对地射击弹药的近炸引信主要有无线电近炸引信、电容近炸引信和激光近炸引信等，其炸点控制策略和结果几乎都是一致的，即控制对地垂直作用距离即炸高，使炸高保持在一定范围内。该类引信一般不考虑引信延期作用时间，引信启动点等同于炸点。基于炸高控制的近炸引信启动点模型为

$$H_{max} \geqslant x_t \geqslant H_{min} \tag{6.4.3}$$

式中，H_{min} 和 H_{max} 分别为最小炸高和最大炸高。对于激光等炸高控制精度高或其他机械方式的定高引信，炸高可取为常数。

2. 对空射击近炸引信

对空射击近炸引信启动点建模较为复杂，涉及弹体坐标系、相对速度坐标系和目标坐标系之间的相互转换。相对速度坐标系、目标坐标系及其之间的转换如前所述，对于依据探测角 Ω 启动的引信，弹体坐标系 $O-x_m y_m z_m$ 和引信探测角如图 6.4.1 所示。

如图 6.4.1 所示，弹体坐标 $O-x_m y_m z_m$ 下引信启动的锥面方程为

$$y_m^2 + z_m^2 = x_m^2 \tan^2\Omega \quad (6.4.4)$$

为获得目标坐标系 $O-x_t y_t z_t$ 的引信启动点模型，需要在相对速度坐标系 $O-xyz$ 下建立引信启动锥面方程，可通过坐标系的旋转后平移得到。由相对速度坐标系到弹体坐标系的旋转变换矩阵 M_m 为

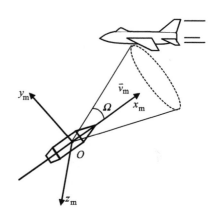

图 6.4.1　弹体坐标系与引信探测角

$$M_m = M_z[\theta_m] M_y[\phi_m - \phi] M_z[-\theta] \quad (6.4.5)$$

式中，ϕ_m、θ_m、ϕ 和 θ 含义与第 6.3.2 节前同。

于是，得到相对速度坐标系 $O-xyz$ 到弹体坐标系的旋转变换关系式

$$\begin{bmatrix} x'_m \\ y'_m \\ z'_m \end{bmatrix} = \begin{bmatrix} \cos\theta_m & \sin\theta_m & 0 \\ -\sin\theta_m & \cos\theta_m & 0 \\ 0 & 0 & 1 \end{bmatrix} \begin{bmatrix} \cos(\phi_m - \phi) & 0 & -\sin(\phi_m - \phi) \\ 0 & 1 & 0 \\ \sin(\phi_m - \phi) & 0 & \cos(\phi_m - \phi) \end{bmatrix}$$

$$\begin{bmatrix} \cos\theta & -\sin\theta & 0 \\ \sin\theta & \cos\theta & 0 \\ 0 & 0 & 1 \end{bmatrix} \begin{bmatrix} x \\ y \\ z \end{bmatrix} \quad (6.4.6)$$

进一步，可得

$$\begin{cases} x'_m = M_{m11} \cdot x + M_{m12} \cdot y + M_{m13} \cdot z \\ y'_m = M_{m21} \cdot x + M_{m22} \cdot y + M_{m23} \cdot z \\ z'_m = M_{m31} \cdot x + M_{m32} \cdot y + M_{m33} \cdot z \end{cases} \quad (6.4.7)$$

其中

$$\begin{cases} M_{m11} = \cos\theta_m\cos(\phi_m - \phi)\cos\theta + \sin\theta_m\sin\theta \\ M_{m12} = -\cos\theta_m\cos(\phi_m - \phi)\sin\theta + \sin\theta_m\cos\theta \\ M_{m13} = -\cos\theta_m\sin(\phi_m - \phi) \\ M_{m21} = -\sin\theta_m\cos(\phi_m - \phi)\cos\theta + \cos\theta_m\sin\theta \\ M_{m22} = \sin\theta_m\cos(\phi_m - \phi)\sin\theta + \cos\theta_m\cos\theta \\ M_{m23} = \sin\theta_m\sin(\phi_m - \phi) \\ M_{m31} = \sin(\phi_m - \phi)\cos\theta \\ M_{m32} = -\sin(\phi_m - \phi)\sin\theta \\ M_{m33} = \cos(\phi_m - \phi) \end{cases} \quad (6.4.8)$$

若相对速度坐标系 $O-xyz$ 中引信启动点坐标为 $(x_i,\ y_i,\ z_i)$，那么可通过坐标平移，得到相对速度坐标系向弹体坐标最终的转换关系式

$$\begin{cases} x_m = M_{m11} \cdot (x + x_i) + M_{m12} \cdot (y + y_i) + M_{m13} \cdot (z + z_i) \\ y_m = M_{m21} \cdot (x + x_i) + M_{m22} \cdot (y + y_i) + M_{m23} \cdot (z + z_i) \\ z_m = M_{m31} \cdot (x + x_i) + M_{m32} \cdot (y + y_i) + M_{m33} \cdot (z + z_i) \end{cases} \quad (6.4.9)$$

把式 (6.4.9) 代入到式 (6.4.4)，可得到弹体坐标系 $O-x_my_mz_m$ 的引信启动锥面转换到相对速度坐标系 $O-xyz$ 下的表达式为

$$[M_{m21} \cdot (x + x_i) + M_{m22} \cdot (y + y_i) + M_{m23} \cdot (z + z_i)]^2 + [M_{m31} \cdot$$
$$(x + x_i) + M_m32 \cdot (y + y_i) + M_{m33} \cdot (z + z_i)]^2 = [M_{m11} \cdot (x + x_i) +$$
$$M_{m12} \cdot (y + z_i) + M_{m13} \cdot (z + z_i)]^2\tan^2\Omega \quad (6.4.10)$$

当引信启动锥面与目标相交时，若目标按质点考虑则交点为相对速度坐标系 $O-xyz$ 的坐标原点，即 $(x,\ y,\ z) = (0,\ 0,\ 0)$，这时引信启动锥面在相对速度坐标系 $O-xyz$ 下的方程可简化为

$$[M_{m21} \cdot x_i + M_{m22} \cdot y_i + M_{m23} \cdot z_i]^2 + [M_{m31} \cdot x_i + M_{m32} \cdot y_i + M_{m33} \cdot z_i]^2$$
$$= [M_{m11} \cdot x_i + M_{m12} \cdot y_i + M_{m13} \cdot z_i]^2\tan^2\Omega$$

$$(6.4.11)$$

将相对速度坐标系 $O-xyz$ 的引信启动点坐标 $(x_i,\ y_i,\ z_i)$ 转换到目标坐标系 $O-x_ty_tz_t$，得到目标坐标系中引信启动点第三维坐标 x_t 与 $(x_i,\ y_i,\ z_i)$ 的关系式

$$x_t = [\cos\theta_t\cos(\phi_t - \phi)\cos\theta + \sin\theta_t\sin\theta]x_i +$$
$$[-\cos\theta_t\cos(\phi_t - \phi)\sin\theta + \sin\theta_t\cos\theta]y_i - \cos\theta_t\sin(\phi_t - \phi)z_i$$

$$(6.4.12)$$

这样，由相对速度坐标下 $O-xyz$ 下的随机弹道方程可获得脱靶平面上的随机落点 (y_i, z_i)，通过式（6.4.11）可求得该坐标系下引信启动的第三维坐标 x_i，再通过式（6.4.12）求得目标坐标系 $O-x_ty_tz_t$ 下引信启动点第三维坐标 x_t。

6.5　炸点坐标模拟的 Monte‑Carlo 方法

6.5.1　Monte‑Carlo 方法原理

蒙特卡洛方法（Monte‑Carlo Method）又称为统计试验法或数字仿真法，20 世纪 40 年代中期，随着科学技术的发展和电子计算机的发明，首先由美国在第二次世界大战中研制原子弹的"曼哈顿"计划的成员 S. M. 乌拉姆和 J. 冯·诺伊曼提出，数学家冯·诺伊曼用驰名世界的赌城——摩纳哥蒙特卡洛（Monte Carlo）命名，为其蒙上了一层神秘色彩。Monte‑Carlo 方法是一种以概率统计理论为指导的一类非常重要的数值计算方法，其基本思想和原理是：在求解某种随机事件出现的概率或某个随机变量的期望值时，首先依据一定的统计规律和模型通过人为的方法产生大量随机数，然后进行多次数字实验模拟随机过程，以这一随机事件出现的频率估计其概率，或得到这一随机变量的某些数字特征。Monte‑Carlo 方法既可解概率问题及随机过程，又可解非概率问题，其优点是建立的数学模型简单，数学和物理意义明确。Monte‑Carlo 方法的解题过程可以归结为以下三个步骤：

1. 构造概率模型或描述概率过程

对于本身就属于随机性质的问题，主要是正确描述和模拟这个概率过程；对于不属于随机性质的确定性问题，需要事先构造一个人为的概率过程，设置待求解的参量，即将不具有随机性质的问题转化为随机性质的问题。

2. 从已知概率分布抽样

构造了概率模型之后，产生已知概率分布的随机变量，就成为 Monte‑Carlo 方法模拟实验的基本手段。最简单、最基本也是最重要的概率分布是 $[0, 1]$ 上的均匀分布（也成为矩形分布），符合 $[0, 1]$ 均匀分布的随机数就是具有这种均匀分布的随机变量。一般来说，只要产生了均匀分布的随机数，其他概率分布的随机数可以通过数学变换得到。均匀分布的随机数产生有多种方法，比较常用的方法是同余法，通过数学递推公式迭代产生，本书后面将详细阐述。这样产生的随机数并不是真正意义的随机数，称为伪随机数。不过，经过多种统计检验表明，这样的随机数与真正的随机数具有相近的性质，可以作为真随机数使用。

3. 建立各种估计量

构造了概率模型并实现了从中抽样和模拟实验后，就可以确定一个随机变量，作为所要求的解；建立各种估计量，相当于对模拟实验结果进行考察、登记和统计，从中得到待求问题的解。

采用 Monte – Carlo 方法求解战斗部的毁伤概率，实质上就是用符合命中精度和引信启动规律的随机数模拟炸点坐标，再通过坐标杀伤规律获得各炸点的毁伤概率，由对炸点样本毁伤概率的统计平均获得战斗部对目标的毁伤概率。采用 Monte – Carlo 方法通过模拟实验得到的单发毁伤概率与式（6.2.2）的全概率公式解析求解结果的一致性在于，单发导弹的毁伤概率本质上就是大量实验的统计结果。事实上，针对式（6.2.2）的全概率公式的求解有多种，从而形成各种不同的战斗部毁伤效能评估方法，采用通过 Monte – Carlo 方法进行求解的方法常常被称为战斗部毁伤效能评估的 Monte – Carlo 方法。在计算机技术高度发展的今天，Monte – Carlo 方法已成为最简单、最实用也是最普及的方法。

6.5.2　随机数产生

1. [0，1] 区间均匀分布随机数的产生

利用 Monte – Carlo 方法进行计算和分析时，首先和关键的一步是产生 [0，1] 区间均匀分布的随机数，当这一随机数产生后，可以利用各种方法产生服从各种分布的随机数。

当前应用最广泛的产生均匀分布随机数的数学方法是线性同余法，由数学迭代过程实现，其算法简单、易懂、容易实现，所产生的均匀分布随机数统计性质良好。线性同余法又可分为加同余法、乘同余法和混合同余法。由于加同余法和乘同余法随机性相对较差，本书建议采用混合同余法。

混合同余法的迭代公式为[3]

$$y_{n+1} = ay_n + b(\mod M) \tag{6.5.1}$$

$$\gamma_n = \frac{y_n}{M} \tag{6.5.2}$$

其中，a、b、M 和初值 y_0 都是正整数；（$\mod M$）是同余符号，对于算式 $A =$

$B\ (\mathrm{mod}M)$ 表示 A 是 B 被正整数 M 除后的余数，即 $B=aM+A$；γ_n 为 [0，1] 区间的均匀分布伪随机数；$M=2^K$，K 为计算机字长。

由于计算机字长 K 是有限的，所以 M 也是有限的，由式（6.5.2）可以看出 $0\leq y_n<M$，$0\leq\gamma_n<1$。因此，不同的 y_n（γ_n 同样）至多有 M 个不相同的值。这说明伪随机数是有周期性的，用 T 表示伪随机数的周期，一般 $T\leq M$，即每隔 T 个不同的 y_n（γ_n 同样）循环一次。既然如此，$\{\gamma_n\}$ 就不是真正的随机数。不过如果 T 充分大，一般要求 T 大于 Monte－Carlo 法进行函数误差分析的抽样次数，这样只要在一个周期内使伪随机数通过独立性和均匀性的统计检验，在工程上应用还是适合的。因此，一般对伪随机数产生算法的要求是：①算法简单，计算速度快；②周期 T 大；③在一个周期内通过独立性和均匀性统计检验。

当采用同余法产生伪随机数时，只有通过适当的选取参数 a、b 和 y_0 来达到上面这三点要求。为获得最大周期，其参数选择应满足如下条件：①$b>0$，且 b 与 M 互素；②乘子 $a-1$ 是 4 的倍数。根据 Knuth[4] 提出的建议，可按以下三点选取参数：①y_0 为任意整数；②乘子 a 满足三个条件，即 $a(\mathrm{mod}8)=5$；$M/100<a<M-\sqrt{M}$；a 的二进制形式应无明显规律性；③b 为奇数，且 $b/M\approx1/2-\sqrt{3}/6\approx0.211\,32$。关于同余式中各参数值的选择，目前有很多经过实践检验，能产生出具有较好性质的随机数的经验值。

2. 标准正态分布随机数的产生

产生出 [0，1] 区间均匀分布随机数后，通常有两种方法变换产生出标准正态分布 $N(0，1)$ 随机数。一种是直接抽样构造正态分布随机数，另一种是中心极限定理获得正态分布随机数，在这里根据直接抽样构造正态分布随机数来产生标准正态分布随机数。此方法是用一对 [0，1] 区间的均匀随机数 γ_1，γ_2 按以下数学式构成一对标准正态分布随机数，即

$$y_1=\sqrt{-2\ln\gamma_1}\cdot\cos(2\pi\gamma_2) \tag{6.5.3}$$

$$y_2=\sqrt{-2\ln\gamma_1}\cdot\sin(2\pi\gamma_2) \tag{6.5.4}$$

y_1 和 y_2 服从二维标准正态分布，其密度函数为

$$f(y_1,y_2)=\frac{1}{2\pi}\exp\left[-\frac{1}{2}(y_1^2+y_2^2)\right] \tag{6.5.5}$$

经过如下变换，可得到一般形式的正态分布：

$$x_1=\mu_1+\sigma_1y_1 \tag{6.5.6}$$

$$x_2 = \mu_2 + \sigma_2 y_2 \qquad (6.5.7)$$

因此，y_1 和 y_2 分别服从 $N(\mu_1, \sigma_1)$，$N(\mu_2, \sigma_2)$ 形式的正态分布。

3. Monte-Carlo 法样本容量的确定

设有一随机变量的序列 $X_i (i=1, 2, \cdots, N)$，以它的统计平均值 $X(N)$ 作为其真实的数学期望值 M_x 的估计量时，其相对误差小于某 ε 的概率表示为

$$P_r\left\{ |[X(N) - M_x]/M_x| \leqslant \varepsilon \right\} \geqslant 1 - \alpha \qquad (6.5.8)$$

式中，$1-\alpha$ 维置信水平；ε 为置信限，用它来作为相对误差大小的衡量尺度。

实际上 M_x 是未知的，因此，当给定计算误差 ε 和置信水平 $1-\alpha$ 时，样本容量 N 可由下式确定：

$$\frac{N}{S^2(N)} \geqslant \frac{t_{\alpha/2}^2(N-1)}{X(N)\varepsilon^2} \qquad (6.5.9)$$

$$X(N) = \frac{1}{N-1}\sum_{i=1}^{N} X_i \qquad (6.5.10)$$

$$S^2(N) = \frac{1}{N-1}\sum_{i=1}^{N} [X_i - X(N)]^2 \qquad (6.5.11)$$

式中：$S^2(N)$ 为随机变量 X 对 N 样本的统计方差；

$X(N)$ 为随机变量 X 对 N 样本的统计平均值；

$t_{\alpha/2}(N-1)$ 为自由度为 $N-1$ 的 t 分布的双侧百分位点。

当 N 足够大时，例如 $N>20$ 时，t 分布已很接近正态分布，其双侧百分位点在 $1-\alpha=0.95$ 时接近于正态分布的极限值：

$$t_{\alpha/2}(N-1) \approx 2 \qquad (6.5.12)$$

则样本容量 N 应满足下列条件：

$$2\sqrt{\frac{S_{x2}}{S_{x2}^2} - \frac{1}{N}} \leqslant \varepsilon \qquad (6.5.13)$$

$$S_{x1} = \sum_{i=1}^{N} X_i \qquad (6.5.14)$$

$$S_{x2} = \sum_{i=1}^{N} (X_i)^2 \qquad (6.5.15)$$

由式（6.5.15）看到，Monte-Carlo 法的误差取决于样本容量或试验次数 N，而与参与计算的随机变量的个数无关。而用概率密度数值积分法时每增加一个随机变量就要增加一重概率密度的数值积分。这一特性决定了 Monte-Carlo 法更适用于有多个随机变量的单发毁伤概率的计算问题。

由式（6.5.13）可见，计算误差 ε 与试验次数 N 的平方根成反比，即

$$\varepsilon \propto \frac{1}{\sqrt{N}} \tag{6.5.16}$$

若使误差下降一个数量级，试验次数 N 需增加二个数量级。故为了达到所要求的精度，需要有足够的试验次数 N。通常在计算单发毁伤概率时，N 数需要大于100。

6.5.3　随机炸点模型

战斗部随机炸点模型一般在目标坐标系中建立，由不同射击方式和弹目交会状态的命中精度模型、随机弹道模型和引信启动点模型相结合得到，下面给出典型的采用 Monte – Carlo 法的随机炸点（坐标）模型。

1. 立靶射击

1）触发瞬发引信

身管武器直瞄射击弹药大多数情况下采用触发瞬发引信，随机弹道与立靶平面或垂直弹道平面的交点即为炸点。按6.3 节和6.4 节的坐标系定义和选取方法，由式（6.3.25）和式（6.4.1）相结合就可以得到 Monte – Carlo 法的战斗部随机炸点（坐标）模型

$$\begin{cases} x_t = 0 \\ y_t = \gamma_y \\ z_t = \gamma_z \end{cases} \tag{6.5.17}$$

式中，γ_y，γ_z 分别为根据命中精度指标（立靶密集度）和命中精度模型在立靶平面上抽取的落点坐标（y_i，z_i）随机数。

2）其他引信

对于采用触发延期引信的攻坚弹、半穿甲弹等，需要通过侵彻弹道方程结合延期时间计算出侵彻行程 L，则随机炸点（坐标）模型为

$$\begin{cases} x_t = -L \\ y_t = \gamma_y \\ z_t = \gamma_z \end{cases} \tag{6.5.18}$$

身管武器直瞄射击弹药也有采用时间引信的情况，如一种小口径榴弹发射器，通过时间装定的方法使弹药在掩体和沟壕上方空炸，实现对隐蔽目标的有效毁伤。根据装定时间，结合弹道方程和初速或然误差可确定炸点在 x_t 方向的分布区间为 $[L_1，L_2]$，于是随机炸点（坐标）模型为

$$\begin{cases} x_t = \gamma_x \\ y_t = \gamma_y \\ z_t = \gamma_z \end{cases} \qquad (6.5.19)$$

式中，γ_x 为 $[L_1, L_2]$ 区间的均匀分布随机数。

2. 对地射击

对地射击的武器弹药多种多样，如身管压制武器间瞄发射弹药、空投武器弹药以及各种精确制导弹药等，由于假设末端弹道为直线，所以可以统一归类处理，这里重点讨论触发和近炸两种引信情况。

1）触发引信

在此仅讨论触发瞬发引信，触发延期引信在此基础参考前文进一步处理即可，不再赘述。对于触发瞬发引信，随机弹道与地面或目标表面的交点即为引信启动点和战斗部炸点。

身管压制武器弹药间瞄对地射击（目标坐标系下的随机弹道方位角为0）条件下，Monte - Carlo 法的战斗部随机炸点模型由式（6.3.27）和式（6.4.2）相结合得到

$$\begin{cases} x_t = X_t \\ y_t = X_t \tan^{-1}\theta + \gamma_y \\ z_t = \gamma_z \end{cases} \qquad (6.5.20)$$

式中，X_t 为随机弹道与地面或目标表面交点的 x_t 轴坐标值，$X_t = 0$ 表示随机弹道与地面相交；γ_y，γ_z 分别为根据命中精度指标（地面密集度）和命中精度模型在地面上抽取的落点坐标（y_i, z_i）随机数；θ 为弹道落角。

精确制导武器弹药对地射击条件下，既要考虑弹道落角 θ，还要考虑方位角 λ，同理可得

$$\begin{cases} x_t = X_t \\ y_t = X_t \cos\lambda\cos\theta + \gamma_y \sin\lambda + \gamma_z \cos\lambda\sin\theta \\ z_t = X_t \sin\lambda\cos\theta - \gamma_y \cos\lambda + \gamma_z \sin\lambda\sin\theta \end{cases} \qquad (6.5.21)$$

式中，γ_y，γ_z 分别为根据命中精度指标（圆概率偏差）和命中精度模型在制导平面上抽取的落点坐标（y_i, z_i）随机数。

2）近炸引信

由对地射击近炸引信启动点模型式（6.4.3），再参考式（6.5.21），可得到 Monte - Carlo 法的战斗部随机炸点模型

$$\begin{cases} x_t = \gamma_x \\ y_t = \gamma_x \cos\lambda \tan^{-1}\theta + \gamma_y \sin\lambda + \gamma_z \cos\lambda \sin^{-1}\theta \\ z_t = \gamma_x \sin\lambda \tan^{-1}\theta - \gamma_y \cos\lambda + \gamma_z \sin\lambda \sin^{-1}\theta \end{cases} \tag{6.5.22}$$

式中，γ_x 为炸高散布区间 $[H_{min}, H_{max}]$ 均匀分布随机数；γ_y，γ_z 分别为根据命中精度指标（圆概率偏差）和命中精度模型在制导平面上抽取的落点坐标 (y_i, z_i) 随机数。

2. 对空射击

武器弹药对空射击只讨论近炸引信，对于近炸瞬发引信，启动点即为战斗部炸点；对于近炸延期引信，需要将延期时间和弹药速度相结合在随机弹道上求得战斗部炸点。

取引信延期时间 Δt 为变量，当 $\Delta t = 0$ 时，参考式（6.3.45）可以给出目标坐标系下战斗部炸点坐标模型

$$\begin{bmatrix} x_t \\ y_t \\ z_t \end{bmatrix} = \begin{bmatrix} \cos\theta_t & \sin\theta_t & 0 \\ -\sin\theta_t & \cos\theta_t & 0 \\ 0 & 0 & 1 \end{bmatrix} \begin{bmatrix} \cos(\phi_t - \phi) & 0 & \sin(\phi_t - \phi) \\ 0 & 1 & 0 \\ -\sin(\phi_t - \phi) & 0 & \cos(\phi_t - \phi) \end{bmatrix}$$

$$\begin{bmatrix} \cos\theta & -\sin\theta & 0 \\ \sin\theta & \cos\theta & 0 \\ 0 & 0 & 1 \end{bmatrix} \begin{bmatrix} \gamma_x \\ \gamma_y \\ \gamma_z \end{bmatrix} \tag{6.5.23}$$

式中，γ_y，γ_z 分别为根据命中精度指标（脱靶量）和命中精度模型在脱靶平面上抽取的落点坐标 (y_i, z_i) 随机数；γ_x 参照式（6.4.11）通过下式求解：

$$[M_{m21} \cdot \gamma_x + M_{m22} \cdot \gamma_y + M_{m23} \cdot \gamma_z]^2 + [M_{m31} \cdot \gamma_x + M_{m32} \cdot \gamma_y + M_{m33} \cdot \gamma_z]^2$$

$$= [M_{m11} \cdot \gamma_x + M_{m12} \cdot \gamma_y + M_{m13} \cdot \gamma_z]^2 \tan^2\Omega$$

$$\tag{6.5.24}$$

当 $\Delta t \neq 0$ 时，参考式（6.3.40）和式（6.3.46），可得到弹药在目标坐标系下 x_t 轴的速度矢量分量为

$$v_{xt} = \frac{x_d}{\sqrt{x_d^2 + y_d^2 + z_d^2}} v \tag{6.5.25}$$

这样，结合引信启动点模型式（6.4.12），可得到弹药随机炸点在目标坐标系下的 x_t 轴坐标

$$x_t = x_t' + v_{xt}\Delta t \tag{6.5.26}$$

其中

$$x'_t = [\cos\theta_t\cos(\phi_t - \phi)\cos\theta + \sin\theta_t\sin\theta]\gamma_x +$$
$$[-\cos\theta_t\cos(\phi_t - \phi)\sin\theta + \sin\theta_t\cos\theta]\gamma_y + \cos\theta_t\sin(\phi_t - \phi)\gamma_z$$

$$(6.5.27)$$

由式 (6.5.26) 与随机弹道方程式 (6.3.48) 相结合, 可分别求得目标坐标系下的 y_t 和 z_t 轴的坐标

$$\begin{cases} y_t = \dfrac{(x_t - X_t)y_d}{x_d} + Y_t \\ z_t = \dfrac{(x_t - X_t)z_d}{x_d} + Z_t \end{cases}$$

$$(6.5.28)$$

根据式 (6.3.45) 有

$$\begin{cases} X_t = M_{t12}\gamma_y + M_{t13}\gamma_z \\ Y_t = M_{t22}\gamma_y + M_{t23}\gamma_z \\ Z_t = M_{t32}\gamma_y + M_{t33}\gamma_z \end{cases}$$

$$(6.5.29)$$

其中

$$\begin{cases} M_{t12} = -\cos\theta_t\cos(\phi_t - \phi)\sin\theta + \sin\theta_t\cos\theta \\ M_{t13} = -\cos\theta_t\sin(\phi_t - \phi) \\ M_{t22} = \sin\theta_t\cos(\phi_t - \phi)\sin\theta + \cos\theta_t\cos\theta \\ M_{t23} = \sin\theta_t\sin(\phi_t - \phi) \\ M_{t32} = -\sin(\phi_t - \phi)\sin\theta \\ M_{t33} = \cos(\phi_t - \phi) \end{cases}$$

$$(6.5.30)$$

6.6 实例分析

6.6.1 集束箭弹命中概率的 Monte – Carlo 方法

1. 问题的提出

具有良好射击精度的轻武器, 靶场射击时通常可以获得理想或期望的命中目标概率。然而在实战条件下, 由于经常实施概率射击, 即使瞄准射击也由于瞄准误差、射手与目标之间的快速相对运动、目标暴露时间短以及光线昏暗或目标部分遮蔽等原因而造成较大的射击误差, 使实战命中率大大低于

平时训练。因此实战条件下，命中一次目标往往需要消耗大量的弹药，使轻武器的精度很少有机会得以充分利用。霰弹武器/弹药系统能在突然开火时，枪口有大量的弹丸齐射而出，构成一定的着弹散布面，可以有效抵消射击误差，提高单发命中率和杀伤概率，同时还具有火力猛、威力大、用途广以及快速反应能力强等优点。因此，霰弹武器越来越广泛地应用到各种各样的近战突击中，如城市作战、伏击战、军事扫荡以及能见度极差的作战环境。在各种霰弹中，集束箭弹具有存速能力强、侵彻威力大、远战性能好等优点，综合性能更加优越。

一种典型的集束箭弹如图 6.6.1 所示，全弹由药筒、底火、发射药、底托、定位托及 7 枚小箭组成，结构形式不同于普通的制式枪弹，是一种大底缘埋头柱形弹，与猎枪霰弹结构有相似之处[5]。

图 6.6.1　一种典型集束箭弹的结构组成和诸元

现代战争中的近战突击武器，实战时多采取概略瞄准并实施腰际射击，使枪弹对目标的命中概率大幅降低，集束箭弹因其每发弹的多枚小箭在目标平面上都有一个覆盖区域，能够有效抵消瞄准误差。因此集束箭弹对目标的命中概率受瞄准误差的影响较小，其在概略瞄准中的命中概率较普通制式弹（独头弹）高得多。若集束箭弹多枚小箭在目标平面上的散布过小，则其对目标的命中率较单头弹的提高有限，不足以抵消瞄准误差，不能充分发挥其面杀伤的作用；若集束箭弹多枚小箭的散布过大，小箭分布密度下降，对目标的命中率不但不能提高，反而有可能降低。因此，对于含一定数量小箭的集束箭弹，理论上存在着理想的散布圆大小和范围，使集束箭弹的命中概率和毁伤效能得到充分保证。

在该集束箭弹的研制过程中的方案设计、性能优化以及效能评估等，存在以下两个方面的重要问题需要解决：

（1）针对单头枪弹的传统命中概率分析与评估方法不适用集束箭弹，无法进行相对于单头弹的命中概率或毁伤效能的定量对比分析，尤其不能实现以命中概率为目标函数进行集束箭弹的方案与性能优化；

（2）集束箭弹多枚小箭的散布特性直接关系到对目标的命中概率和毁伤效能，其散布圆直径、散布偏差等参数对命中概率的影响规律以及实现散布参数的优化与控制等，需要建立科学合理的定量计算与分析的方法和手段。

2. 数学模型

正常情况下，该集束箭弹 7 枚小箭在靶板上的命中点分布如图 6.6.2 所示，其主要特征为：以 1 枚小箭为中心，其余 6 枚小箭较为均匀地分布在中心小箭周围；中心小箭分布在瞄准点 O 附近一定范围，从统计角度看，外围 6 枚小箭的命中点与中心小箭的命中点存在固定关联关系。实验表明[14,15]，中心 0 号小箭命中点以瞄准点 O 为中心，其命中点坐标（x_0，y_0）沿坐标轴 x 和 y 均服从正态分布；外围 6 枚小箭到 0 号小箭的距离 r_i（$i=1$，2，…，6）服从正态分布，外围相邻各小箭与中心小箭连线所成的角度或与 x 轴的夹角 θ_i（$i=1$，2，…，6）也服从正态分布。

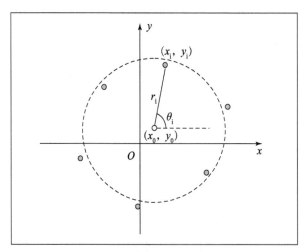

图 6.6.2　集束箭弹命中点分布示意图

根据图 6.6.2，x_0、y_0、r_i 和 θ_i 服从正态分布，可分别表示为

$$x_0 \sim N(0, \sigma_x^2) \tag{6.6.1}$$

$$y_0 \sim N(0, \sigma_y^2) \tag{6.6.2}$$

$$r_i \sim N(\mu_r, \sigma_r^2) \tag{6.6.3}$$

$$\theta_i \sim N\left[\theta_{i-1} + (i-1)\frac{\pi}{3}, \sigma_\theta^2\right] \tag{6.6.4}$$

式中，σ_x^2 和 σ_y^2 分别为中心小箭横向和纵向坐标方差；μ_r 和 σ_r^2 分别为外围小箭与中心小箭之间距离的均值和方差，μ_r 定义为散布圆半径；σ_θ^2 为外围小箭与 x 轴夹角的方差。

集束箭弹外围 6 枚小箭在靶板上的命中点坐标 (x_i, y_i)（$i = 1, 2, \cdots$, 6）与中心小箭的命中点坐标 (x_0, y_0) 关系为

$$x_i = x_0 + r_i\cos\theta_i \tag{6.6.5}$$

$$y_i = y_0 + r_i\sin\theta_i \tag{6.6.6}$$

3. 计算方法与计算结果

首先，根据设计输入或试验结果，按式（6.6.1）~ 式（6.6.4）采用 Monte-Carlo 方法产生 x_0、y_0、r_i 和 θ_i（θ_i 为递推公式，θ_0 为 $[0, 2\pi]$ 之间的均匀分布随机数）的随机数，再结合式（6.6.5）和式（6.6.6），最终可获得每次 Monte-Carlo 模拟射击抽样 7 枚小箭的随机命中点坐标 (x_i, y_i)（$i = 0, 1, 2, \cdots, 6$）。目标（人胸）靶尺寸取 500 mm × 500 mm，以目标靶的中心为原点建立平面坐标系，那么一次 Monte-Carlo 模拟射击抽样判定命中目标的条件为：至少有 1 枚小箭的坐标 (x_i, y_i)（$i = 0, 1, 2, \cdots, 6$）满足

$$(-250 \leqslant x_i \leqslant 250) \cap (-250 \leqslant y_i \leqslant 250) \tag{6.6.7}$$

进行 N（一般不小于 1 000）次抽样，统计满足至少有 1 枚小箭命中目标的抽样次数 n，最终得到集束箭弹对目标（人胸）靶的命中概率

$$p = \frac{n}{N} \tag{6.6.8}$$

根据试验所获得的集束箭弹小箭命中分布参数：σ_x^2、σ_y^2、μ_r、σ_r^2 和 σ_θ^2，采用上述 Monte-Carlo 模拟计算方法，针对 500 mm × 500 mm 人胸靶计算了射程 s 分别为 50 m、100 m 和 150 m 的命中概率，计算结果如表 6.6.1 所示。由表 6.6.1 可以看出，集束箭弹命中概率很高，能够显著提高武器系统的效能。

表 6.6.1　集束箭弹小箭命中分布参数和命中概率

s/m	σ_x/mm	σ_y/mm	μ_r/mm	σ_r/mm	σ_θ/rad	p
50	98	149	301	183	0.34	0.956
100	152	201	451	222	0.35	0.904
150	197	220	610	256	0.33	0.793

为了研究小箭命中分布参数对命中概率的影响规律，逐一改变 σ_x^2、μ_r、σ_r^2 和 σ_θ^2 进行计算，其一变化时其余参数按表 6.6.1 取值保持不变，对计算结果进行数据处理，得到命中概率分别与上述 4 个分布参数的关系曲线如图 6.6.3 ~ 图 6.6.6 所示。

4. 讨论与结论

由图 6.6.3 可以看出，集束箭弹命中概率随 σ_x 的增加而减小，由于 σ_x 某种程度上代表了瞄准精度，所以集束箭弹的命中概率仍然受瞄准精度的影响。显而易见，σ_y 对命中精度的影响规律与 σ_x 相同。由图 6.6.4 可以看出，集束箭弹命中概率随 μ_r 的变化存在极值，说明存在最佳散布圆半径，且最佳散布圆半径与射程的关系不大，主要与目标的几何尺寸有关。对于 500 mm × 500 mm 的人胸靶，最佳散布圆半径为 350 ~ 400 mm，这一研究结果对于集束箭弹总体结构设计和小箭散布控制等具有重要指导意义。由图 6.4.5 可以看出，集束箭弹命中概率随 σ_r 的增大而减小，说明对小箭散布圆半径的精度控制也非常具有实际意义。由图 6.6.6 可以看出，σ_θ 对命中概率无影响或不明显。

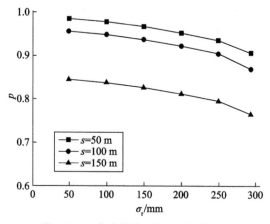

图 6.6.3　命中概率 p 与 σ_x 的关系图

针对集束箭弹命中概率的 Monte – Carlo 方法的简单研究，获得了有意义的研究结论如下：

（1）建立了描述集束箭弹小箭散布特性的数学模型，给出了集束箭弹命中概率计算的 Monte – Carlo 模拟方法，具有工程应用价值；

（2）用 Monte – Carlo 模拟方法得到的集束箭弹存在最佳散布圆半径以及小箭散布参数对命中概率影响规律等科学认识，在工程上具有指导意义或重要参考价值。

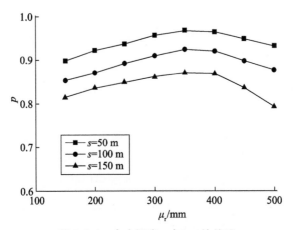

图 6.6.4　命中概率 p 与 μ_r 的关系

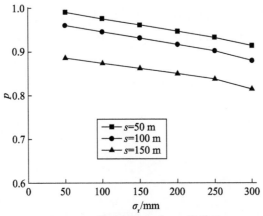

图 6.6.5　命中概率 p 与 σ_r 的关系

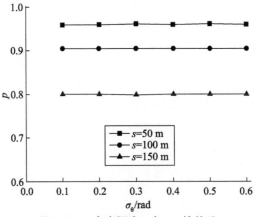

图 6.6.6　命中概率 p 与 σ_θ 的关系

6.6.2 坦克主动防护系统拦截弹药毁伤效能评估

1. 问题的提出

坦克主动防护系统是坦克（装甲车辆）防护技术领域的重要发展方向之一，俄罗斯的 ARENE 系统是其中典型代表，并在世界上第一个实现了列装[7]。ARENE 系统主要包含毫米波雷达探测系统、控制与发射系统以及拦截弹药三个组成部分，总质量不超过 1 100 kg，主要用于对付飞行速度为 70 ~ 700 m/s 的反坦克导弹和火箭弹等目标，能够提供前方 ±135°范围的防护。如图 6.6.7 所示，ARENE 系统的工作原理为：毫米波雷达探测并跟踪来袭目标，当目标到达距坦克 7.8 ~ 10.0 m 时，控制与发射系统发射拦截弹药，拦截弹药在目标前上方几米处引爆，产生定向破片流摧毁来袭目标。

拦截弹药（战斗部）终点毁伤效能评估方法是该系统防护效能分析与评估的基础，并可作为优化设计的系统总体方案与参数匹配设计的目标函数，尤其对拦截弹药结构与参数优化设计等具有重要的技术支撑作用，对类似 ARENE 系统的坦克主动系统的工程研制具有重要实用价值。

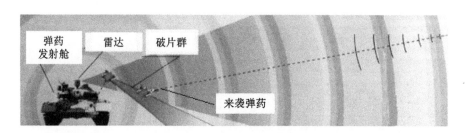

图 6.6.7　ARENE 系统工作原理示意图

2. 数学模型[18,19]

ARENE 系统对付的典型目标是反坦克导弹和火箭弹，以反坦克导弹为例，其毁伤等级通常划分为如下两级：

K 级——导弹空中解体或战斗部被引爆，立即完全丧失其战术功能；

C 级——导弹偏航或不能命中目标，无法完成预定的作战任务。

鉴于坦克主动防护系统末端反导、终点防护的特点，毁伤效能评估研究立足于 K 级毁伤。对于反坦克导弹的 K 级毁伤，主要有两种毁伤模式：一是拦截弹药作用形成冲击波和高速定向破片流造成目标结构的瞬时解体；二是高速定向破片流直接引爆战斗部装药或引发引信立即启动，造成目标提前爆炸。这里，认为第一种毁伤模式属小概率事件，因此针对第二种毁伤模式开展研究。

典型的反坦克导弹结构如图 6.6.8 所示，针对 K 级毁伤的目标要害件主要包括引信碰炸开关、前级战斗部和主战斗部。引信碰炸开关简化为两层 0.8 mm 厚的 LY－12 铝板夹 2.0 mm 空气间隙的实体模型；前级战斗部和主战斗部分别简化为带有 2.0 mm 厚 LY－12 铝壳体的圆柱形装药。

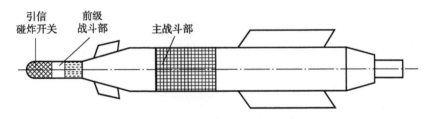

图 6.6.8　典型反坦克导弹结构示意图

拦截弹药形成的高速破片流对要害件的毁伤概率取决于有效破片命中数量或分布密度的数学期望，有效破片是指能够对要害件达到预定毁伤等级或能够造成相应毁伤模式的破片。针对性的试验结果给出[11]：对于质量为 2 g 的钢质破片，当撞击速度达到 973.4 m/s 以上时，能够 100% 引发前战斗部装药爆炸或爆燃；在其贯穿引信碰炸开关过程中，能够 100% 使开关接通并引发引信作用。

这样，基于泊松分布的至少有一枚有效破片命中要害件的概率，即毁伤律模型为

$$p_i = 1 - e^{-N_i} \tag{6.6.9}$$

式中，$p_i (i = 1, 2, 3)$ 为某一要害件的毁伤概率；N_i 为命中该要害件的有效破片数的数学期望，通过破片分布密度与要害件在破片场中呈现面积的乘积得到。

上述典型目标包含 3 个要害件，因此拦截弹药一次 Monte－Carlo 抽样的毁伤概率计算模型为

$$p_1 = 1 - \prod_{i=1}^{3} (1 - p_i) \tag{6.6.10}$$

目标要害件的破片场内的呈现面积由目标结构所决定，视为已知参量，为获得作用于目标要害件的有效破片分布密度或有效破片命中数量的数学期望，需要建立拦截弹药的破片飞散模型。为了便于研究又能反映问题本质，

假设：

（1）弹药发射后的飞行弹道为直线，弹药作用前姿态和速度不变；

（2）目标末端无机动，飞行弹道为水平直线且速度不变；

（3）弹药与目标弹道处于同一平面内；

（4）破片在飞散场内分布均匀且速度相同。

弹目交会坐标系及弹药作用过程如图 6.6.9 所示，坐标原点取在弹药发射点上，弹药发射瞬时记为 0 时刻，此时目标距原点的水平距离 X 定义为拦截距离。拦截弹药炸点 B 的坐标 (x_B, y_B) 由发射角 α、弹药飞行速度 v 和引信延期时间 t 所决定，其中 v 和 t 存在一定的随机散布。因此

$$x_B = -vt\cos\alpha \qquad\qquad (6.6.11)$$

$$y_B = vt\sin\alpha \qquad\qquad (6.6.12)$$

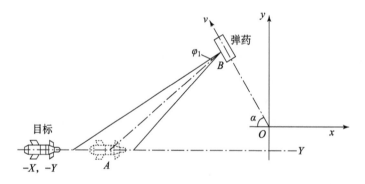

图 6.6.9　弹目交会坐标系与拦截弹药作用过程示意图

弹药结构决定破片分布于一个四棱锥体内，通过纵向飞散角 ϕ_1 和横向飞散角 ϕ_2 描述，此外弹药设计保证所有破片均为有效破片。自炸点 B 引弹药弹道线的垂线与目标弹道线交于 A 点，由简单的几何关系可得到 A 点的有效破片分布密度模型为

$$\varepsilon_A = \frac{N_0 \cos^2\alpha}{4(y_B + Y)^2 \tan\dfrac{\phi_1}{2}\tan\dfrac{\phi_2}{2}} \qquad\qquad (6.6.13)$$

式中，N_0 为有效破片总数。

自 0 时刻始，破片到达目标弹道线的时间为 $t + \Delta t$（Δt 为破片从 B 点到达 A 点的时间），根据目标速度，很容易得到目标位置坐标。再由几何关系，根据 3 个要害件结构等效模型，很容易求得要害件在破片飞散场：四棱锥体底

面上的投影面积 $S_i(i=1, 2, 3)$ 即呈现面积，于是命中要害件有效破片数量的数学期望 N_i 为

$$N_i = \varepsilon_A S_i \qquad\qquad (6.6.14)$$

这样，式（6.6.9）~式（6.6.14）相结合构成了计算拦截弹药坐标杀伤规律的数学模型。拦截弹药随机炸点坐标 (x_B, y_B) 通过 Monte-Carlo 方法对 t 和 v 进行随机抽样，再根据式（6.6.11）和式（6.6.12）进行计算。Monte-Carlo 方法对 t 和 v 进行随机抽样的数学模型为

$$t = t_0 + \gamma\sigma_t, \qquad\qquad (6.6.15)$$
$$v = v_0 + \gamma\sigma_v \qquad\qquad (6.6.16)$$

式中，γ 为（0，1）之间的标准正态分布随机数；t_0，v_0 和 σ_t，σ_v 分别为引信延期时间和弹药速度的均值和标准差。

3. 计算方法与计算结果[18,19]

根据上述数学模型，采用 C++ 语言编制了拦截弹药对典型反坦克导弹的单发毁伤概率计算程序，程序流程如图 6.6.10 所示。每次 Monte-Carlo 抽样获得一个 p_1，多次（一般不小于 1 000）循环对 p_1 进行加和累积，由 p_1 累积加和的结果除以抽样循环次数，最终得到拦截弹药的单发毁伤概率。

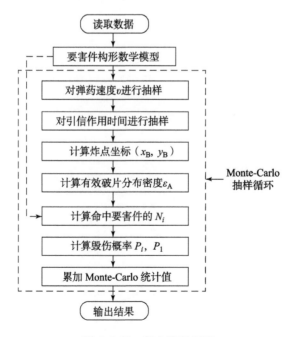

图 6.6.10 程序流程框图

参考 ARENE 系统的有关参数进行单发毁伤概率的 Monte – Carlo 模拟计算，对有关计算条件和固定参数取值说明如下：

（1）破片质量为 2.0 g，破片初速 1.5 km/s（充分满足有效破片要求），破片数量 $N_0 = 500$ 枚；

（2）弹药发射角 $\alpha = 60°$，破片横向飞散角 $\phi_2 = 20°$；

（3）目标飞行速度 $V = 150$ m/s；

（4）弹药发射速度：$v_0 = 150$ m/s，$\sigma_v = 7.5$ m/s；

（5）引信延期时间：$t_0 = 20$ ms，$\sigma_t = 0.05$ ms。

根据工程背景需求，关心破片纵向飞散角 ϕ_1 和拦截距离 X 对毁伤概率的影响，因此 $\phi_1 \in [5°, 35°]$ 和 $X \in [4\ \text{m}, 20\ \text{m}]$ 取变量进行计算。对计算结果进行数据处理，得到单发毁伤概率分别与拦截距离 X 和破片纵向飞散角 ϕ_1 的关系曲线，如图 6.6.11 和图 6.6.12 所示。

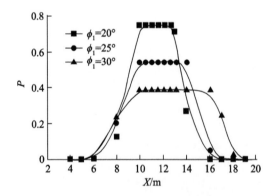

图 6.6.11　单发毁伤概率与拦截距离的关系

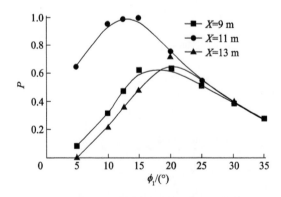

图 6.6.12　单发毁伤概率与破片纵向飞散角的关系

4. 分析与结论

在系统可靠作用并符合有关设定参数条件下，由计算结果得到的图 6.6.11 可以看出，拦截距离必须在一定范围内才能使弹药有效毁伤目标，有效拦截距离和范围随破片纵向飞散角的增大而增大，而毁伤概率的绝对值则随破片纵向飞散角的增大而减小。另外，由图 6.6.11 还可以看出，当破片纵向飞散角为 20°时，有效的拦截距离为 9 ~ 12 m（ARENE 系统为 7.8 ~ 10.0 m），这从一定程度上证明了所提出的毁伤效能评估方法能够反映客观实际，有关数学模型和计算程序具有较好的计算精度。从图 6.6.12 可以看出，毁伤概率随破片纵向飞散角的变化存在极值，这可以成为弹药优化设计的依据之一。另外，应用上述计算模型和计算程序，可以任意选择系统参数进行计算，各自独立地研究其对毁伤概率的影响规律。

对于类似 ARENE 的坦克主动防护系统，由系统工作原理及拦截弹药终点作用原理所决定：只有系统参数（拦截距离、弹药发射角度和发射速度等）、引信延期时间以及弹药终点效应参数（破片飞散角、破片速度、破片质量与数量等）达到精确匹配，才能实现末端反导、终点防护的作战使用目的和要求。以毁伤终点效能或弹药单发毁伤概率为目标函数实现系统参数优化配置和弹药优化设计等是该系统工程研制的核心问题之一，因此以上所建立的拦截弹药毁伤效能评估模型和计算程序为此提供了一种有效的方法和手段。

6.6.3　一种末敏子母战斗部对防空导弹阵地的毁伤效能评估

1. 问题的提出

末敏弹融合了敏感器技术、稳态扫描技术和爆炸成型弹丸（EFP）战斗部技术等，能在目标区上空自主搜索、探测、识别、瞄准和攻击目标，具有"命中概率大、毁伤效果好、效费比高和发射后不管"等突出优点[11]，主要用于对付由主战坦克、步兵战车、自行火炮以及其他作战车辆等组成的装甲目标集群，实现远程精确打击。

末敏弹多为子母式结构，可采用多种发射与运载平台进行远程投送，如炮弹、火箭弹、战术导弹、航空炸弹和航空布撒器等。末敏子母战斗部兼顾了子母弹的面杀伤特点和末敏弹精确打击点目标的优势，可实现对装甲集群目标"多对多"的高效打击。其中，母弹开舱和末敏子弹抛撒参数的合理选择与匹配，使"点－面"结合达到最佳从而提高武器（弹药）系统的效能，是末敏子母战斗部设计和使用过程中需要解决的重要问题。这种以典型地空导弹阵地为作战对象和打击目标的两舱式末敏子母战斗部实例，既可以在上升弹道又可以在下降弹道段抛撒末敏子弹，另外战斗部的两个子弹舱室可通过时序控制实现分段抛撒。如何设置或选择开舱高度、两个舱子弹群的分离距离是该实例分析重点关注的问题。为此，基于 Monte - Carlo 方法，建立了该末敏子母战斗部的单发毁伤概率模型，并分析相关因素对毁伤概率的影响规律，为该末敏子母战斗部的开舱抛撒参数优化设计提供一种量化分析方法和数据依据。

2. 数学模型

1）目标车辆的毁伤律模型[12]

这里的地空导弹阵地只作为一种典型示例，并不真实对应实际目标。该目标示例由指挥车、雷达车、天线车、电源车以及 $6 \sim 8$ 辆四联装导弹发射车组成，一般分布在一个大约 $400 \text{ m} \times 200 \text{ m}$ 的矩形区域内，实例选择的发射车数量为 6 辆。指挥车、雷达车、天线车、电源车和 6 辆导弹发射车的典型地面分布和各目标车辆几何中心坐标如图 6.6.13 所示，其中指挥车、雷达车、天线车和电源车组成导弹阵地"串联"式易损结构的要害舱段，体现为逻辑"或"形式，其中之一毁伤则目标被毁伤；6 辆发射车组成"并联"式易损结构，体现为逻辑"与"形式，所有发射车均被毁伤目标才能完全毁伤。实例的毁伤效能评估研究立足于目标完全毁伤，即目标完全丧失战术功能，基于此的目标毁伤树如图 6.6.14 所示。

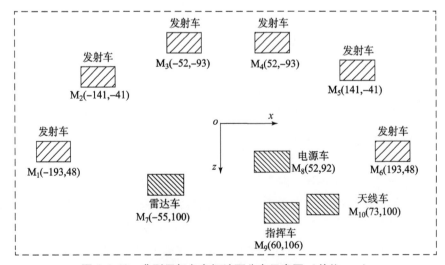

图 6.6.13　典型目标各车辆地面分布示意图（单位：m）

末敏子弹主要通过爆炸成型弹丸战斗部所形成的 EFP 攻击车辆顶部毁伤目标，为了简化问题，这里只考虑命中毁伤，即没有子弹或 EFP 命中时目标车辆的毁伤概率为 0，任意目标车辆的毁伤概率取决于命中子弹药/EFP 数量以及 EFP 的侵彻威力。这里假设每个子弹的 EFP 侵彻威力相一致并均能保证可靠毁伤目标车辆，于是地空导弹阵地各车辆的毁伤律模型为

$$p = \begin{cases} 1 - (1 - 0.5)^N & N \geqslant 2 \\ 0.5 & N = 1 \\ 0 & N = 0 \end{cases} \qquad (6.6.17)$$

式中，N 为命中目标车辆的子弹/EFP 数。

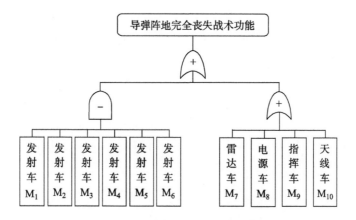

图 6.6.14　典型目标完全毁伤的毁伤树

2）战斗部及相关参数定义[12]

实例战斗部为双舱室结构，两个舱室结相同，每个舱室装填 8 枚子弹共装填 16 枚。战斗部轴截面的子弹排布如图 6.6.15 所示，图中 v_p 和 α 分别为末敏子弹的侧向抛撒速度和安装角。末敏子弹抛撒时战斗部处于上升弹道段或下降弹道段通过高低角 θ（与水平面的夹角）区分，$\theta > 0$ 为上升弹道；$\theta < 0$ 为下降弹道；$\theta = 0$ 为水平状态。战斗部开舱抛出的末敏子

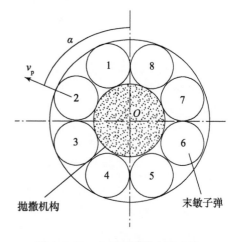

图 6.6.15　末敏子弹排布示意图

弹进入稳态扫描阶段后，子弹群在空中的散布形状基本保持不变，在水平面上的投影可近似为两个椭圆，如图 6.6.16 所示，点 O_1 和 O_2 分别为两个散布椭圆的几何中心，定义称 O_1 和 O_2 之间的距离为两舱室子弹的分离距离 L。

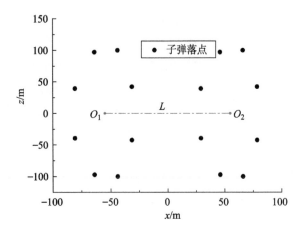

图 6.6.16　稳态扫描阶段子弹落点散布示意图

3）坐标杀伤规律[12]

根据战斗部的作用过程，末敏子弹被抛出后的外弹道过程包括：自由坠落减速、减速伞的减速减旋以及稳态扫描三个阶段。

根据弹道解算确定战斗部在目标（地面）坐标系的预期开舱点坐标（x_k，y_k，z_k），而战斗部实际开舱点的水平二维坐标简化处理为各自独立的正态分布，另外将开舱高度 H 取为常数，这样采用 Monte Carlo 方法模拟战斗部开舱点坐标（x_{0k}，y_{0k}，z_{0k}）的数学模型为

$$\begin{cases} x_{0k} = x_k + \gamma_1 \cdot CEP/1.1774 \\ y_{0k} = H \\ z_{0k} = z_k + \gamma_2 \cdot CEP/1.1774 \end{cases} \qquad (6.6.18)$$

式中，CEP 为武器平台的圆概率偏差；γ_1，γ_2 为两个相互独立的标准正态分布随机数。

末敏子弹被抛出的初始速度 v_0 由开舱时刻的母弹存速 v_m 和抛撒机构赋予末敏子弹的速度 v_p 决定。假设母弹飞行攻角为 0°，那么末敏子弹的初始速度 v_0 的三个速度分量为

$$\begin{cases} v_{0x} = (v_m\cos\theta - v_p\cos\alpha\sin\theta)\cos\psi - v_p\sin\alpha\sin\psi \\ v_{0y} = v_m\sin\theta + v_p\cos\alpha\cos\theta \\ v_{0z} = (v_m\cos\theta - v_p\cos\alpha\sin\theta)\sin\psi + v_p\sin\alpha\cos\psi \end{cases} \qquad (6.6.19)$$

式中，ψ 为母弹进入方位角，通过母弹进入方向与 x 轴的夹角表示。

对于地空导弹阵地这种目标车辆离散分布、覆盖面积大的集群目标，需要考虑母弹或战斗部从任意方位攻击目标的可能性，因此采用 Monte - Carlo

方法对战斗部毁伤效能进行模拟计算时，需要对战斗部的方位角 ψ 在 $0° \sim 360°$ 的范围内进行随机抽样，即

$$\psi = 360 \cdot \gamma_3 \qquad (6.6.20)$$

式中，γ_3 为 $[0, 1]$ 之间的均匀分布随机数。

末敏子弹的运动方程在相关文献[20,22]中有详细的描述，将母弹开舱点坐标 (x_{0k}, y_{0k}, z_{0k}) 和末敏子弹初始速度 v_0 (v_{0x}, v_{0y}, v_{0z}) 作为初始参数带入自由坠落阶段运动方程，可得到该阶段末敏子弹的弹道参数。将自由坠落阶段结束时的弹道参数带入到减速减旋阶段的运动方程进行求解，可得到这一阶段结束时的弹道参数。最后，将减速减旋阶段结束时的弹道参数带入稳态扫描阶段的运动方程，可得到末敏子弹稳态扫描时的扫描螺旋线的中心坐标 (x_G, z_G)。

在稳态扫描阶段，末敏子弹扫描螺旋线的螺距 ΔP 与运动参数的关系为

$$\Delta P = \frac{v_G}{W}\tan\beta_f \qquad (6.6.21)$$

式中：W 为末敏子弹转速；β_f 为末敏子弹扫描线与铅垂线的夹角。

将目标车辆的几何中心记为 $M_j(x_{mj}, z_{mj})$ $(j = 1, 2, \cdots, n)$，其在地面上的投影面积为 $A_j = 2l_j \times 2w_j (j = 1, 2, \cdots, n)$，其中 j，n 分别表示目标车辆的编号和数量（这里 $n = 10$），$2l_j$，$2w_j$ 分别表示为第 j 个车辆的长度和宽度。

若螺距 ΔP 满足：$\Delta P \leqslant l_j \cap \Delta P \leqslant w_j$，则认为满足捕获准则要求，从而简化了子弹命中目标车辆的过程。若末敏子弹扫描探测的起始高度为 H_G，子弹最大扫描半径为 $R_d = H_G\tan\beta_f$，第 i 枚子弹扫描螺线的中点坐标为 (x_{Gi}, z_{Gi})，则目标车辆 $M_j(x_{mj}, z_{mj})$ 在第 i 枚子弹有效探测范围的判定条件是：$M_j(x_{mj}, z_{mj})$ 与点 (x_{Gi}, z_{Gi}) 之间的距离 L_{dij} 满足

$$L_{dij} = \sqrt{(x_{Gi} - x_{mj})^2 + (z_{Gi} - z_{mj})^2} \leqslant R_d \qquad (6.6.22)$$

如果子弹 i 的探测范围内有多个目标车辆，则将这些车辆到子弹 i 扫描螺线中心的距离进行比较，距离最大的目标车辆即为子弹 i 的攻击对象。这样，末敏子弹命中目标车辆的概率 p_m 为

$$p_m = p_{m1} \cdot p_{m2} \cdot p_{m3} \qquad (6.6.23)$$

式中，p_{m1} 为末敏子弹捕捉概率；p_{m2} 为末敏子弹药识别概率；p_{m2} 为爆炸成型弹丸（EFP）的命中概率。

根据上述末敏子弹外弹道模型和目标命中模型，可计算得到目标区域内各个车辆命中子弹数。假定目标无对抗、系统无故障，末敏子弹 100% 可靠作

用，且一旦命中便可达到预定的毁伤威力。由式（6.6.17），采用 Monte – Carlo 方法对导弹阵地的毁伤概率进行统计试验，给定样本容量 N，累计各子样的 Monte – Carlo 统计数据，就可得到子样毁伤概率的期望估值。各个目标车辆的单发毁伤概率 p_j（j = 1，2，…，n）Monte – Carlo 估值为

$$p_j = p_m \cdot \sum_{k=1}^{S} p(k)/N \qquad (6.6.24)$$

式中，$p(k)$ 为每个子样的毁伤概率；N 为子样数。

最终，得到战斗部对整个导弹阵地目标的单发毁伤概率为

$$p = 1 - (1 - \prod_{j=1}^{6} p_j) \cdot \prod_{j=7}^{10} (1 - p_j) \qquad (6.6.25)$$

3. 计算方法与计算结果[12]

根据前文的数学模型，采用 C ++ 编制相应的单发毁伤概率计算程序，程序流程图如图 6.6.17 所示。计算过程中的主要设定参数为：母弹存速 $v_m = 255$ m/s；CEP = 50 m；子弹抛撒速度 $v_p = 40$ m/s，子弹探测高度 $H_G = 100$ m；末敏子弹捕捉概率 $p_{m1} = 0.85$，识别概率 $p_{m2} = 0.85$，EFP 命中概率 $p_{m3} = 0.7$。

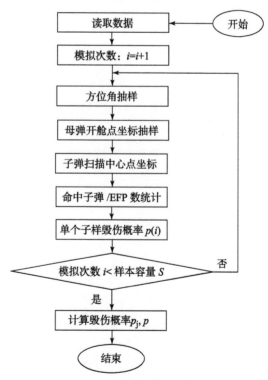

图 6.6.17　程序框图与计算流程

母弹开舱高度 H 分别取 400 m、600 m 和 800 m，高低角 θ 变化范围为 $-20°\sim20°$，两舱子弹分离距离 L 变化范围为 60～180 m。采用上述模型和程序进行了计算，对所得到的计算数据进行处理，得到战斗部单发毁伤概率分别随高低角 θ 和两舱子弹分离距离 L 的变化关系曲线，如图 6.6.18 和图 6.6.19 所示。

4. 讨论与结论

由图 6.6.18 可以看出，在固定开舱高度条件下，毁伤概率随高低角的变化存在极值，这直接可以说明：开舱时通过母弹姿态的调整可实现战斗部毁伤效能的提高；另外对于不同的开舱高度，对应毁伤概率极值的高低角有所不同，说明开舱高度和高低角存在关联和匹配关系，这一点可成为战斗部开舱参数优化配置的依据或参考；再有，在通常选择的开舱高度范围内，高低角 $\theta>0$ 的毁伤概率普遍大于高低角 $\theta<0$ 的毁伤概率，提示对于开舱时机选择来说：上升弹道优于下降弹道，这一点极具工程意义。

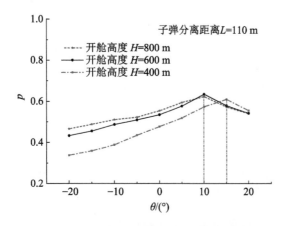

图 6.6.18　单发毁伤概率与高低角的关系曲线

由图 6.6.19 可以得出，毁伤概率随两舱子弹分离距离 L 的变化同样存在极值，而且在一定开舱高度的条件下，对应毁伤概率极值的分离距离 L 有随高低角 θ 增大而增大的趋势。造成这种现象的原因在于：子弹分离距离 L 太小，子弹扫描区域重叠，同一目标被重复命中的概率增大；分离距离 L 太大，导致子弹扫描区域不衔接，容易漏掉目标。对于多舱段末敏子母战斗部，可通过调整子弹减速伞释放时间、母弹时序开舱等方式达到调节分离距离 L 目的。

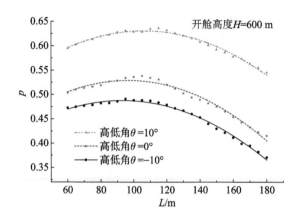

图 6.6.19　单发毁伤概率与分离距离的关系曲线

通过以上基于模拟计算的分析讨论，可以得出以下基本结论：

（1）对于导弹阵地这样的集群目标，末敏子母战斗部的母弹开舱高度、高低角、两舱子弹分离距离等参数存在优化匹配关系，匹配结果对战斗部毁伤效能的影响非常显著；

（2）采用 Monte – Carlo 方法建立末敏子母战斗部的毁伤效能评估模型，通过毁伤概率的计算及影响规律分析，能够为战斗部的开舱抛撒参数优化设计提供一种量化分析方法和一定的数据依据。

思　考　题

1. 武器弹药终点效能的定义是什么？有哪几种定量表征方法？

2. 简述武器弹药终点毁伤效能评估流程。

3. 分析点目标和集群目标的战斗部毁伤效能评估方法的主要差异。

4. 武器弹药命中目标的含义是什么？

5. 对比分析立靶密集度和地面密集度、CEP 和脱靶量的概念异同。

6. 触发引信和近炸引信的启动点确定有何异同？

7. 任选一种计算机语言实现 Monte – Carlo 法标准正态分布随机数的抽样。

8. 参考 6.6.1 节，针对中心 1 枚、外围 5 枚小箭共 6 枚小箭的类似集束箭弹，采用 Monte – Carlo 法建立数学模型、编写计算程序并完成命中概率评估。

参 考 文 献

［1］ Driels M. Weaponeering：Conventional Weapon System Effectiveness ［M］. 2nd Edition，American Institute Aeronautics and Astronautics（AIAA）. Education Series，Reston，2014.

［2］ 张志鸿，周申生. 防空导弹引战配合效率和战斗部设计［M］. 北京：宇航出版社，1994.

［3］ Rotenberg A. New Pseudo Random Number Generator ［J］. JACM，1960，7：75 – 77.

［4］ Knuth D E. The art computer programming ［M］. Vol. 2. 3rd ed. Boston：Addison Wesley，1981.

［5］ 买瑞敏. 集束箭弹散布规律与命中概率研究 ［D］. 北京：北京理工大学，2003.

［6］ 王树山，买瑞敏. 集束箭弹命中概率分析的 Monte – Carlo 方法 ［J］. 北京理工大学学报，2005，25（4）：286 – 288.

［7］ 张磊，张其国. 俄主战坦克主动防护系统 ［J］. 国防科技，2004（7）：29 – 30.

［8］ 王树山，马晓飞，李园，王辉. 坦克主动防护系统弹药毁伤效能评估 ［J］. 北京理工大学学报，2007，27（12）：1042 – 1049.

［9］ 马晓飞. 装甲车辆主动防护系统拦截弹药毁伤效应研究 ［D］. 北京：北京理工大学，2009.

［10］ 李园. 坦克主动防护系统防护弹药毁伤效应研究 ［D］. 北京：北京理工大学，2006.

［11］ 杨绍卿. 灵巧弹药工程 ［M］. 北京：国防工业出版社，2010.

［12］ 蒋海燕，王树山，徐豫新. 末敏子母战斗部对导弹阵地的毁伤效能评估 ［J］. 弹道学报，2013，25（4）：79 – 84.

［13］ 郭锐. 导弹末敏子弹总体相关技术研究 ［D］. 南京：南京理工大学，2006.

［14］ 李魁武. 火炮射击密集度研究方法 ［M］. 北京：国防工业出版社，2012.

［15］ 刘彤. 防空战斗部杀伤威力评估方法研究 ［D］. 南京理工大学，2004.

［16］蒋海燕，王树山，李芝绒，张玉磊，翟红波．封控子母弹对桥梁目标的封锁效能评估［J］．兵工学报，2016，37（增刊1）：1－6.

［17］杨灵飞，魏继峰，蒋海燕，王玲婷，王树山．导弹液溶胶战斗部毁伤效能评估［J］．兵工学报，2016，37（增刊1）：18－23.

［18］王执权，魏继锋，王树山，徐豫新，陶永恒，马峰等．一种双模战斗部毁伤效能评估研究［J］．兵工学报，2016，37（增刊1）：24－29.

［19］王树山，卢熹，马峰，徐豫新．鱼雷引战配合问题探讨［J］．鱼雷技术，2013，21（3）：224－229.

［20］王绍慧，王树山．串联侵彻爆破战斗部效能评价方法研究［J］．弹箭与制导学报，2010，30（5）.

［21］郭华，王树山，黄风雷．子母战斗部对防空导弹阵地的毁伤效能评估［J］．弹箭与制导学报，2004，24（3）：152－154.

［22］龚苹，王树山．杀爆战斗部毁伤效率评估软件设计［J］．中国宇航学会无人飞行器分会战斗部与毁伤效率专业委员会第七届学术年会，北海，2003.

［23］龚苹，王树山，司红利．杀爆战斗部对导弹阵地的毁伤效能评估［C］//中国宇航学会无人飞行器分会战斗部与毁伤效率专业委员会第七届学术年会，西宁，2001.

［24］王树山，汪永庆，隋树元，吴俊斌，凌玉昆．一种反辐射导弹战斗部的毁伤效率评估［C］．中国宇航学会无人飞行器分会战斗部与毁伤效率专业委员会第七届学术年会，西宁，2001.

［25］孟庆玉，张静远，宋保维．鱼雷作战效能分析［M］．北京：国防工业出版社，2003.

［26］韩松臣．导弹武器系统效能分析的随机理论方法［M］．北京：国防工业出版社，2001.

［27］唐崇禄．蒙特卡洛方法理论和应用［M］．北京：科学出版社，2015.